이제 **오르비**가
학원을 재발명합니다

전화 : 02-522-0207   문자 전용 : 010-9124-0207   주소: 강남구 삼성로 61길 15 (은마사거리 도보 3분)

오르비학원은

모든 시스템이 수험생 중심으로 더 강화됩니다.

모든 시설이 최고의 결과가 나올 수 있도록 설계됩니다.

집중을 위해 오르비학원이 수험생 옆으로 다가갑니다.

오르비학원과 시작하면

원하는 대학문이 가장 빠르게 열립니다.

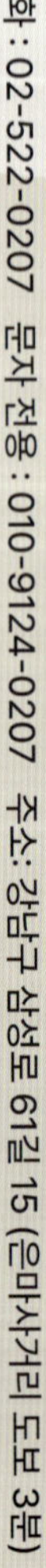
전화 : 02-522-0207 문자 전용 : 010-9124-0207 주소 : 강남구 삼성로 61길 15 (은마사거리 도보 3분)

출발의 습관은 수능날까지 계속됩니다.
형식적인 상담이나
관리하고 있다는 모습만 보이거나
학습에 전혀 도움이 되지 않는
보여주기식의 모든 것을 배척합니다.

쓸모없는 강좌와 할 수 없는 계획을 강요하거나
무모한 혹은 무리한 스케줄로
1년의 출발을 무의미하게 하지 않습니다.
형식은 모방해도 내용은 모방할 수 없습니다.

개인의 능력을 극대화 시킬 모든 계획이 오르비학원에 있습니다.

기술의 파급효과

과탐영역 —— I
화학 하

화학 I (하)
기출의 파급효과

화학 I (하)

chapter 7. 화학결합_07p

Chapter 8. 분자의 구조와 성질_41p

Chapter 9. 동적 평형_101p

Chapter 10. 산 염기와 중화반응_139p

Chapter 11. 산화 환원 반응_189p

Chapter 12. 화학 반응에서 출입하는 열_223p

저자의 말

화학1은 과목 특성상 시간이 부족한 과목입니다. 개념만으로 이루어진 과목과는 다르게 개념을 기반으로 한 계산문항이 있기 때문에 계산을 간단하게 하는 것이 중요하며 혹여나 계산 실수를 하게 된다면 시험 운영에 큰 어려움이 생깁니다. 그렇기에 실수들을 줄이기 위한 노력이 중요합니다. 기출분석을 통하여 유형별 루틴을 만들어 놓고 문제들을 풀어내는 연습은 실수를 줄일 수 있습니다. 이 책에 소개한 루틴으로 다양한 문제풀이를 체화하신다면 누구보다 안정적으로 고득점에 도달할 수 있을 겁니다. 또한 반드시 맞춰야 하는 개념, 비킬러 문제들을 단순히 맞추는 것에 그치지 않고 빠른 속도로 풀어내야 하기 때문에 정확한 개념의 숙지와 기계적인 적용도 필수적입니다. 따라서 수능 전날까지 꾸준히 연습을 하셔서 문제풀이의 감을 유지하는 것을 추천합니다.

화학1은 문제에 많은 자료와 조건들이 들어있기 때문에 이를 빠르고 정확하게 해석하는 것이 결국 준킬러 문제를 넘어 킬러 문제까지 풀어내는 핵심 포인트입니다. 그만큼 조건과 문제의 유기성을 파악하는 시야가 중요합니다. 이는 단순히 수업을 많이 듣고, 책을 여러 번 읽어보고, 수많은 모의고사를 그냥 풀어본다고 되는 것이 아닙니다. 직접 문제를 맞닥뜨리면서 고민하는 시간이 필수적입니다. 그리고 그런 고뇌의 시간 속에서 효율적인 방향으로 수험생 여러분들이 유도하는 것이 이 책의 목적성입니다.

아마 주위에서 화학을 선택한다고 한다면 가장 많이 듣는 말이 "수능 당일의 성적을 가장 예측하기 힘든 탐구 과목"이라는 말일 것입니다. 물론, 소수의 수험생들이 평소에는 '고정 만점'을 맞다가도 수능날 화학시간에 말려서 좋지 않은 등급을 받는 경우는 항상 존재해 왔습니다. 하지만 여러분이 준킬러에서 어이없는 계산실수, 오독/오판을 하지 않고 대략 10~15분 정도의 시간을 남기고 킬러 2문제를 남기는 실력에 오르시게 된다면 화학만큼 고정적으로 1등급을 보장해 줄 수 있는 과목도 없습니다. 대신, 평소에 비논리적이고 찍어서 푸는 풀이를 즐겨하는 수험생이라면 풀 때마다 풀이과정이 다소 바뀌다 보니 시험 운영에 있어 어려움을 겪을 수 있습니다.

하지만 평소 준킬러, 킬러 문제를 모두 논리적으로 문제에서 요구하는 조건들을 순서대로 제대로 해석해오던 수험생의 경우에는 충분히 여유롭게 시험을 운용하실 수 있으실 겁니다. 이 책에서는 기본에 충실한 논리적인 풀이를 지향하며 논리 위주로 내용을 전개하지만 가끔씩 '혹시나 모를 만약의 상황'을 위해서 기출 분석을 바탕으로 한 소위 말하는 '찍어서 풀기'도 소개합니다. 그러나 이는 차선책이 되어야지 최선책이 되어서는 안 됩니다. 논리적인 길을 따라가는 것이 과학탐구의 문제풀이의 정석임을 밝힙니다.

파급의 기출효과

cafe.naver.com/spreadeffect
파급의 기출효과 NAVER 카페

기출의 파급효과 시리즈는 기출 분석서입니다. 기출의 파급효과 시리즈는 국어, 수학, 영어, 물리학 1, 화학 1, 생명과학 1, 지구과학 1, 사회·문화가 예정되어 있습니다.

준킬러 이상 기출에서 얻어갈 수 있는 '꼭 필요한 도구와 태도'를 정리합니다.

'꼭 필요한 도구와 태도' 체화를 위해 관련도가 높은 준킬러 이상 기출을 바로바로 보여주며 체화 속도를 높입니다. 단시간 내에 점수를 극대화할 수 있도록 교재가 설계되었습니다.

학습하시다 질문이 생기신다면 '파급의 기출효과' 카페에서 질문을 할 수 있습니다.

교재 인증을 하시면 질문 게시판을 이용하실 수 있습니다.

기출의 파급효과 팀 소속 오르비 저자분들이 올리시는 학습자료를 받아보실 수 있습니다.
위 저자 분들의 컨텐츠 질문 답변도 교재 인증 시 가능합니다.

더 궁금하시다면 https://cafe.naver.com/spreadeffect/15에서 확인하시면 됩니다.

모킹버드

mockingbird.co.kr
수능 대비 온라인 문제은행

모킹버드는 수능 대비에 초점을 맞춘 문제은행 서비스입니다. AI 문항 추천 알고리즘을 통해 이용자의 학습에 최적화된 맞춤형 모의고사를 제공하여 효율적인 수능 성적향상을 목표로 합니다. **수학, 과탐을 서비스 중입니다.**

문항 제작과 검수에 기출의 파급효과 팀뿐만 아니라 지인선 님을 포함한 시대/강대/메가 컨텐츠 팀에서 근무하였고 여러 문항 공모전에서 수상한 이력이 있는 여러 문항 제작자들이 함께 하였습니다.
웹 개발과 알고리즘 개발에는 서울대 컴공, 카이스트 전산학부 출신 개발자들이 참여하였습니다.

모킹버드를 통해 싸고 맛좋은 실모를 온라인으로 뽑아 풀어보고,
AI 문항 추천 알고리즘 기술의 도움을 받아 학습 효율을 극대화해보세요.
가입만 해도 기출은 무제한 무료 이용 가능하고, 자작 실모 1회도 무료로 제공됩니다.

Chapter

07

화학결합

07 화학결합

❙ 들어가기

화학1에서 chapter1과 더불어 가장 수월한 단원으로 꼽힙니다.
고난이도 문제가 출제되기에는 마땅한 단원이 아니므로 타 단원에 비해서 편안한 마음으로 공부를 하시되,
각각 개념들의 특징과 차이점들은 반드시 숙지하셔야 합니다. 또한 출제되는 포인트들이 한정적이기 때문에
암기한 개념들을 바탕으로 빠르게 개념을 적용할 수 있도록 연습하시고, 문제풀이 과정에서 실수가 발생하지
않도록 훈련하시길 바랍니다.

화학결합의 종류를 배우시고 각 결합간의 특징과 차이점은 기출에서도 자주 나오는 빈출 주제이니 반드시
헷갈리는 개념 없이 완벽히 개념을 숙지하셔야 합니다.

또한 결합이 형성되는 과정에서 핵심적으로 배우는 그래프가 있는데, 위 그래프에서 각 지점이 의미하는
부분의 개념에 대해서 혼동하시지 않도록 확실히 개념을 다지셔야 하며, 해당 자료 또한 빈출주제이니 눈에
익혀 두시는 것을 추천드립니다.

▍옥텟 규칙

비활성 기체의 전자 배치 : 18족 원소인 비활성 기체는 바닥상태에서 가장 바깥 전자 껍질에 8개의 전자가 배치되어 있다. (단, He 2개)

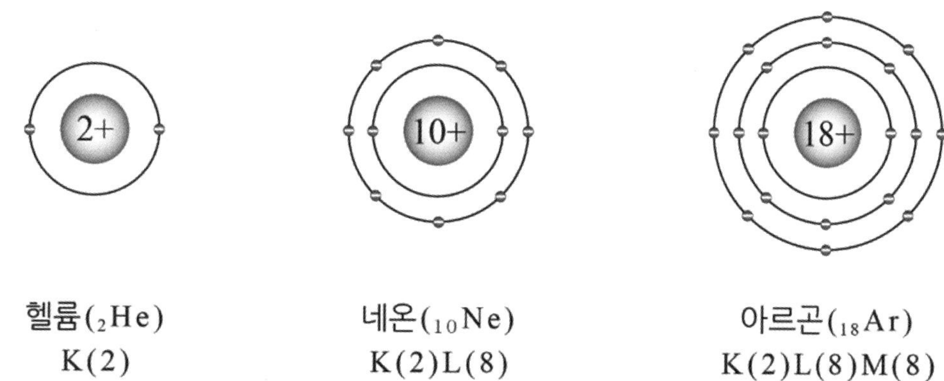

헬륨($_2$He)
K(2)

네온($_{10}$Ne)
K(2)L(8)

아르곤($_{18}$Ar)
K(2)L(8)M(8)

➡ 옥텟 규칙 : 원자들이 화학 결합을 통해 18족 원소와 같이 가장 바깥 전자 껍질에 8개의 전자를 채워 안정한 전자 배치를 가지려는 경향이다.

18족 원소 이외의 원자들은 화학 결합을 통해 18족 원소와 같은 전자 배치를 이루려고 한다.
따라서 옥텟 규칙을 통해 이온의 형성이나 공유 결합과 같이 화학 결합의 기본적인 개념을 이해할 수 있다.

┃화학 결합

▶ **이온 결합 물질** : 염화 나트륨($NaCl$), 플루오린화 칼륨(KF)과 같이 이온으로 구성된 물질은 서로 다른 전하를 띤 이온들이 정전기적 인력에 의해 단단히 결합을 하고 있어 **상온에서 대부분 고체 상태**이다.

▶ **전기 전도성** : 이온 결합 물질은 고체 상태에서 이온들이 단단히 결합하고 있어서 자유롭게 이동하지 못하므로 전류가 흐르지 않지만, 액체 상태나 수용액 상태에서는 이온들이 자유롭게 움직일 수 있으므로 전압을 걸어 주면 양이온은 (−)극으로, 음이온은 (+)극으로 이동하여 전류가 흐른다.

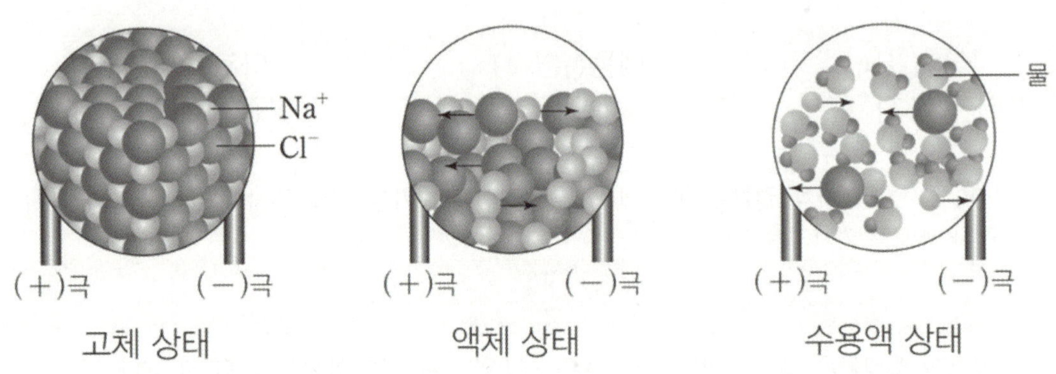

▶ **이온 결합과 전자** : 이온 결합 물질의 용융액에 전류를 흘려주었을 때 성분 원소로 분해되는 것으로 보아 **이온 결합이 형성될 때 전자가 관여**한다는 것을 알 수 있다.

▶ **결정의 부서짐** : 이온 결합 물질에 힘을 가하면 이온의 층이 밀리면서 두 층의 경계면에서 같은 전하를 띤 이온들 사이의 **반발력이 작용하여 쉽게 부서진다.**

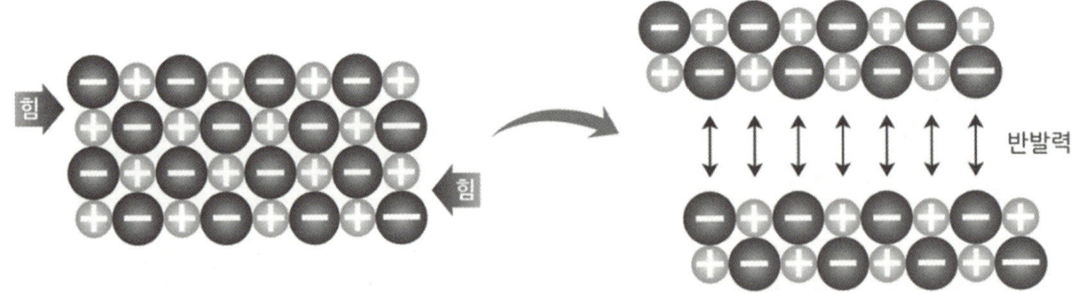

(1) $NaCl$의 용융 전기 분해

고체 염화 나트륨을 가열하면 801℃에서 녹아 용융액이 얻어진다.

$$(+)극 : 2Cl^-(l) \rightarrow Cl_2(g) + 2e^- \ (산화)$$
$$(-)극 : 2Na^+(l) + 2e^- \rightarrow 2Na(l) \ (환원)$$

▶ 전체 반응 : $2NaCl(l) \rightarrow 2Na(l) + Cl_2(g)$

염화 나트륨 용융액에 전류를 흘려주면 전기 분해가 일어나서 (+) 극에서는 염소 기체, (−) 극에서는 금속 나트륨이 생성된다.

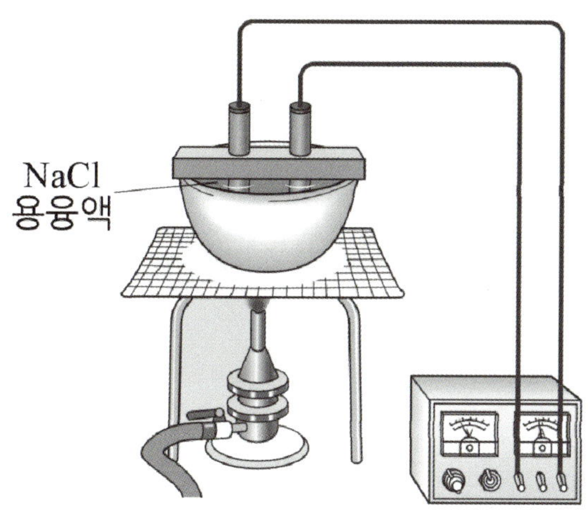

(1) 양이온의 형성

원자는 전자를 잃어 양이온이 된다.

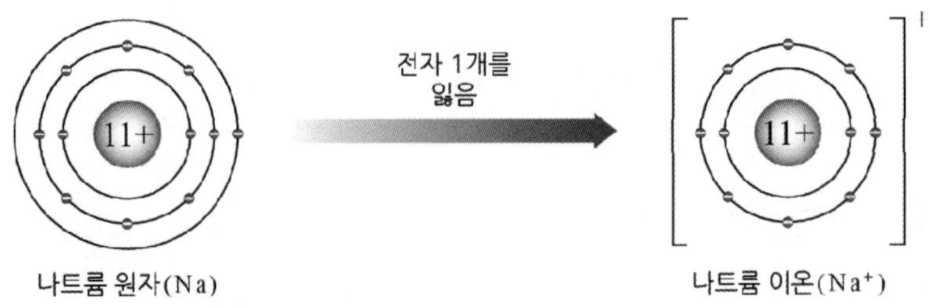

나트륨 이온(Na⁺)의 형성과 전자 배치

(2) 음이온의 형성

원자는 전자를 얻어 음이온이 된다.

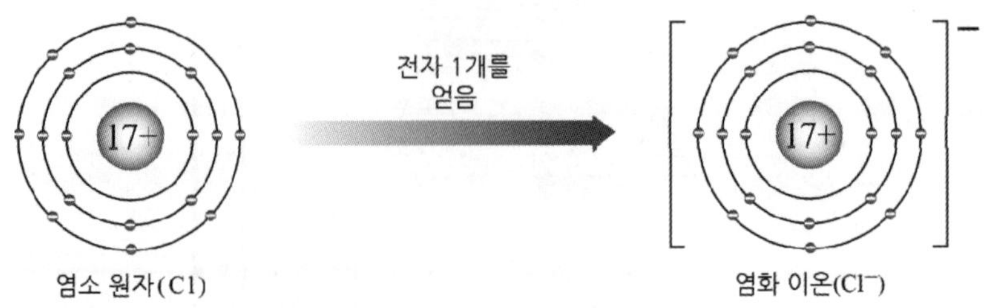

염화 이온(Cl⁻)의 형성과 전자 배치

이온 결합은 양이온과 음이온 사이의 정전기적 인력에 의해 형성되는 결합이다.

❶ 이온 결합 물질의 녹는점

이온 결합 물질의 녹는점은 양이온과 음이온 사이의 정전기적인 인력에 의해 결정된다.

$$F = k\frac{q_1 q_2}{r^2} \quad (q_1, q_2 : \text{이온의 전하량} , \; r : \text{이온 간의 거리})$$

이온의 전하량이 클수록 결합력이 세다.
이온간의 거리가 짧을수록(이온 반지름이 작을수록) 결합력이 세다.

위의 식에서 알 수 있듯이 **이온의 전하량이 클수록, 이온 사이의 거리가 짧을수록** 이온 사이에 작용하는 정전기적 인력이 증가하여 **이온 사이의 결합이 강해진다. 이온 사이의 인력이 강해질수록 물질의 녹는점은 더 높아진다.**

❷ 주요 이온 결합 물질의 녹는점

이온 결합 물질	이온사이의 거리(pm)	녹는점(℃)	이온 결합 물질	이온 사이의 거리(pm)	녹는점(℃)
NaF	231	993	MgO	210	2853
NaCl	276	801	CaO	240	2614
NaBr	291	755	SrO	253	2430
NaI	311	661	BaO	275	1923

❸ 그래프 분석

▶ (a) : 멀리 떨어져 있던 양이온과 음이온이 서로 가까워지려면 두 이온 사이에 작용하는 정전기적 인력에 의해 에너지가 낮아지고, 안정해진다.

▶ (b) : 이온 사이의 인력과 반발력이 균형을 이루는 거리(r_0)에서 **에너지가 가장 낮아서 안정한 상태가 되며,** 이 때 이온 결합이 형성된다.

▶ (c) : 양이온과 음이온 사이가 너무 가까워지면 전자와 전자 사이, **원자핵과 원자핵 사이의 반발력이 너무 커져 에너지가 커지므로 불안정해진다.**

▶ r_0 (이온 결합 거리) : 결합하는 두 이온 사이의 핵간 거리이며, 양이온 반지름과 음이온 반지름의 합과 같다.

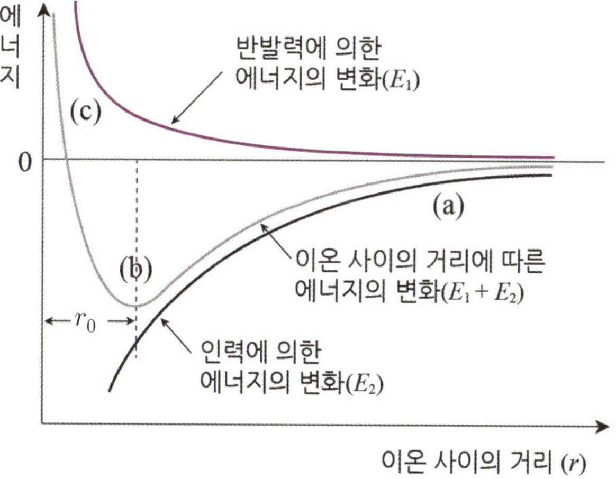

[이온 결합의 형성과 에너지 변화 그래프]

❹ **이온 결합 물질의 표현**

이온 결합 비율은 가장 간단한 자연수비로 나타낸다.

양이온의 총 전하량과 음이온의 총 전하량이 같게 되도록 하는 비율로 결합한다.
a 또는 b가 1이면 생략한다.

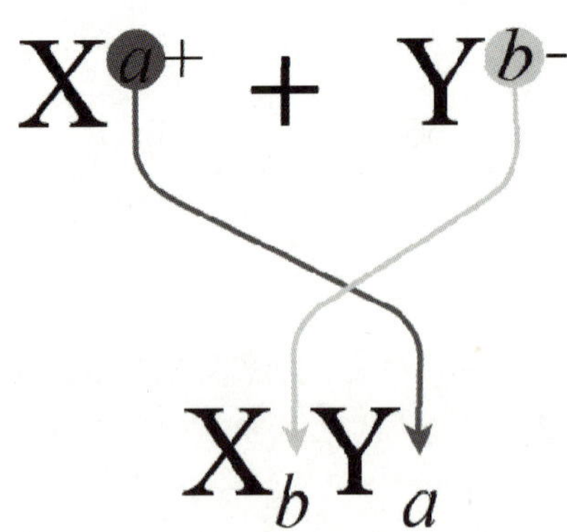

3. 공유 결합

▶ **공유 결합 물질** : 비금속 원소의 원자들이 전자쌍을 서로 공유하는 결합이다.

▶ **전기 전도성** : 공유 결합 물질에는 자유롭게 이동할 수 있는 이온이나 전자가 없으므로 **고체 상태나 액체 상태에서 전기 전도성이 없다.** (단, 흑연은 제외)

▶ **녹는점과 끓는점** : 분자로 이루어진 공유 결합 물질은 대부분 녹는점과 끓는점이 낮다.
   (단 물(H_2O)는 예외)

물질	녹는점(℃)	끓는점(℃)	물질	녹는점(℃)	끓는점(℃)
H_2	−259.1	−252.8	H_2O	0.0	100.0
N_2	−210.0	−195.8	CH_4	−182.5	−161.6
O_2	−218.8	−182.9	HCl	−114.2	−85.1
Cl_2	−101.5	−34.1	NH_3	−77.7	−33.3

▶ **물의 전기 분해** : 물에 황산 나트륨(Na_2SO_4)과 같은 전해질을 소량 넣고 전기 분해하면 (−)극에서는 수소 기체, (+)극에서는 산소 기체가 발생한다.

▶ **공유 결합과 전자** : 공유 결합 물질인 물에 전류를 흘려주면 성분 원소로 분해되는 것으로 보아 공유 결합이 형성될 때 전자가 관여한다는 것을 알 수 있다.

(1) 물의 전기분해

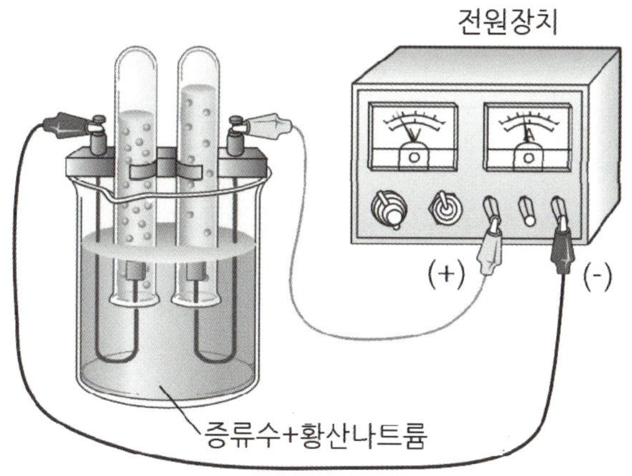

[실험 과정]

(가) 비커에 증류수를 넣고, 황산 나트륨(Na_2SO_4)을 소량 녹인다.

(나) 그림과 같이 과정 (가)의 수용액으로 가득 채운 2개의 시험관을 전극이 고정된 비커 속에 거꾸로 세우고,
전류를 흘려주어 발생하는 기체를 모은다.

$$(+)극 : H_2O(l) \rightarrow \frac{1}{2}O_2(g) + 2H^+(aq) + 2e^- \ \ (산화)$$

$$(-)극 : 2H_2O(l) + 2e^- \rightarrow H_2(g) + 2OH^-(aq) \ \ (환원)$$

➡ 전체 반응 : $H_2O(l) \rightarrow H_2(g) + \frac{1}{2}O_2(g)$

[실험 결과]

(−)극에서는 수소기체, (+)극에서는 산소기체가 2:1 의 부피비로 생성된다.

[분석 point]

1. 순수한 물(증류수)은 전류가 거의 흐르지 않기 때문에 황산 나트륨과 같은 전해질을 소량 넣어 전류가 잘
흐르게 한다.

2. 물에 전류를 흘려주면 수소와 산소의 2가지 성분 물질로 분해되는 것으로 보아 공유 결합에 의해 물이
생성될 때 **전자가 관여함**을 알 수 있다.

➡ 발생하는 기체의 확인

　(+)극 : 성냥 불씨를 대면 불꽃이 살아나는 것을 통해 산소기체 확인 가능

　(−)극 : 성냥불을 갖다 대면 '펑' 소리를 내며 폭발하는 것을 통해 수소기체 확인 가능

(1) 단일 결합 : 한 쌍의 전자를 공유

ex 수소(H) 원자와 염소(Cl) 원자는 각각 1개의 전자를 내놓아 전자쌍 1개를 공유하여 염화 수소(HCl) 분자를 형성한다.

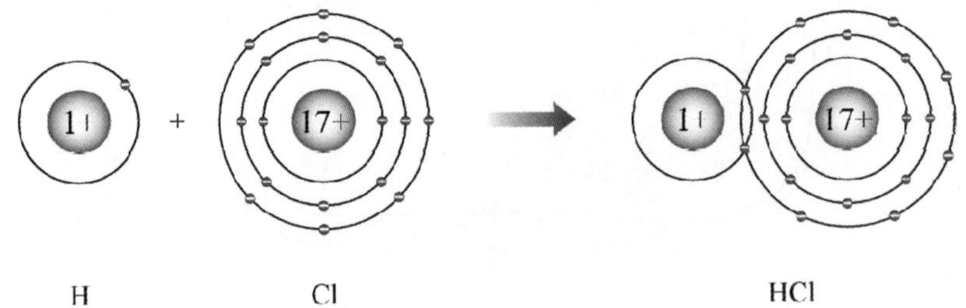

(2) 이중 결합 : 두 쌍의 전자를 공유

ex 산소(O) 원자 2개는 각각 2개의 전자를 내놓아 2개의 전자쌍을 공유하여 산소(O_2) 분자를 형성한다.

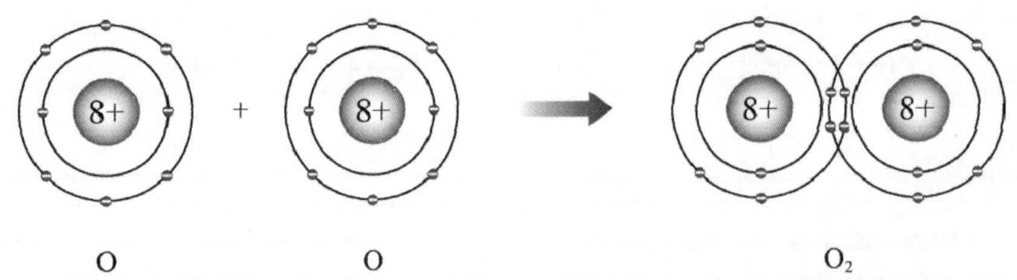

(3) 삼중 결합 : 세 쌍의 전자를 공유

ex 질소(N) 원자 2개는 각각 3개의 전자를 내놓아 3개의 전자쌍을 공유하여 질소(N_2) 분자를 형성한다.

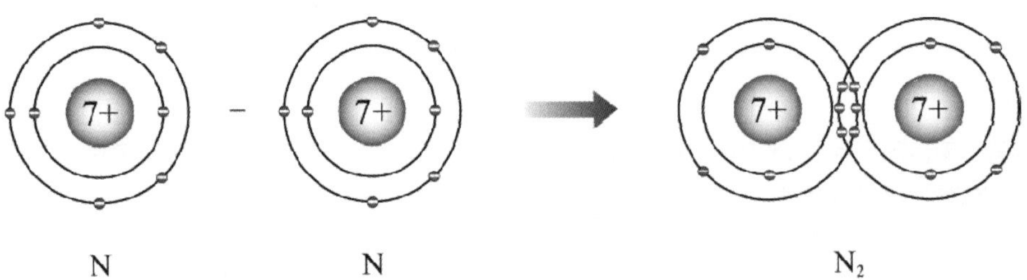

❶ 공유 결합의 형성

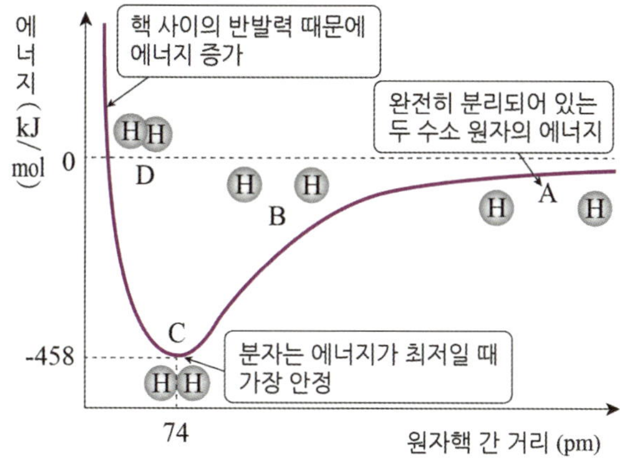

[공유 결합의 형성과 에너지 변화 그래프]

(A) : 멀리 떨어져 있어서 서로 영향을 미치지 않는다.

(B) : 점점 가까워지면서 안정해져 에너지가 낮아진다.

(C) : 에너지가 가장 낮아 가장 안정한 상태이다.

(D) : 핵간 거리가 너무 짧아져 반발력이 인력보다 커져서 불안정해진 상태이다.

❷ 공유 결정과 분자 결정

공유 결합 물질에는 분자로 존재하는 분자 결정과 원자들이 공유 결합하여 그물처럼 연결되어 있는 공유 결정이 있다.

▶ **분자 결정** : 원자들의 공유 결합으로 형성된 분자들이 분자 간의 약한 인력에 의해 규칙적으로 배열된 결정이다.

분자 간의 인력이 약하므로 녹는점과 끓는점이 낮고 승화성이 있는 물질도 있다. 드라이아이스(CO_2), 아이오딘(I_2) 등이 분자 결정이다.

▶ **공유 결정** : 공유 결정의 원자 사이의 인력이 분자 결정 분자 사이의 인력보다 훨씬 크므로 공유 결정이 분자 결정보다 녹는점과 끓는점이 훨씬 높고 단단하다. 흑연(C), 다이아몬드(C), 석영(SiO_2) 등이 공유 결정이다.

물질	드라이아이스(CO_2)	흑연(C)	다이아몬드(C)
모형	(그림-14)	(그림-15)	(그림-16)
녹는점	x	4000℃ 이상	3550℃ 이상

금속 양이온과 자유 전자 사이의 전기적 인력에 의해 형성된다.

▶ **자유 전자** : 금속 원자가 내놓은 원자가 전자로, 금속 양이온 사이를 자유롭게 움직이면서 금속 양이온을 결합시키는 역할을 하는 전자이다.

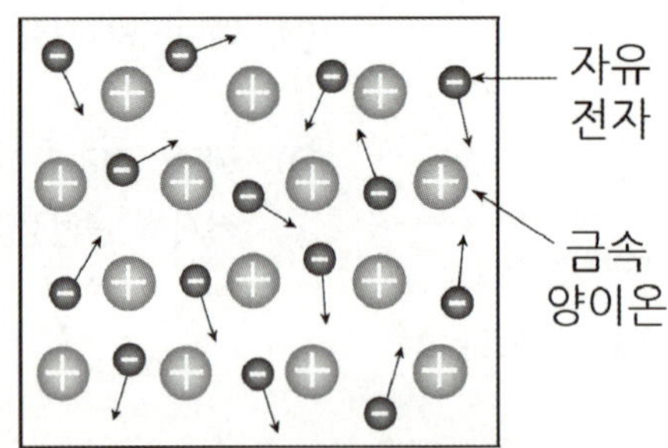

금속 결합을 하여 금속 원자가 규칙적으로 배열된 고체를 금속 결정이라고 한다.

▶ **전기 전도성** : 금속은 자유 전자가 자유롭게 움직일 수 있으므로 고체와 액체 상태에서 전기 전도성이 있다. 금속에 전압을 걸어주면 자유전자는 (+)극 쪽으로 이동한다.

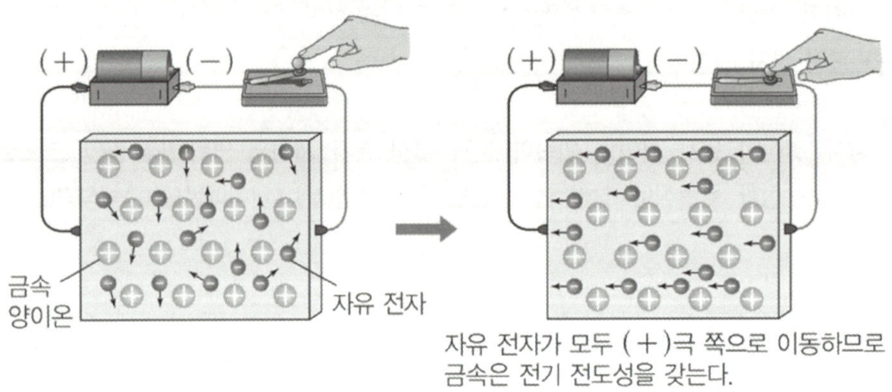

* 금속의 전기 전도성에서 오직 자유전자만 이동하고, **금속 양이온은 이동하지 않습니다.** 개념 낚시 문제에 출제될수 있으니 유의하시길 바랍니다.

▶ **열 전도성** : 금속을 가열하면 자유 전자가 에너지를 얻게 되고, 에너지를 얻은 자유 전자가 인접한 자유 전자와 금속 양이온에 열에너지를 전달하므로 금속은 열 전도성이 매우 크다.

▶ **뽑힘성(연성)과 펴짐성(전성)** : 외부의 힘에 의해 금속이 변형되어도 자유 전자가 이동하여 금속 결합을 유지할 수 있으므로 금속은 뽑힘성(연성)과 퍼짐성(전성)이 크다.

▶ **녹는점과 끓는점** : 금속은 자유 전자와 금속 양이온 사이의 강한 정전기적 인력에 의해 녹는점과 끓는점이 높다. 따라서 수은(액체)을 제외한 대부분의 금속은 상온에서 고체 상태로 존재하고 단단하다. 단, 예외적으로 알칼리 금속은 녹는점이 낮고 무르다.

금속	녹는점(℃)	금속	녹는점(℃)
Fe	1538	Li	180.5
Cu	1085	Na	98
Ca	842	K	63.5
Al	660	Hg	−39

구분		이온 결합 물질	공유 결합 물질	금속 결합 물질
전기 전도성	고체	x	x	o
	액체	o	x	o

01 22학년도 수능 4번

그림은 화합물 AB와 BC_2를 화학 결합 모형으로 나타낸 것이다.

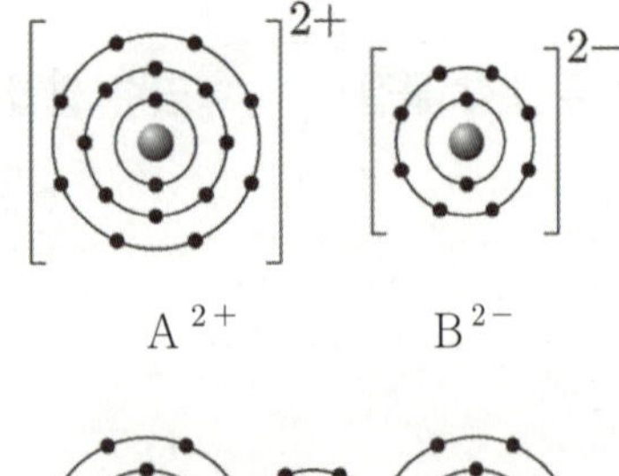

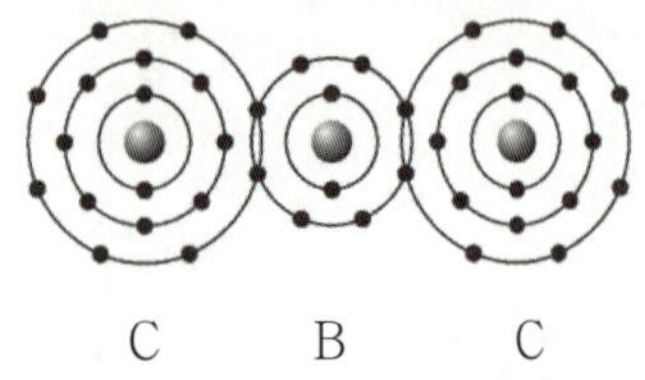

이에 대한 설명으로 옳은 것만을 <보기>에서 있는 대로 고른 것은? (단, A ~ C는 임의의 원소 기호이다.)

<보 기>

ㄱ. A는 3주기 원소이다.

ㄴ. AB는 이온 결합 물질이다.

ㄷ. A와 C는 1 : 2 로 결합하여 안정한 화합물을 형성한다.

02 21학년도 10월 5번

그림은 화합물 ABC와 B_2D_2의 화학 결합 모형을 나타낸 것이다.

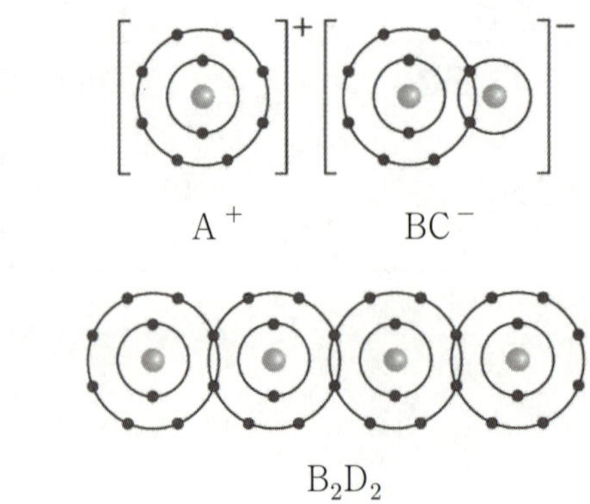

이에 대한 옳은 설명만을 <보기>에서 있는 대로 고른 것은? (단, A ~ D는 임의의 원소 기호이다.)

<보 기>

ㄱ. A와 C는 같은 족 원소이다.

ㄴ. B_2D_2에는 무극성 공유 결합이 있다.

ㄷ. BD_2에서 B는 부분적인 음전하(δ^-)를 띤다.

03 22학년도 9월 7번

다음은 Na과 ㉠이 반응하여 ㉡과 H_2를 생성하는 반응의 화학 반응식이고, 그림 (가)와 (나)는 ㉠과 ㉡을 각각 화학 결합 모형으로 나타낸 것이다.

$$2\,Na + 2㉠ \rightarrow 2㉡ + H_2$$

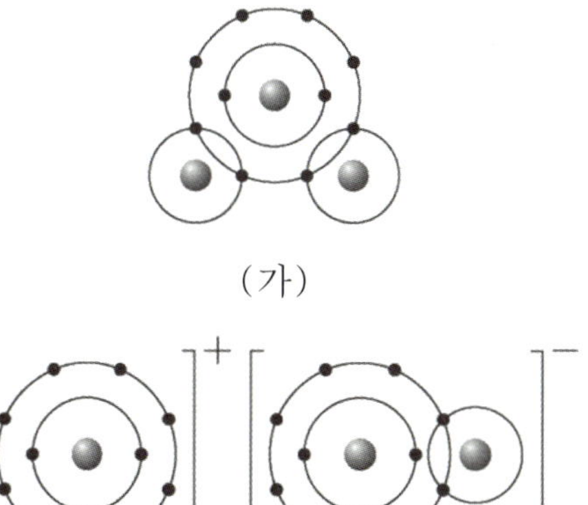

(가)

(나)

이에 대한 설명으로 옳은 것만을 <보기>에서 있는 대로 고른 것은?

— <보 기> —

ㄱ. Na(s)은 전성(퍼짐성)이 있다.

ㄴ. ㉠은 공유 결합 물질이다.

ㄷ. (나)에서 양이온의 총 전자 수와 음이온의 총 전자 수는 같다.

04 22학년도 6월 8번

다음은 AB와 CD의 반응을 화학 반응식으로 나타낸 것이고, 그림은 AB와 CD를 결합 모형으로 나타낸 것이다.

$$2AB + CD \rightarrow (가) + A_2D$$

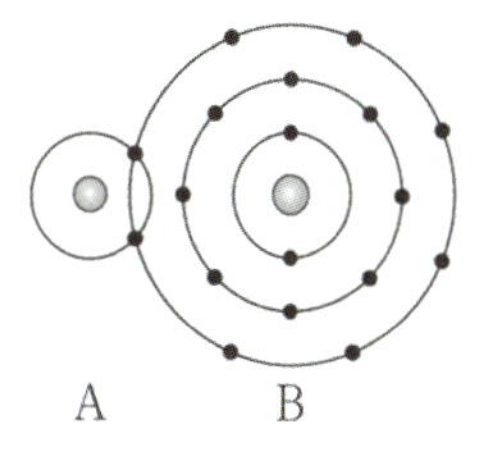

A   B

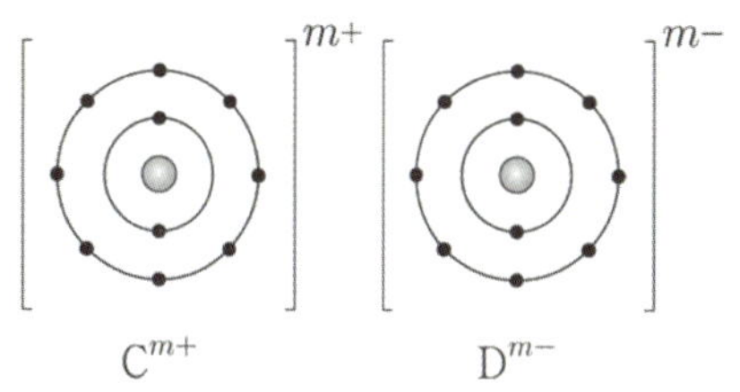

C^{m+} D^{m-}

이에 대한 설명으로 옳은 것만을 <보기>에서 있는 대로 고른 것은? (단, A~D는 임의의 원소 기호이다.)

— <보 기> —

ㄱ. $m = 2$이다.

ㄴ. (가)는 공유 결합 물질이다.

ㄷ. 비공유 전자쌍 수는 $B_2 > D_2$이다.

그림은 물질 AB와 CD를 화학 결합 모형으로 나타낸 것이다.

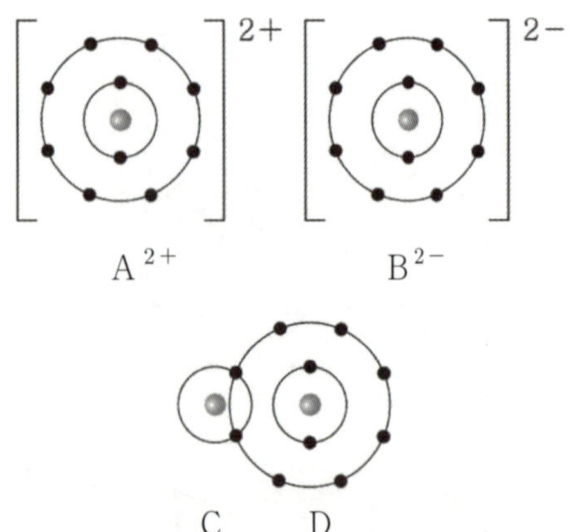

이에 대한 옳은 설명만을 <보기>에서 있는 대로 고른 것은? (단, A~D는 임의의 원소 기호이다.)

<보 기>

ㄱ. A(s)는 전기 전도성이 있다.

ㄴ. CD에서 C는 부분적인 음전하(δ^-)를 띤다.

ㄷ. 분자당 공유 전자쌍 수는 D_2가 B_2보다 크다.

그림은 화합물 WX와 WYZ를 화학 결합 모형으로 나타낸 것이다.

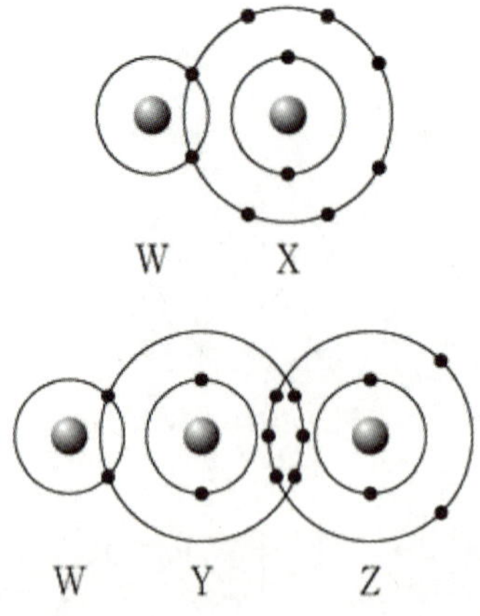

이에 대한 설명으로 옳은 것만을 <보기>에서 있는 대로 고른 것은? (단, W~Z는 임의의 원소 기호이다.)

<보 기>

ㄱ. WX에서 W는 부분적인 양전하(δ^+)를 띤다.

ㄴ. 전기 음성도는 Z > Y이다.

ㄷ. YW_4에는 극성 공유 결합이 있다.

그림은 화합물 WX와 YXZ$_2$를 화학 결합 모형으로 나타낸 것이다.

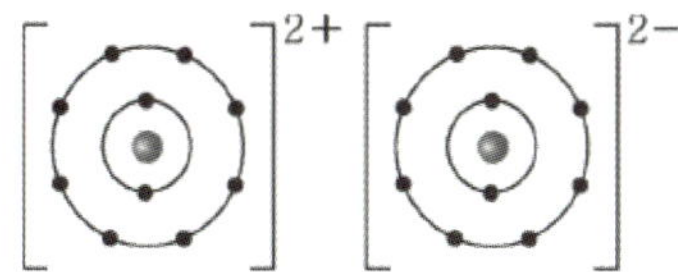

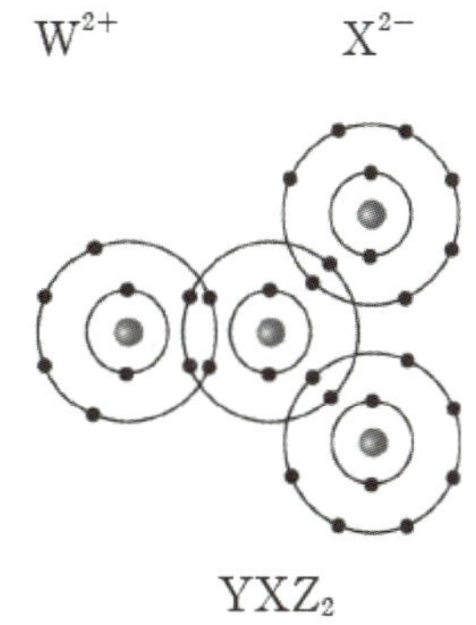

이에 대한 옳은 설명만을 <보기>에서 있는 대로 고른 것은? (단, W~Z는 임의의 원소 기호이다.)

<보 기>

ㄱ. 원자가 전자 수는 X > Y이다.

ㄴ. W와 Y는 같은 주기 원소이다.

ㄷ. YXZ$_2$ 분자에서 모든 원자는 동일 평면에 존재한다.

그림은 화합물 AB와 CD$_3$를 화학 결합 모형으로 나타낸 것이다.

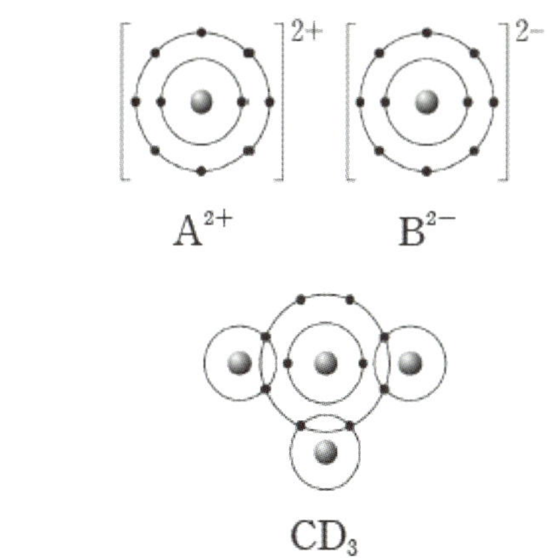

이에 대한 설명으로 옳은 것만을 <보기>에서 있는 대로 고른 것은? (단, A~D는 임의의 원소 기호이다.)

<보 기>

ㄱ. AB는 이온 결합 물질이다.

ㄴ. C$_2$에는 2중 결합이 있다.

ㄷ. A(s)는 전기 전도성이 있다.

---

09 20학년도 7월 11번

다음은 원소 A~E로 이루어진 물질에 대한 자료이다.

물질	AD_2, DE_2	B, C	BD, CE
화학 결합의 종류	공유 결합	㉠	㉡

- A~E의 원자 번호는 각각 6, 8, 9, 11, 12 중 하나이다.
- ㉠과 ㉡은 각각 이온 결합과 금속 결합 중 하나이다.

이에 대한 설명으로 옳은 것만을 <보기>에서 있는 대로 고른 것은? (단, A~E는 임의의 원소 기호이다.)

───── <보 기> ─────

ㄱ. 전기 음성도는 D > A이다.

ㄴ. 고체 상태의 B와 C는 전기 전도성이 있다.

ㄷ. 고체 상태의 BD와 CE는 외부에서 힘을 가하면 쉽게 부서진다.

10 21학년도 6월 9번

그림은 화합물 ABC와 H_2B를 화학 결합 모형으로 나타낸 것이다.

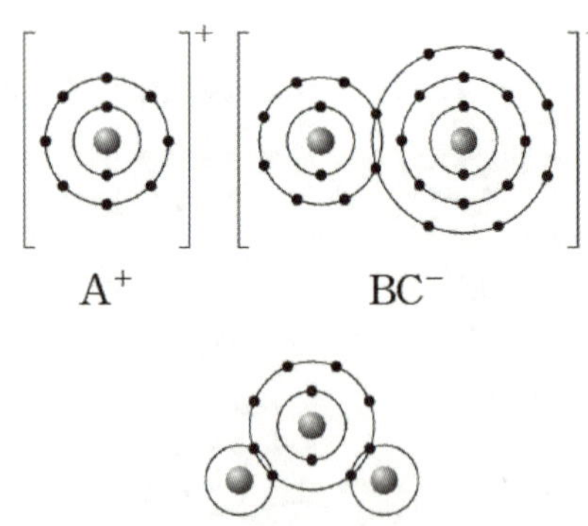

이에 대한 설명으로 옳은 것만을 <보기>에서 있는 대로 고른 것은? (단, A~C는 임의의 원소 기호이다.)

───── <보 기> ─────

ㄱ. A(s)는 외부에서 힘을 가하면 넓게 퍼지는 성질이 있다.

ㄴ. B_2와 C_2에는 모두 2중 결합이 있다.

ㄷ. AC(l)는 전기 전도성이 있다.

11

그림은 $Na^+(g)$과 $X^-(g)$ 사이의 거리에 따른 에너지 변화를, 표는 $NaX(g)$와 $NaY(g)$가 가장 안정한 상태일 때 각 물질에서 양이온과 음이온 사이의 거리를 나타낸 것이다.

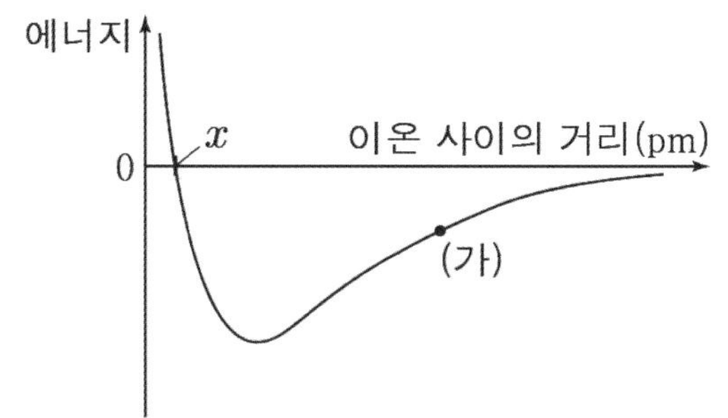

물질	이온 사이의 거리(pm)
$NaX(g)$	236
$NaY(g)$	250

이에 대한 설명으로 옳은 것만을 <보기>에서 있는 대로 고른 것은? (단, X와 Y는 임의의 원소 기호이다.)

<보 기>

ㄱ. (가)에서 Na^+과 X^- 사이에 작용하는 힘은 인력이 반발력보다 우세하다.

ㄴ. x는 236이다.

ㄷ. 1기압에서 녹는점은 NaX > NaY 이다.

12

그림은 NaCl에서 이온 사이의 거리에 따른 에너지를 나타낸 것이다.

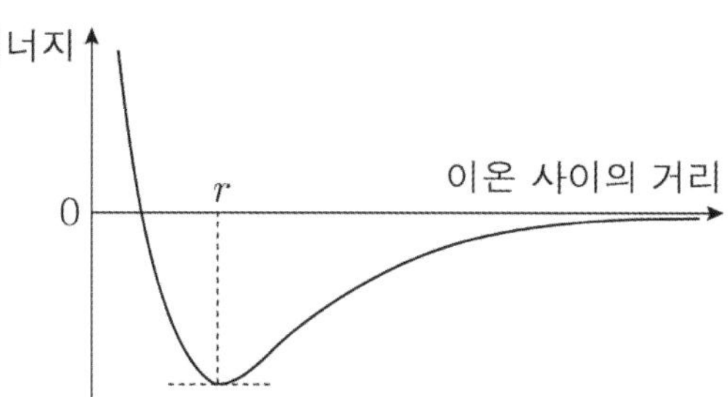

이에 대한 옳은 설명만을 <보기>에서 있는 대로 고른 것은?

<보 기>

ㄱ. NaCl에서 이온 결합을 형성할 때 이온 사이의 거리는 r이다.

ㄴ. 이온 사이의 거리가 r일 때 Na^+과 Cl^- 사이에 반발력이 작용하지 않는다.

ㄷ. KCl에서 이온 결합을 형성할 때 이온 사이의 거리는 r보다 작다.

13

다음은 물 분자의 화학 결합 모형과 이에 대한 세 학생의 대화이다.

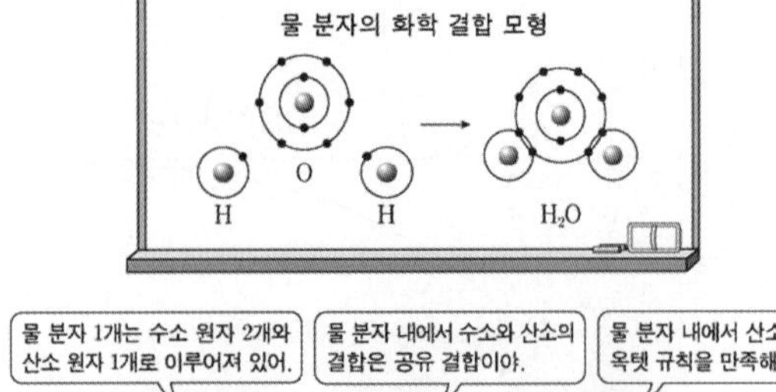

제시한 내용이 옳은 학생만을 있는 대로 고른 것은?

14

그림은 화합물 AB, C_2D를 화학 결합 모형으로 나타낸 것이다.

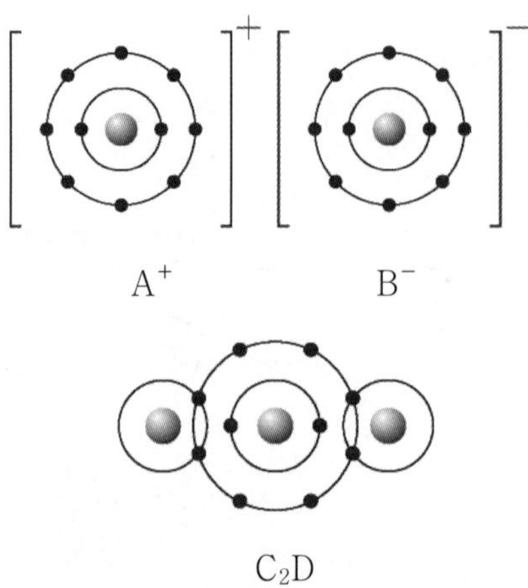

이에 대한 설명으로 옳은 것만을 <보기>에서 있는 대로 고른 것은? (단, A~D는 임의의 원소 기호이다.)

<보 기>

ㄱ. C_2D의 공유 전자쌍 수는 2이다.

ㄴ. A_2D는 이온 결합 화합물이다.

ㄷ. B_2에는 2중 결합이 있다.

15 20학년도 6월 9번

그림은 화합물 AB와 CDB를 화학 결합 모형으로 나타낸 것이다.

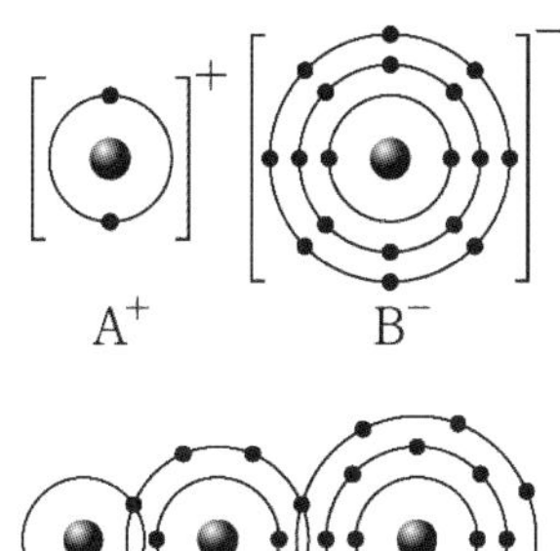
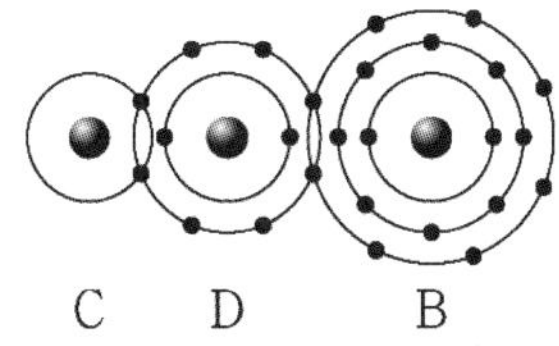

이에 대한 설명으로 옳은 것만을 <보기>에서 있는 대로 고른 것은? (단, A~D는 임의의 원소 기호이다.)

─────── <보 기> ───────

ㄱ. A와 C는 1주기 원소이다.

ㄴ. AB는 액체 상태에서 전기 전도성이 있다.

ㄷ. 비공유 전자쌍 수는 $CB > D_2$이다.

16 19학년도 수능 11번

그림은 화합물 AB_2와 CA를 화학 결합 모형으로 나타낸 것이다.

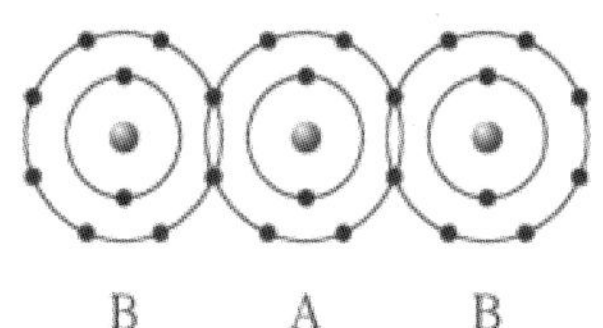
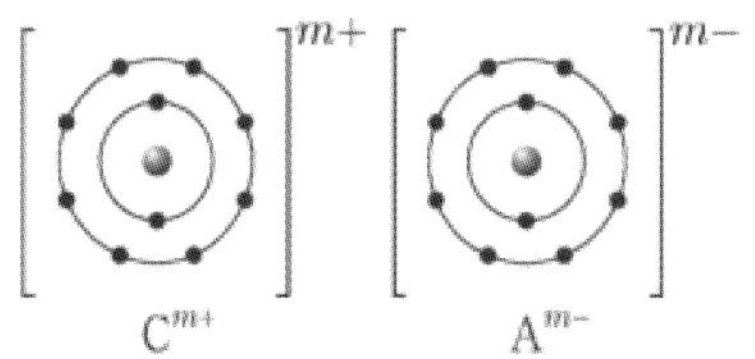

이에 대한 설명으로 옳은 것만을 <보기>에서 있는 대로 고른 것은? (단, A~C는 임의의 원소 기호이다.)

─────── <보 기> ───────

ㄱ. m은 1이다.

ㄴ. CB_2는 이온 결합 화합물이다.

ㄷ. 공유 전자쌍 수는 A_2가 B_2의 2배이다.

17 19학년도 9월 8번

그림은 화합물 XY와 Z_2Y_2를 화학 결합 모형으로 나타낸 것이다.

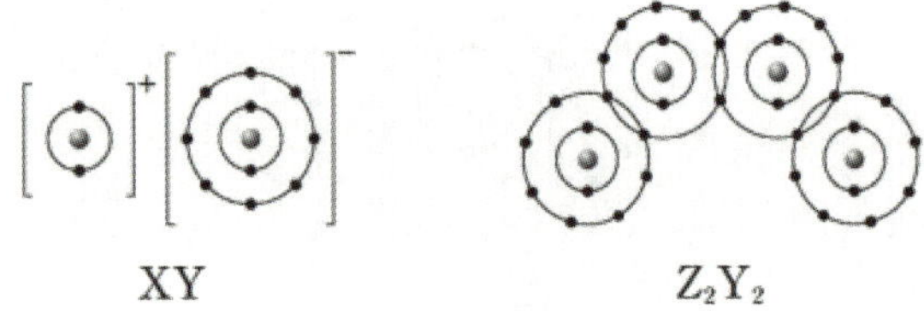

XY Z_2Y_2

이에 대한 설명으로 옳은 것만을 <보기>에서 있는 대로 고른 것은? (단, X~Z는 임의의 원소 기호이다.)

─── <보 기> ───

ㄱ. XY에서 Y^-과 Z_2Y_2에서 Y는 모두 옥텟 규칙을 만족한다.

ㄴ. Z_2Y_2는 이온 결합 화합물이다.

ㄷ. 분자 Z_2에서 구성 원자가 모두 옥텟 규칙을 만족할 때, $\dfrac{\text{공유 전자쌍 수}}{\text{비공유 전자쌍 수}} = \dfrac{1}{6}$ 이다.

18 19학년도 6월 8번

그림은 어떤 반응의 화학 반응식을 화학 결합 모형으로 나타낸 것이다.

XH_3 HY   (가)

이에 대한 설명으로 옳은 것만을 <보기>에서 있는 대로 고른 것은? (단, X, Y는 임의의 원소 기호이다.)

─── <보 기> ───

ㄱ. HY는 이온 결합 화합물이다.

ㄴ. (가)에서 X는 옥텟 규칙을 만족한다.

ㄷ. X_2에는 3중 결합이 있다.

19 18학년도 9월 2번

그림은 학생 A가 작성한 탐구 보고서의 일부이다.

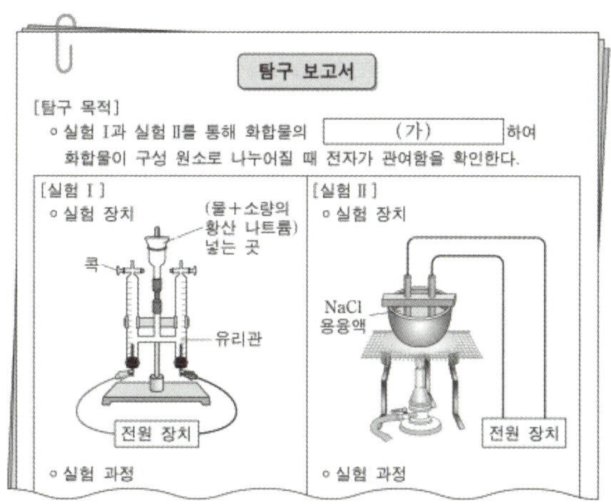

다음 중 (가)에 해당하는 것으로 가장 적절한 것은?

① 부피를 측정　　② 끓는점을 비교

③ 녹는점을 비교　　④ 용해도를 비교

⑤ 전기분해를 수행

20 18학년도 6월 4번

표는 3가지 실험에 대한 자료이다.

실험	(가)	(나)	(다)
실험 장치			
실험 목적	고체의 전기 전도성 확인	수용액의 전기 전도성 확인	불꽃 반응의 불꽃색 확인

소금($NaCl$)과 설탕($C_{12}H_{22}O_{11}$)을 구별할 수 있는 실험만을 있는 대로 고른 것은?

21 19학년도 10월 13번

그림은 ABC와 CD의 반응을 화학 결합 모형으로 나타낸 것이다.

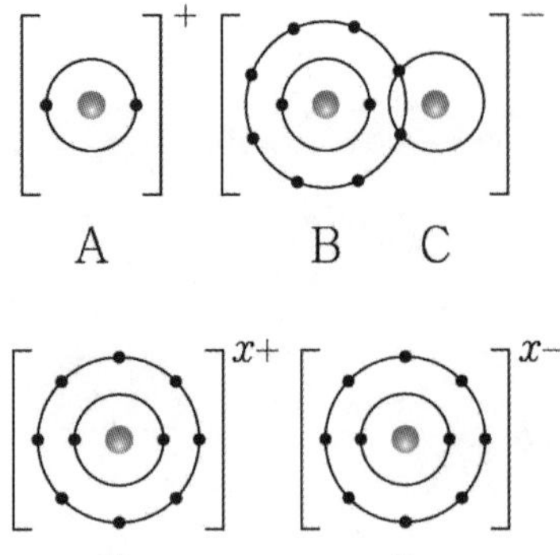

이에 대한 옳은 설명만을 <보기>에서 있는 대로 고른 것은? (단, A~D는 임의의 원소 기호이다.)

─── <보 기> ───

ㄱ. A와 B는 같은 주기 원소이다.

ㄴ. AD는 액체 상태에서 전기 전도성이 있다.

ㄷ. C_2B에서 B는 부분적인 (+)전하를 띤다.

22 19학년도 3월 9번

그림은 화합물 ABC와 DB의 화학 결합 모형을 나타낸 것이다.

이에 대한 옳은 설명만을 <보기>에서 있는 대로 고른 것은? (단, A~D는 임의의 원소 기호이다.)

─── <보 기> ───

ㄱ. A와 C는 같은 족 원소이다.

ㄴ. $x = 1$이다.

ㄷ. DB는 액체 상태에서 전기 전도성이 있다.

그림은 화합물 AB, CB의 결합 모형을 나타낸 것이다.

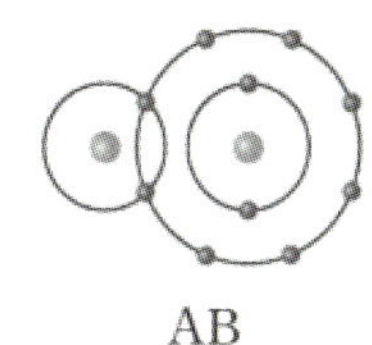

AB

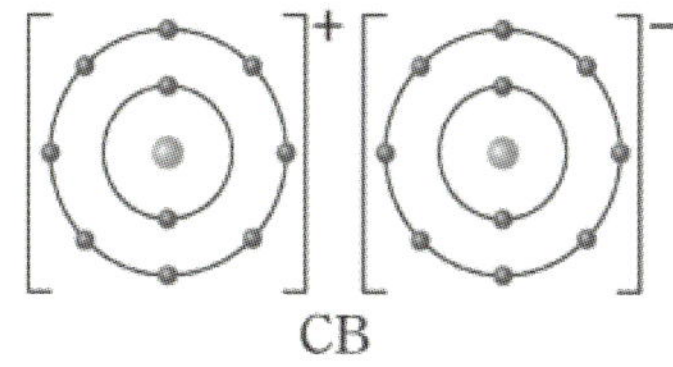

CB

이에 대한 옳은 설명만을 <보기>에서 있는 대로 고른 것은? (단, A~C는 임의의 원소 기호이다.)

<보 기>

ㄱ. AB는 공유 결합 물질이다.

ㄴ. CB는 액체 상태에서 전기 전도성이 있다.

ㄷ. 원자 번호는 B가 C보다 크다.

그림은 원자 X~Z의 전자 배치 모형을, 표는 X~Z의 플루오린 화합물 (가)~(다)의 화학식을 나타낸 것이다.

 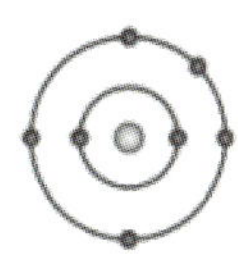 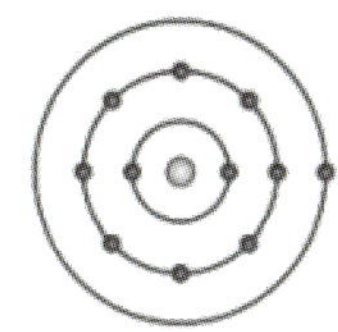

X   Y   Z

물질	(가)	(나)	(다)
화학식	XF	YF_3	ZF

이에 대한 설명으로 옳은 것만을 <보기>에서 있는 대로 고른 것은? (단, X~Z는 임의의 원소 기호이다.)

<보 기>

ㄱ. (가)는 공유 결합 물질이다.

ㄴ. (나)에서 모든 원자는 옥텟 규칙을 만족한다.

ㄷ. 액체 상태에서 전기 전도성은 (다)>(나)이다.

25 16학년도 4월 11번

다음은 물질 A_2B와 C_2B가 반응하여 ABC를 생성하는 반응의 화학 반응식과 A_2B와 C_2B의 화학 결합 모형이다.

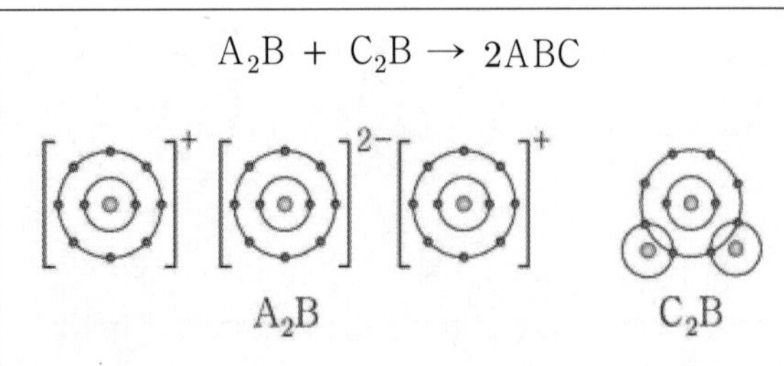

이에 대한 설명으로 옳은 것만을 <보기>에서 있는 대로 고른 것은? (단, A~C는 임의의 원소 기호이다.)

———— <보 기> ————

ㄱ. A_2B는 이온 결합 물질이다.

ㄴ. C_2B에서 B는 옥텟 규칙을 만족한다.

ㄷ. 액체 상태에서 전기 전도성은 ABC가 C_2B보다 크다.

26 22학년도 3월 11번

그림은 2주기 원자 A~D의 루이스 전자점식을 나타낸 것이다.

$$A\cdot \qquad \cdot\ddot{B}\cdot \qquad :\ddot{C}\cdot \qquad :\ddot{D}\cdot$$

이에 대한 옳은 설명만을 <보기>에서 있는 대로 고른 것은? (단, A~D는 임의의 원소 기호이다.)

———— <보 기> ————

ㄱ. $A(s)$는 전기 전도성이 있다.

ㄴ. BD_3에서 B는 부분적인 양전하($\delta+$)를 띤다.

ㄷ. 분자당 공유 전자쌍 수는 $B_2D_2 > C_2D_2$이다.

① ㄱ 　 ② ㄴ 　 ③ ㄱ, ㄷ
④ ㄴ, ㄷ 　 ⑤ ㄱ, ㄴ, ㄷ

27 22학년도 3월 15번

그림은 화합물 AB와 CD를 화학 결합 모형으로 나타낸 것이다. 양이온의 반지름은 $A^{n+} > C^{2+}$ 이다.

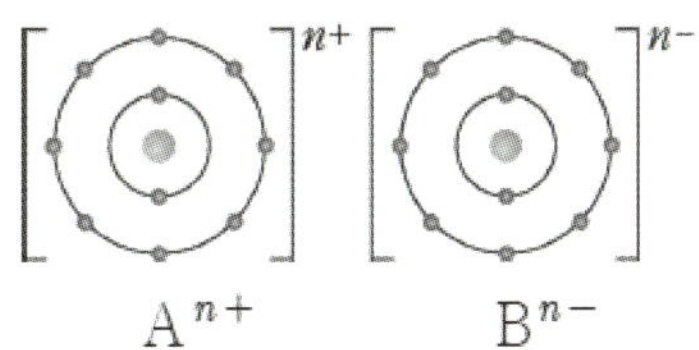

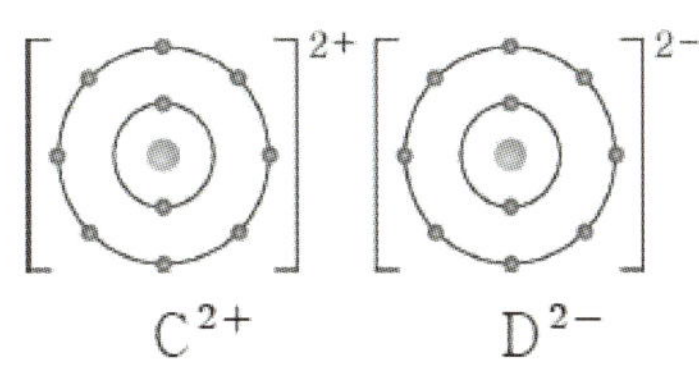

이에 대한 옳은 설명만을 <보기>에서 있는 대로 고른 것은? (단, A~D는 임의의 원소 기호이다.)

<보 기>

ㄱ. $CD(l)$는 전기 전도성이 있다.

ㄴ. $n = 1$이다.

ㄷ. 음이온의 반지름은 $B^{n-} > D^{2-}$이다.

① ㄱ   ② ㄷ   ③ ㄱ, ㄴ
④ ㄴ, ㄷ   ⑤ ㄱ, ㄴ, ㄷ

28 22학년도 4월 6번

그림은 염화 나트륨($NaCl$)의 전기 분해 과정을 나타낸 것이다.

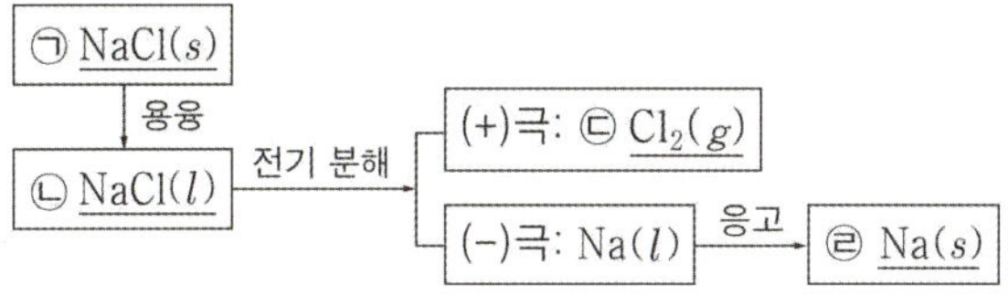

이에 대한 설명으로 옳은 것만을 <보기>에서 있는 대로 고른 것은?

<보 기>

ㄱ. ㉢은 공유 결합 물질이다.

ㄴ. 전기 전도성은 ㉠이 ㉡보다 크다.

ㄷ. 연성(뽑힘성)은 ㉠이 ㉣보다 크다.

① ㄱ   ② ㄷ   ③ ㄱ, ㄴ
④ ㄱ, ㄷ   ⑤ ㄴ, ㄷ

그림은 화합물 A_2B와 CD를 화학 결합 모형으로 나타낸 것이다.

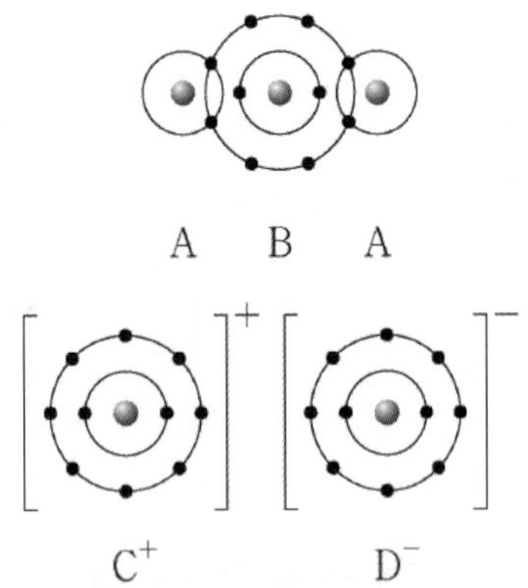

이에 대한 설명으로 옳은 것만을 <보기>에서 있는 대로 고른 것은? (단, A~D는 임의의 원소 기호이다.)

─── <보 기> ───

ㄱ. A_2B는 공유 결합 물질이다.

ㄴ. C(s)는 연성(뽑힘성)이 있다.

ㄷ. $C_2B(l)$는 전기 전도성이 있다.

① ㄱ ② ㄷ ③ ㄱ, ㄴ
④ ㄴ, ㄷ ⑤ ㄱ, ㄴ, ㄷ

그림은 화합물 AB와 CBD를 화학 결합 모형으로 나타낸 것이다.

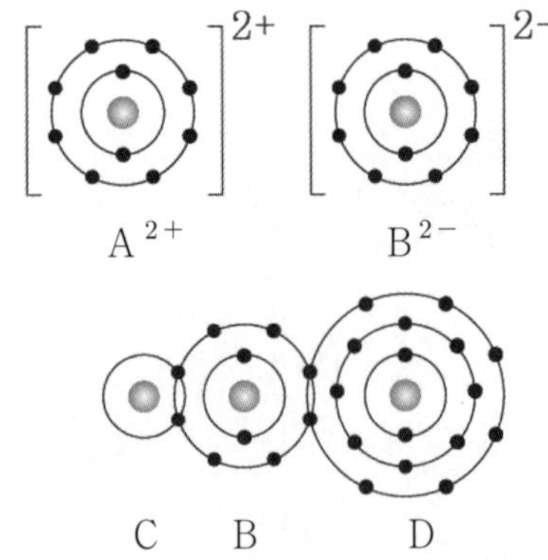

이에 대한 설명으로 옳은 것만을 <보기>에서 있는 대로 고른 것은? (단, A~D는 임의의 원소 기호이다.)

─── <보 기> ───

ㄱ. CBD는 공유 결합 물질이다.

ㄴ. B와 D는 같은 족 원소이다.

ㄷ. A와 D는 1:2로 결합하여 안정한 화합물을 생성한다.

① ㄱ ② ㄴ ③ ㄱ, ㄷ
④ ㄴ, ㄷ ⑤ ㄱ, ㄴ, ㄷ

31 22학년도 7월 6번

그림은 3가지 물질을 주어진 기준에 따라 분류한 것이다.

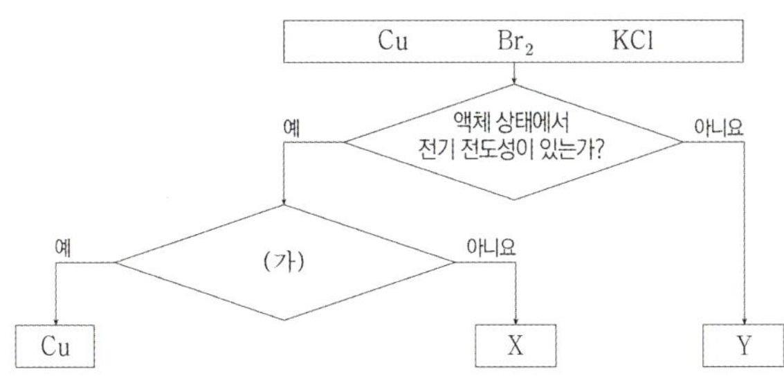

이에 대한 설명으로 옳은 것만을 <보기>에서 있는 대로 고른 것은?

───── <보 기> ─────

ㄱ. 고체 상태일 때 외부에서 힘을 가하면 넓게 퍼지는가?'는 (가)로 적절하다.

ㄴ. Y는 Br_2이다.

ㄷ. X는 이온 결합 물질이다.

① ㄱ   ② ㄷ   ③ ㄱ, ㄴ

④ ㄴ, ㄷ   ⑤ ㄱ, ㄴ, ㄷ

32 23학년도 9월 3번

그림은 바닥상태 원자 W~Z의 전자 배치를 모형으로 나타낸 것이다.

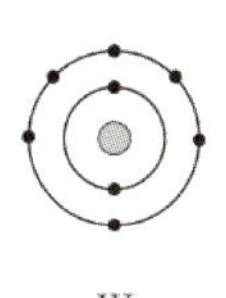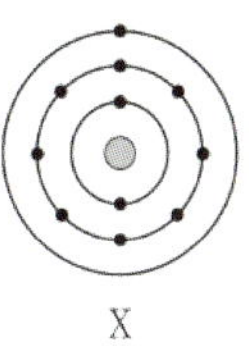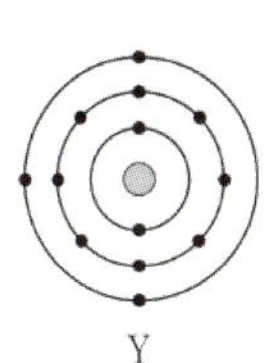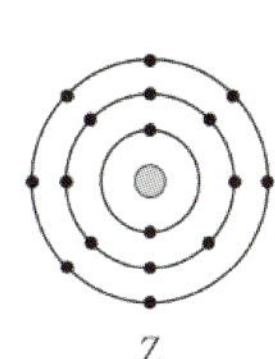

이에 대한 설명으로 옳은 것만을 <보기>에서 있는 대로 고른 것은? (단, W~Z는 임의의 원소 기호이다.)

───── <보 기> ─────

ㄱ. $XZ(l)$는 전기 전도성이 있다.

ㄴ. Z_2W는 이온 결합 물질이다.

ㄷ. W와 Y는 3 : 2로 결합하여 안정한 화합물을 형성한다.

① ㄱ   ② ㄴ   ③ ㄱ, ㄷ

④ ㄴ, ㄷ   ⑤ ㄱ, ㄴ, ㄷ

33 23학년도 9월 6번

다음은 물(H_2O)의 전기 분해 실험이다.

[실험 과정]

(가) 비커에 물을 넣고, 황산 나트륨을 소량 녹인다.

(나) 그림과 같이 (가)의 수용액으로 가득 채운 시험관에 전극 A와 B를 설치하고, 전류를 흘려 생성되는 기체를 각각의 시험관에 모은다.

[실험 결과]

o (나)에서 생성된 기체는 수소(H_2)와 산소(O_2)였다.

o 각 전극에서 생성된 기체의 양(mol) ($0<t_1<t_2$)

전류를 흘려 준 시간		t_1	t_2
기체의 양 (mol)	전극 A	x	N
	전극 B	N	y

이에 대한 설명으로 옳은 것만을 <보기>에서 있는 대로 고른 것은?

<보 기>

ㄱ. 전극 A에서 생성된 기체는 O_2이다.

ㄴ. H_2O을 이루고 있는 H 원자와 O 원자 사이의 화학 결합에는 전자가 관여한다.

ㄷ. $\dfrac{x}{y} = \dfrac{1}{4}$이다.

① ㄱ   ② ㄷ   ③ ㄱ, ㄴ
④ ㄴ, ㄷ   ⑤ ㄱ, ㄴ, ㄷ

34 24학년도 6월 2번

그림은 화합물 AB와 CD를 화학 결합 모형으로 나타낸 것이다.

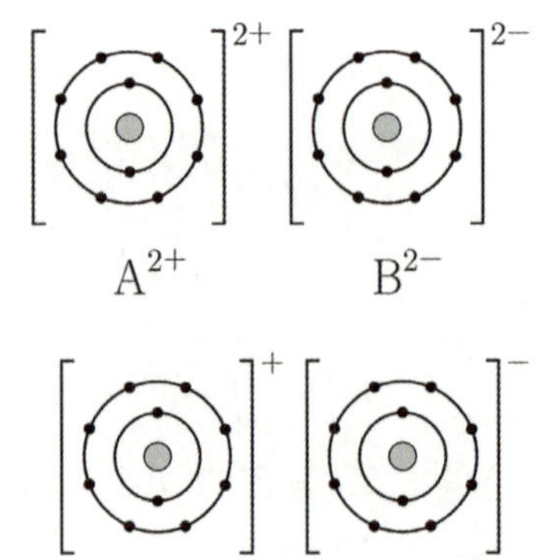

이에 대한 설명으로 옳은 것만을 <보기>에서 있는 대로 고른 것은? (단, A~D는 임의의 원소 기호이다.)

<보 기>

ㄱ. A~D에서 2주기 원소는 2가지이다.

ㄴ. A는 비금속 원소이다.

ㄷ. BD_2는 이온 결합 물질이다.

① ㄱ   ② ㄴ   ③ ㄱ, ㄷ
④ ㄴ, ㄷ   ⑤ ㄱ, ㄴ, ㄷ

35 24학년도 9월 2번

그림은 2가지 물질을 결합 모형으로 나타낸 것이다.

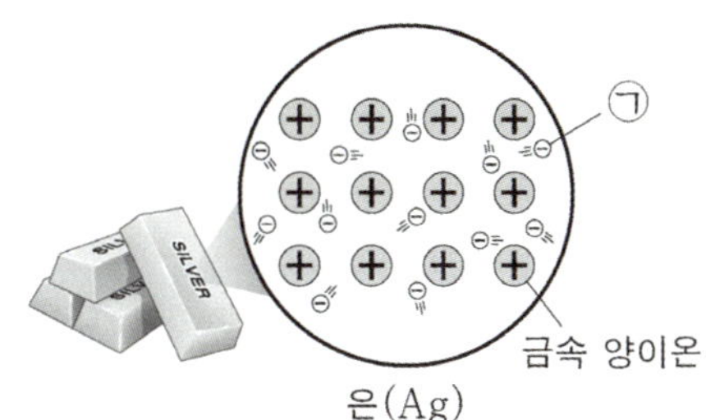

은(Ag)

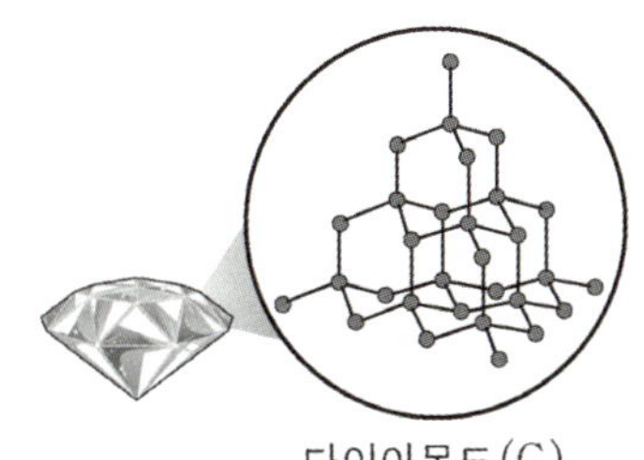

다이아몬드(C)

이에 대한 설명으로 옳은 것만을 <보기>에서 있는 대로 고른 것은?

─── <보 기> ───

ㄱ. ㉠은 자유 전자이다.

ㄴ. Ag(s)은 전성(펴짐성)이 있다.

ㄷ. C(s, 다이아몬드)를 구성하는 원자는 공유 결합을 하고 있다.

① ㄱ   ② ㄷ   ③ ㄱ, ㄴ

④ ㄴ, ㄷ   ⑤ ㄱ, ㄴ, ㄷ

36 24학년도 9월 6번

그림은 원자 X∼Z의 안정한 이온 X^{a+}, Y^{b+}, Z^{c-}의 전자 배치를 모형으로 나타낸 것이고, 표는 이온 결합 화합물 (가)와 (나)에 대한 자료이다.

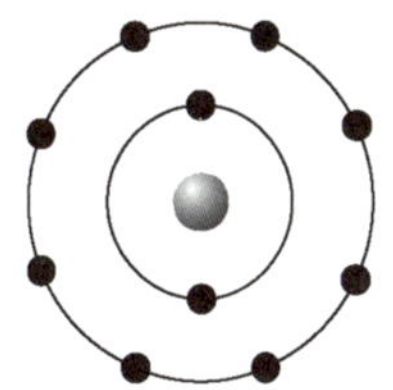

화합물	(가)	(나)
구성 원소	X, Z	Y, Z
이온 수 비	$X^{a+} : Z^{c-}$ = 2 : 3	$Y^{b+} : Z^{c-}$ = 2 : 1

이에 대한 설명으로 옳은 것만을 <보기>에서 있는 대로 고른 것은? (단, X∼Z는 임의의 원소 기호이고, a∼c는 3 이하의 자연수이다.)

─── <보 기> ───

ㄱ. a=2이다.

ㄴ. Z는 산소(O)이다.

ㄷ. 원자가 전자 수는 X>Y이다.

① ㄱ   ② ㄴ   ③ ㄷ

④ ㄱ, ㄴ   ⑤ ㄴ, ㄷ

그림은 원자 X, Y로부터 Ne의 전자 배치를 갖는 이온이 형성되는 과정을 모형으로 나타낸 것이다.

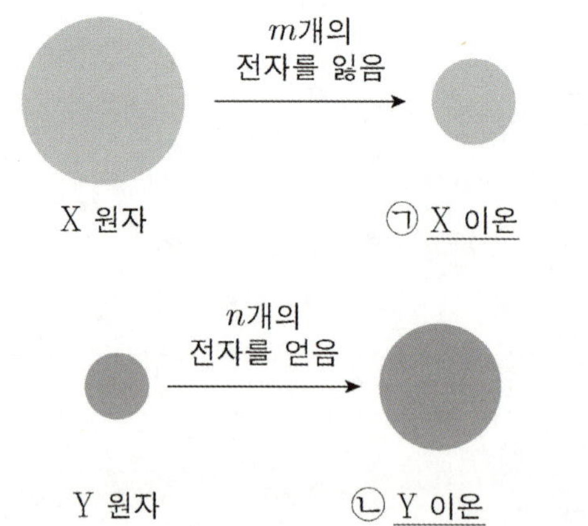

이에 대한 설명으로 옳은 것만을 <보기>에서 있는 대로 고른 것은? (단, X와 Y는 임의의 원소 기호이고, m과 n은 3 이하의 자연수이다.)

―――― <보 기> ――――

ㄱ. X(s)는 전성(펴짐성)이 있다.

ㄴ. ㉡은 음이온이다.

ㄷ. ㉠과 ㉡으로부터 X_2Y가 형성될 때, $m : n = 1 : 2$이다.

① ㄱ   ② ㄷ   ③ ㄱ, ㄴ

④ ㄴ, ㄷ   ⑤ ㄱ, ㄴ, ㄷ

다음은 수소(H)와 2주기 원소 X, Y로 구성된 분자 (가)~(다)에 대한 자료이다. (가)~(다)에서 X와 Y는 옥텟 규칙을 만족한다.

○ (가)~(다)의 분자당 구성 원자 수는 각각 4 이하이다.

○ (가)와 (나)에서 분자당 X와 Y의 원자 수는 같다.

○ 각 분자 1mol에 존재하는 원자 수 비

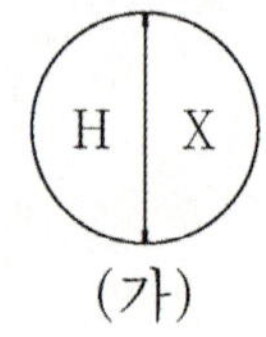

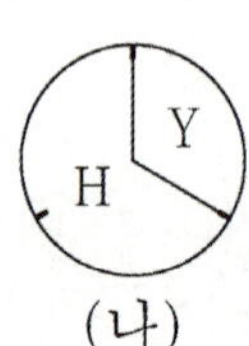

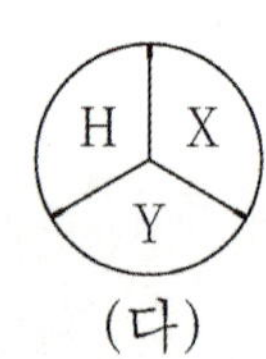

이에 대한 설명으로 옳은 것만을 <보기>에서 있는 대로 고른 것은? (단, X와 Y는 임의의 원소 기호이다.)

―――― <보 기> ――――

ㄱ. (가)에는 2중 결합이 있다.

ㄴ. (나)에는 무극성 공유 결합이 있다.

ㄷ. (다)에서 X는 부분적인 음전하(δ^-)를 띤다.

① ㄴ   ② ㄷ   ③ ㄱ, ㄴ

④ ㄱ, ㄷ   ⑤ ㄴ, ㄷ

39 23년 4월 3번

그림은 화합물 AB_2와 CAB를 화학 결합 모형으로 나타낸 것이다.

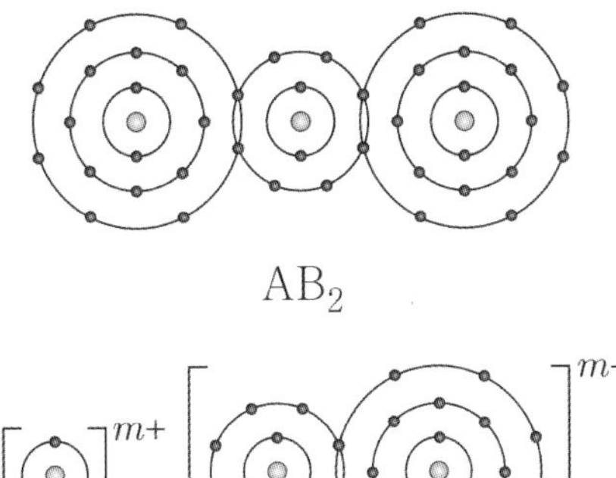

AB_2

C^{m+} AB^{m-}

이에 대한 설명으로 옳은 것만을 <보기>에서 있는 대로 고른 것은? (단, A~C는 임의의 원소 기호이다.)

───── <보 기> ─────

ㄱ. 고체 상태에서 전기 전도성은 $C > AB_2$이다.

ㄴ. A_2의 공유 전자쌍 수는 2이다.

ㄷ. m=1이다.

① ㄱ   ② ㄷ   ③ ㄱ, ㄴ

④ ㄴ, ㄷ   ⑤ ㄱ, ㄴ, ㄷ

Chapter

08

분자의 구조와 성질

08 분자의 구조와 성질

▌들어가기

위 단원에서 사실상 고난도 문제는 출제되지 않지만 숫자에 대한 감각이 어느정도 필요한 단원입니다. 새로운 표현들이 나왔을 때 해당하는 미지의 분자를 얼마나 빠르고 정확하게 추론해 낼 수 있느냐는 위 단원의 준킬러를 해결하는 속도 차를 만들어 낼 것입니다. 따라서 어느정도 문제풀이량을 확보하셔서 그러한 감각을 유지하고 끌어올리는게 중요한 공부법입니다. 물론, 자주 출제되는 분자들의 경우 계속 보다보면 바로 유추가 가능하지만, 은근히 시험순간에 떠오르지 않는 분자가 있을 수도 있으니 기출 데이터를 기반으로 한 사고와 더불어 유연한 사고전환이 필요하기도 합니다.

▌결합의 표현

▶ **루이스 전자점식** : 원소 기호 주위에 원자가 전자를 점으로 표시한 식이다.

족	1	2	13	14	15	16	17
루이스 전자점식	H·						
	Li·	·Be·	·Ḃ·	·Ċ·	·N̈·	:Ö·	:F̈·
	Na·	·Mg·	·Äl·	·Ṡi·	·P̈·	:S̈·	:C̈l·
원자가 전자 수	1	2	3	4	5	6	7

▶ **공유 전자쌍** : 공유 결합하는 두 원자가 **공유하고 있는 전자쌍**이다.

▶ **비공유 전자쌍** : 원자가 전자 중 공유 결합하는 두 원자가 **공유하지 않는 전자쌍**이다.

수소 (H_2)	H:H
염화 수소 (HCl)	H:C̈l:
이산화 탄소 (CO_2)	Ö::C::Ö
메테인 (CH_4)	H:C̈:H (H 위·아래)

공유 결합으로 생성된 분자를 나타내는 구조를 루이스 구조라고 하는데, 루이스 구조는 기본적으로 루이스 전자점식을 나타내는 방법과 같지만 공유 전자쌍을 점 대신 선(−)으로 표현한다.

H:F̈: H−F̈:

H:N̈:H H−N̈−H

플루오린화 수소   암모니아

전자쌍 반발 이론에 따른 분자 모양

1. 전자쌍 반발 이론

분자 또는 이온에서 중심 원자 주위의 전자쌍들은 **모두 음전하를 띠고 있어 서로 반발**하여 가능한 멀리 떨어져 있으려고 한다. 이를 **전자쌍 반발 이론**이라고 한다.

중심 원자 주위에 있는 전자쌍의 수에 따라 전자쌍의 배열이 달라진다.

전자쌍의 수	전자쌍의 배열	
2		2개의 전자쌍이 중심 원자를 기준으로 직선형의 형태로 배열될 때 전자쌍 사이의 반발력이 최소가 된다.
3		3개의 전자쌍이 중심 원자를 기준으로 **평면 삼각형**의 형태로 배열될 때 전자쌍 사이의 반발력이 최소가 된다.
4		4개의 전자쌍이 중심 원자를 기준으로 **정사면체**의 형태로 배열될 때 전자쌍 사이의 반발력이 최소가 된다.

➡ **전자쌍 사이의 반발력 크기** : 중심 원자의 공유 전자쌍은 2개의 원자가 공유하고 있으나, 비공유 전자쌍은 중심 원자에만 속해 있다. 비공유 전자쌍은 중심 원자에만 속해 있어 중심 원자 주위에서 공유 전자쌍보다 더 큰 공간을 차지한다. 따라서 비공유 전자쌍 사이의 반발력이 공유 전자쌍 사이의 반발력보다 크다.

> 비공유 전자쌍 사이의 반발력 〉 공유 전자쌍-비공유 전자쌍 사이의 반발력 〉 공유 전자쌍 사이의 반발력

분자나 이온에서 중심 원자의 원자핵과 **중심 원자와 결합한 두 원자의 원자핵을 선으로 연결**하였을 때 생기는 내각을 **결합각**이라 말한다.

분자 구조와 결합각을 파악하기 위해서는 입체수(SN)라는 개념이 활용된다. 입체수는 중심원자가 지니는 전자쌍(공유+비공유 모두 포함)의 방향을 기준으로 정한다.

(1) 입체수가 2인 경우

공유 전자쌍	2개
분자	BeF_2
분자모형	 180° F—Be—F
분자모양	직선형

(2) 입체수가 3인 경우

공유 전자쌍	3개
분자	BF_3
분자모형	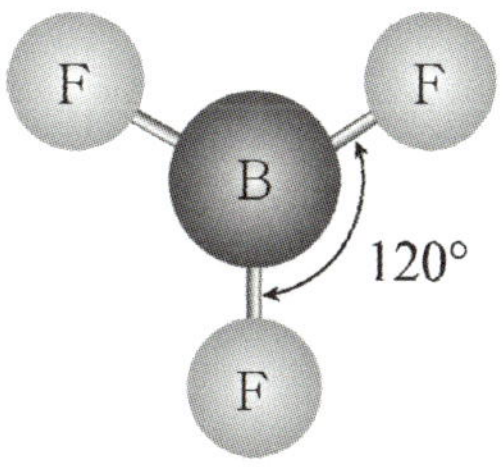 F F B 120° F
분자모양	평면 삼각형

(3) 입체수가 4인 경우

전자쌍수	비공유 전자쌍	0개	1개	2개
	공유 전자쌍	4개	3개	2개
분자		CH_4	NH_3	H_2O
분자모형		109.5° (H, C, H, H)	비공유 전자쌍 (N, H, H, H) 107°	비공유 전자쌍 (O, H, H) 104.5°
분자모양		정사면체	삼각뿔형	굽은형

(4) 여러가지 분자모형

물질	구조식	평면/입체	물질	구조식	평면/입체
CH_4	109.5° (H, C, H, H)	입체	HCN	180° (H, C, N)	평면
NH_3	비공유 전자쌍 (N, H, H) 107°	입체	BCl_3	Cl, Cl, B, Cl 120°	평면
H_2O	비공유 전자쌍 (O, H, H) 104.5°	평면	CH_2O	O, 약 120° C, H, H	평면
OF_2	비공유 전자쌍 (O, F, F)	평면	NF_3	N, F, F, F	입체
			CO_2	O, C, O	평면

▮ 전기 음성도와 결합

▶ **전기 음성도** : 두 원자 사이의 공유 결합에서 각 원자가 공유 전자쌍을 당기는 상대적인 힘의 크기를
플루오린(F)의 값 4.0을 기준으로 구한 상대적인 값

▶ **같은 족** : 원자 번호가 증가할수록 원자 반지름이 커져 핵과 전자 사이의 인력이 약해지므로 **대체로
감소한다.**

▶ **같은 주기** : 원자 번호가 증가할수록 반지름은 작아지고 유효 핵전하 값이 커져 핵과 전자 사이의 인력이
강해지므로 **대체로 증가한다.**

주기\\족	1	2	13	14	15	16	17
1	H 2.1						
2	Li 1.0	Be 1.5	B 2.0	C 2.5	N 3.0	O 3.5	F 4.0
3	Na 0.9	Mg 1.2	Al 1.5	Si 1.8	P 2.1	S 2.5	Cl 3.0
4	K 0.8	Ca 1.0					

위에 나온 자료의 값은 반드시 암기하여 주시길 바랍니다. 논리로 끝까지 밀어 붙인다면 풀리지 않는
문제는 없겠지만, 시간적인 효율을 위해서라도 반드시 자료값들을 암기해 놓으시길 바립니다.
간단한 암기방법으로, 2주기는 1.0부터 시작해서 0.5씩 증가한다고 암기하시고, 3주기의 경우 0.9부터
순서대로 0.3씩 증가하다가 16족, 17족은 2주기 원소에서 −1.0을 한다라고 암기하시면 수월할 것입니다.

▶ **극성 공유 결합** : 전기 음성도가 다른 두 원자 사이의 공유 결합이며, **전기 음성도가 큰 원자**가 공유
전자쌍을 강하게 당겨서 **부분적인 음전하($\delta-$)를 띠고, 전기 음성도가 작은 원자는 부분적인 양전하($\delta+$)를**
띤다.
극성 공유 결합을 형성할 때 전자가 한쪽 원자로 치우치기는 하지만, 이온 결합을 형성할 때처럼 전자가
한쪽 원자로 완전히 이동하지는 않는다.

▶ **무극성 공유 결합** : 같은 원소의 원자 사이의 공유 결합이며, 결합한 두 원자의 전기 음성도가 서로
같으므로 부분적인 **전하가 생기지 않는다.**

(1) 화학 결합의 종류와 전기 음성도

화학 결합의 종류는 전기 음성도의 차이로 설명할 수 있다.

전기 음성도 차이가 큰 원자들이 결합할 때에는 전기 음성도가 작은 원자에서 전기 음성도가 큰 원자 쪽으로 전자가 이동하여 이온결합 물질을 형성한다.
전기 음성도 차이가 크지 않은 원자들이 결합할 때에는 한쪽 원자로 전자가 이동하는 것이 아니라 전자를 공유하게 되므로 공유 결합을 형성한다.

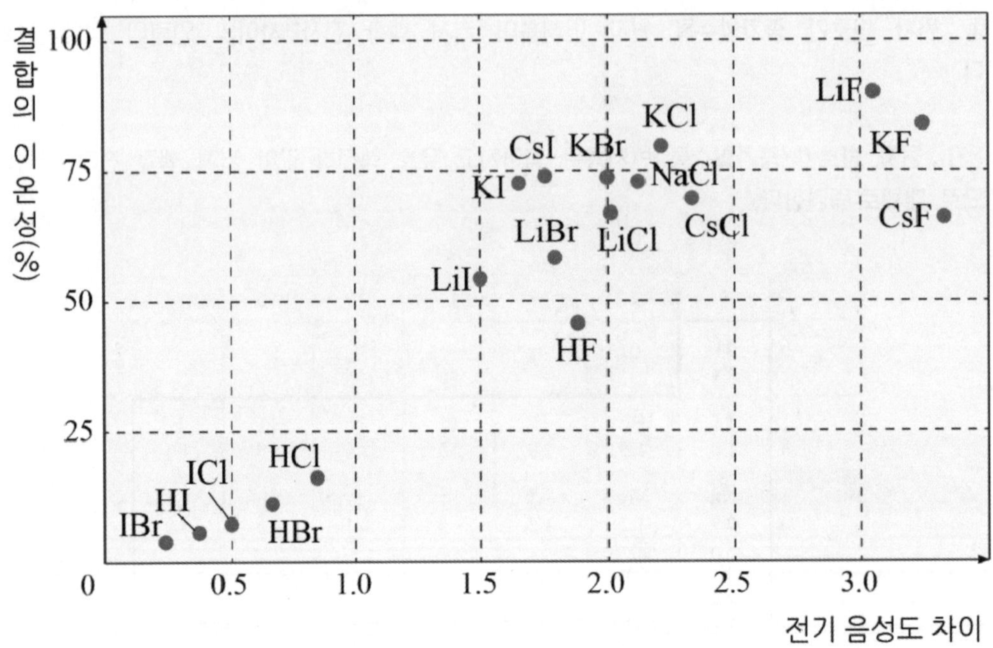

모든 물질은 결합의 이온성을 갖는데, 전기 음성도 차이에 따라 그 정도가 다르다. 일반적으로 결합의 이온성이 50% 이상이면 이온결합이다.

하지만 현실적으로 수험생들이 어떤 결합은 50%를 넘고 어떤 결합은 넘지 않는지에 대한 기준이 불명확하므로 수능 화학Ⅰ 문제에 한해서는 금속 & 비금속의 결합은 이온결합, 비금속 & 비금속의 결합은 공유결합으로 이해하시길 바랍니다.

쌍극자 모멘트와 분자의 극성

▶ **쌍극자** : 극성 공유 결합에서 전기 음성도가 큰 원자는 부분적인 음전하(δ^-)를 띠고, 전기 음성도가 작은 원자는 부분적인 양전하(δ^+)를 띠는데, **크기가 같고 부호가 반대인 전하가 일정한 거리를 두고 분리된 것을 쌍극자라고 한다.**

▶ **쌍극자 모멘트(μ)** : 전하량(q)과 두 전하 사이의 거리(r)를 곱한 값을 쌍극자 모멘트(μ)라고 한다.
방향은 전기 음성도가 작은 (+)전하에서 전기 음성도가 큰 (−)전하의 원자로 향하는 화살표로 나타낸다.

▶ **이원자 분자의 극성** : 이원자 분자 중 같은 원자끼리 결합한 무극성 공유 결합의 경우에는 **쌍극자 모멘트의 크기가 0이므로 모두 무극성 분자**이고, 다른 원자끼리 결합한 극성 공유 결합의 경우에는 특정한 값의 쌍극자 모멘트를 가지고 있는 극성 분자들이 존재한다.
무극성 분자의 예로는 H_2, N_2, O_2 등이 있고, 극성 분자의 예로는 HF, HCl 등이 있다.

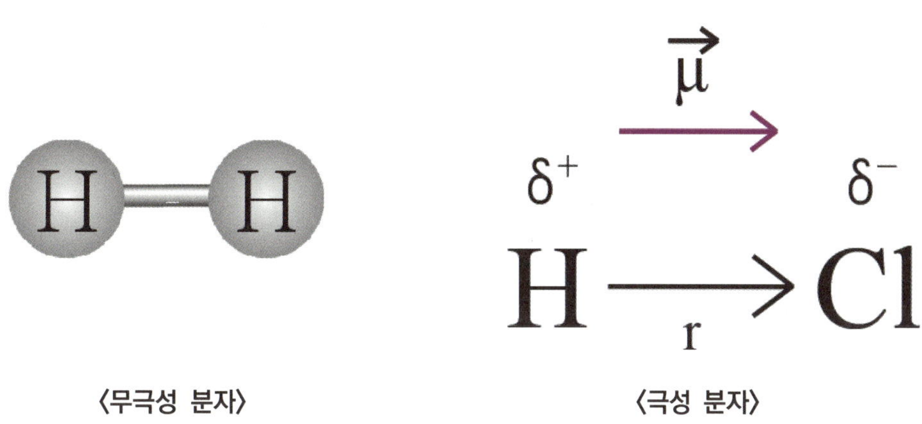

〈무극성 분자〉　　　　　　〈극성 분자〉

❙ 다원자 분자의 극성

분자의 3차원 구조가 **대칭 구조를 이루는 경우에는 극성 공유 결합들이 서로 상쇄되어 분자 전체는 쌍극자 모멘트의 크기가 0이 되는 무극성 분자가** 된다. 예를 들어 직선형 구조를 이루는 CO_2 분자는 극성 공유 결합이 서로 정반대 방향이므로 쌍극자 모멘트가 서로 상쇄되어서 전체 쌍극자 모멘트 합은 0이 되므로 무극성 분자가 된다. 또한 평면 삼각형 구조를 이루는 BF_3와 정사면체 구조를 이루는 CH_4 분자도 극성 공유 결합의 쌍극자 모멘트가 서로 상쇄되어 쌍극자 모멘트 합이 0이 되므로 무극성 분자이다.

O ═ C ═ O

쌍극자 모멘트의 합=0

중심 원자에 결합된 원자들이 모두 같은 종류가 아니거나 중심 원자가 비공유 전자쌍을 가져 비대칭 구조를 가지는 경우에는 극성분자가 된다.

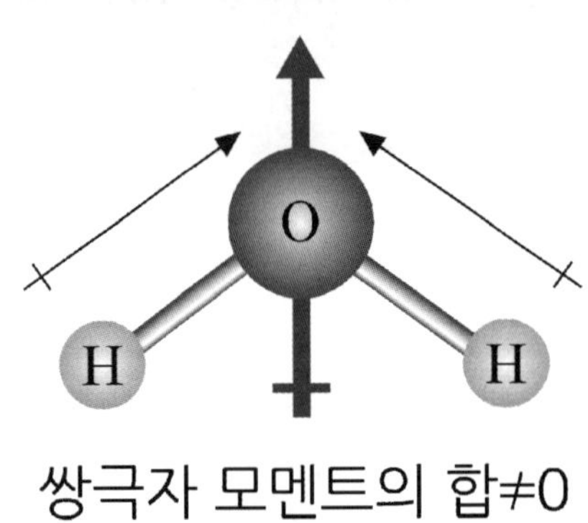

쌍극자 모멘트의 합≠0

└ 물: 극성 분자

(1) 분자의 성질

▶ **극성 분자** : H_2O와 같이 분자 안에 전자가 고르게 분포하지 않고 한쪽으로 치우쳐서 부분적인 양전하와 음전하를 띠는 분자

▶ **무극성 분자** : H_2와 같이 분자 안에 전자가 고르게 분포하여 부분적인 전하를 띠지 않는 분자

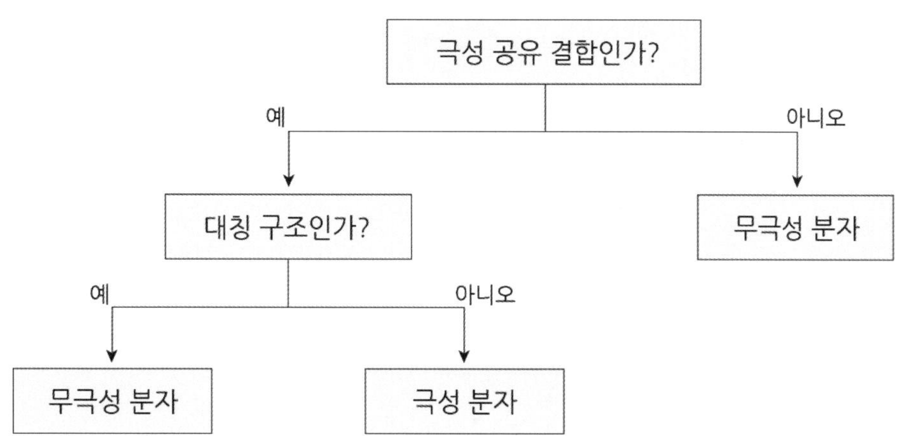

(2) 극성 분자와 무극성 분자의 성질

❶ **용해성**

극성 분자는 극성 용매에 잘 용해되고, 무극성 분자는 무극성 용매에 잘 용해된다.
극성 용매와 무극성 용매는 서로 잘 섞이지 않고 층을 이룬다.

❷ **녹는점과 끓는점**

극성 물질은 한 분자의 부분적인 양전하를 띤 원자와 이웃 분자의 부분적인 음전하를 띤 원자 사이에 인력이 존재하므로 **분자량이 비슷한 무극성 물질에 비해 분자 사이의 인력이 크다.**

❸ **전기적 성질**

극성 분자는 쌍극자를 가지므로 전기장에서 기체 상태의 극성 분자는 **부분적인 음전하를 띠는 부분이 전기장의 (+)극 쪽으로, 부분적인 양전하를 띠는 부분은 전기장의 (−)극 쪽으로** 향하도록 배열된다.

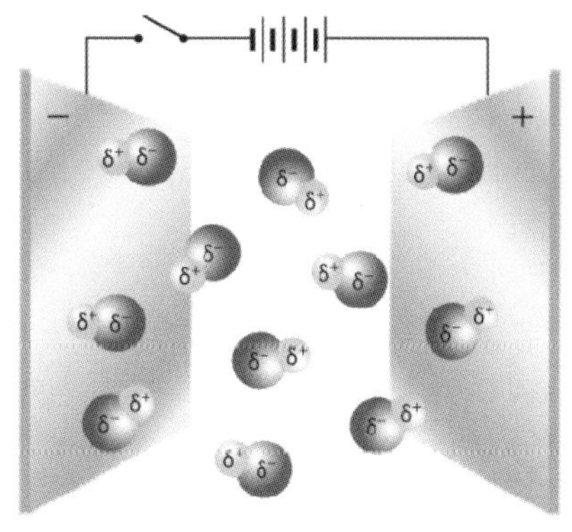

전기장이 없을 때

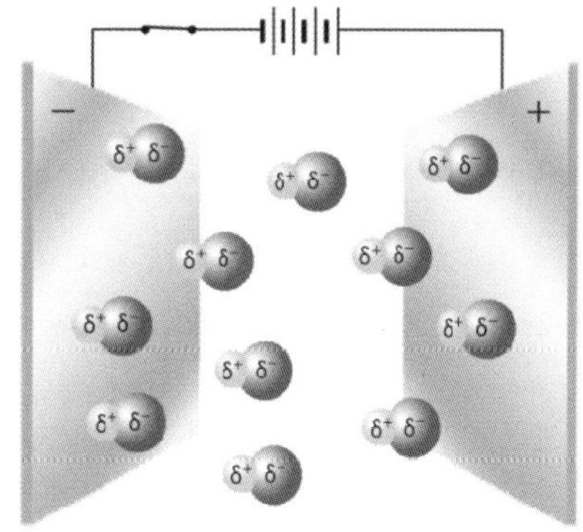

전기장이 있을 때

(3) 빈출되는 분자 자료값

위에서 몇가지 분자들을 소개하긴 했지만 문제를 풀 때 매번 입체수나 여러 개념들을 떠올리며 분자구조를 생각해내는 것은 비효율적이므로 자주 출제되는 분자들의 루이스전자점식과 분자구조들은 암기해 놓으시길 바랍니다.

또한 미지의 분자들을 이용하여 분자의 값(공유전자쌍, 비공유전자쌍 등)에 대한 해석을 요구하는 문제들이 있습니다. 예를 들어 $\dfrac{\text{공유 전자쌍 수}}{\text{비공유 전자쌍 수}} = 1$ 과 같은 조건을 해석하게 만드는 유형으로 최근에 자주 출제되고 있으니 암기할 수 있는 한 최대한 눈에 익혀둔다면 문제풀이 속도와 자신감에 큰 도움을 줄 것입니다.

물질	H_2O	CO_2	FCN	OF_2	CF_4	CH_2O	CF_2O	BF_3	NF_3	O_2F_2
공유 전자쌍 수	2	4	4	2	4	4	4	3	3	3
비공유 전자쌍 수	2	4	4	8	12	2	8	9	10	10

아래의 분자들은 학생들이 자주 헷갈려 하는 자료들이므로 차라리 암기해놓는 것을 추천한다.

N_2H_4 입체구조 (5,2) : 공유전자쌍 5개, 비공유 전자쌍 2개 , 모두 단일결합

N_2H_2 평면구조 (4,2) : 공유전자쌍 4개, 비공유 전자쌍 2개, 이중결합이 존재

H_2O_2 입체구조 (3.4) : 공유전자쌍 3개, 비공유 전자쌍 4개, 모두 단일결합

01 22학년도 수능 7번

그림은 3가지 분자를 기준 (가)와 (나)에 따라 분류한 것이다.

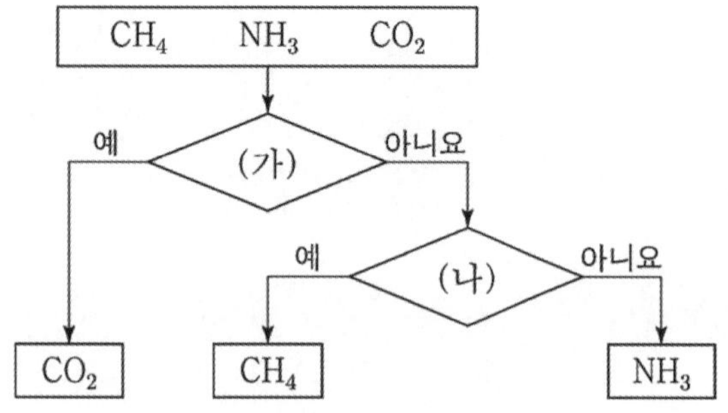

다음 중 (가)와 (나)로 가장 적절한 것은?

① (가) 무극성 분자인가?
　(나) 공유 전자쌍 수는 3인가?

② (가) 공유 전자쌍 수는 4인가?
　(나) 무극성 분자인가?

③ (가) 분자 모양이 직선형인가?
　(나) 비공유 전자쌍 수는 4인가?

④ (가) 다중 결합이 존재하는가?
　(나) 분자 모양이 정사면체형인가?

⑤ (가) 비공유 전자쌍 수는 4인가?
　(나) 다중 결합이 존재하는가?

02 22학년도 수능 8번

표는 원자 X와 Y의 원자가 전자 수를 나타낸 것이고, 그림은 원자 W~Z로 이루어진 분자 (가)와 (나)를 루이스 전자점식으로 나타낸 것이다. W~Z는 각각 C, N, O, F 중 하나이다.

원자	X	Y
원자가 전자 수	a	$a+3$

이에 대한 설명으로 옳은 것만을 <보기>에서 있는 대로 고른 것은? (단, W~Z는 임의의 원소 기호이다.)

―――― < 보 기 > ――――

ㄱ. $a = 4$이다.

ㄴ. Z는 N이다.

ㄷ. 비공유 전자쌍 수는 (나)가 (가)의 $\dfrac{8}{3}$배이다.

03   22학년도 수능 10번

표는 원소 A~E에 대한 자료이다.

주기＼족	15	16	17
2	A	B	C
3	D		E

이에 대한 설명으로 옳은 것만을 <보기>에서 있는 대로 고른 것은? (단, A~E는 임의의 원소 기호이다.)

<보 기>

ㄱ. 전기 음성도는 B > A > D이다.

ㄴ. BC_2에는 극성 공유 결합이 있다.

ㄷ. EC에서 C는 부분적인 음전하(δ^-)를 띤다.

04   21학년도 10월 8번

그림은 1, 2주기 원소 W~Z로 이루어진 분자 (가)와 이온 (나)의 루이스 전자점식을 나타낸 것이다.

(가)   (나)

이에 대한 옳은 설명만을 <보기>에서 있는 대로 고른 것은? (단, W~Z는 임의의 원소 기호이다.)

<보 기>

ㄱ. 원자가 전자 수는 X와 Z가 같다.

ㄴ. 분자의 결합각은 (가)가 YZ_3보다 크다.

ㄷ. ZWY의 분자 모양은 직선형이다.

표는 2주기 원소 X~Z로 이루어진 분자 (가)~(다)에 대한 자료이다. (가)~(다)에서 X~Z는 모두 옥텟 규칙을 만족한다.

분자	(가)	(나)	(다)
분자식	X_2	YX_2	Y_2Z_4
공유 전자쌍 수	a	$2a$	$2a+2$

이에 대한 옳은 설명만을 <보기>에서 있는 대로 고른 것은? (단, X~Z는 임의의 원소 기호이다.)

─── <보 기> ───

ㄱ. $a = 2$이다.

ㄴ. (나)는 극성 분자이다.

ㄷ. 비공유 전자쌍 수는 (다)가 (가)의 3배이다.

그림은 3가지 분자 (가)~(다)의 구조식을 나타낸 것이다.

$$H-\underset{\underset{H}{|}}{\overset{\overset{H}{|}}{C}}-H \qquad H-O-H \qquad H-C\equiv N$$

(가)   (나)   (다)

(가)~(다)에 대한 설명으로 옳은 것만을 <보기>에서 있는 대로 고른 것은?

─── <보 기> ───

ㄱ. (가)의 분자 모양은 정사면체형이다.

ㄴ. 결합각은 (나)와 (다)가 같다.

ㄷ. 극성 분자는 2가지이다.

07

그림은 분자 (가)~(라)의 루이스 전자점식에서 공유 전자쌍 수와 비공유 전자쌍 수를 나타낸 것이다. (가)~(라)는 각각 N_2, HCl, CO_2, CH_2O 중 하나이고, C, N, O, Cl는 분자 내에서 옥텟 규칙을 만족한다.

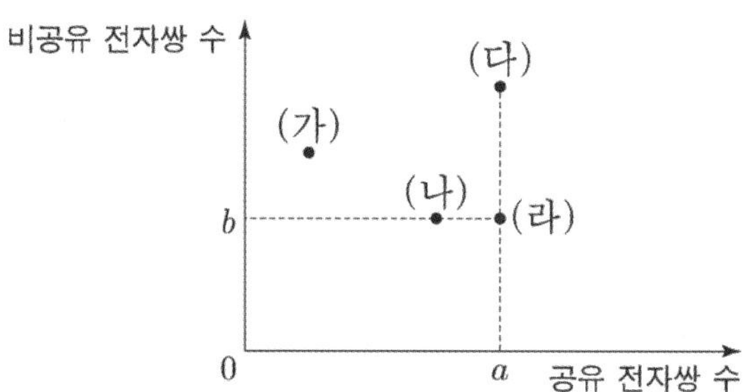

이에 대한 설명으로 옳은 것만을 <보기>에서 있는 대로 고른 것은?

───── <보 기> ─────

ㄱ. $a+b=4$이다.

ㄴ. (다)는 CO_2이다.

ㄷ. (가)와 (나)에는 모두 다중 결합이 있다.

08

표는 4가지 각각의 분자에서 플루오린(F)의 전기 음성도(a)와 나머지 구성 원소의 전기 음성도(b) 차($a-b$)를 나타낸 것이다.

분자	CF_4	OF_2	PF_3	ClF
전기 음성도 차($a-b$)	x	0.5	1.9	1.0

이에 대한 설명으로 옳은 것만을 <보기>에서 있는 대로 고른 것은?

───── <보 기> ─────

ㄱ. $x < 0.5$이다.

ㄴ. PF_3에는 극성 공유 결합이 있다.

ㄷ. Cl_2O에서 Cl는 부분적인 양전하(δ^+)를 띤다.

09 21학년도 7월 16번

표는 2주기 원소 W~Z로 이루어진 분자 (가)~(라)에 대한 자료이다. (가)~(라)의 모든 원자는 옥텟 규칙을 만족한다.

분자	(가)	(나)	(다)	(라)
분자식	WX_2	WXZ_2	XZ_2	ZWY
비공유 전자쌍 수(상댓값)	1	2	2	x

이에 대한 설명으로 옳은 것만을 <보기>에서 있는 대로 고른 것은? (단, W~Z는 임의의 원소 기호이다.)

―― <보 기> ――

ㄱ. 전기 음성도는 X > Y이다.

ㄴ. $x = 4$이다.

ㄷ. (가)~(라) 중 분자 모양이 직선형인 분자는 2가지이다.

10 22학년도 6월 4번

그림은 3가지 분자의 구조식을 나타낸 것이다.

결합각 $\alpha \sim \gamma$의 크기를 비교한 것으로 옳은 것은?

① $\alpha > \beta > \gamma$ ② $\alpha > \gamma > \beta$

③ $\beta > \alpha > \gamma$ ④ $\beta > \gamma > \alpha$

⑤ $\gamma > \alpha > \beta$

11 22학년도 6월 7번

표는 수소(H)가 포함된 3가지 분자 (가)~(다)에 대한 자료이다. X와 Y는 2주기 원자이고, 분자 내에서 옥텟 규칙을 만족한다.

분자	구성 원자 수			공유 전자쌍 수	비공유 전자쌍 수
	X	Y	H		
(가)	1	0	a	a	0
(나)	0	1	b	b	2
(다)	1	c	2	4	2

이에 대한 설명으로 옳은 것만을 <보 기>에서 있는 대로 고른 것은? (단, X와 Y는 임의의 원소 기호이다.)

<보 기>

ㄱ. $a = b + c$이다.

ㄴ. (다)에는 2중 결합이 존재한다.

ㄷ. XY_2의 공유 전자쌍 수는 4이다.

12 22학년도 6월 8번

다음은 AB와 CD의 반응을 화학 반응식으로 나타낸 것이고, 그림은 AB와 CD를 결합 모형으로 나타낸 것이다.

$$2AB + CD \rightarrow (가) + A_2D$$

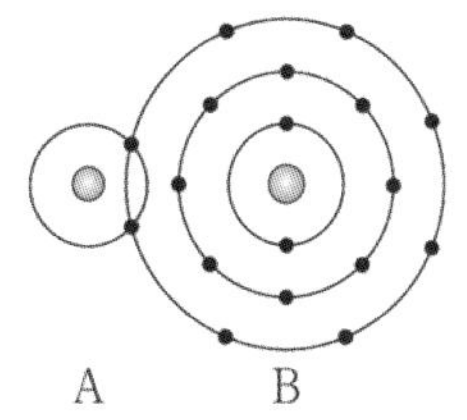

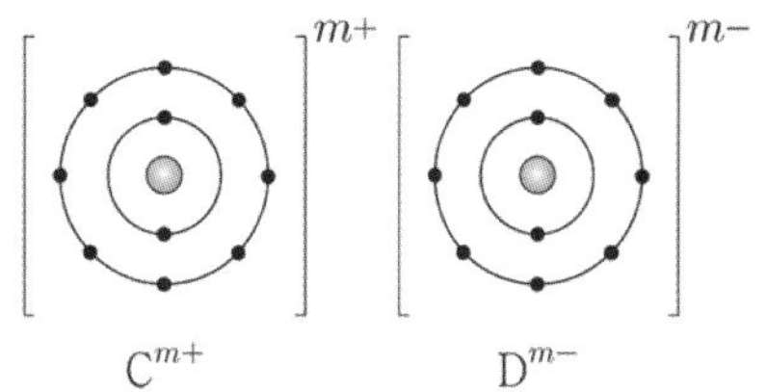

이에 대한 설명으로 옳은 것만을 <보 기>에서 있는 대로 고른 것은? (단, A~D는 임의의 원소 기호이다.) [3점]

<보 기>

ㄱ. $m = 2$이다.

ㄴ. (가)는 공유 결합 물질이다.

ㄷ. 비공유 전자쌍 수는 $B_2 > D_2$이다.

13

표는 분자 (가)~(다)에 대한 자료이다. (가)~(다)의 모든 원자는 옥텟 규칙을 만족하고, 분자당 구성 원자 수는 4 이하이다.

분자	(가)	(나)	(다)
구성 원소	N, F	N, F	O, F
구성 원자 수	a		
공유 전자쌍 수	a	b	b

이에 대한 설명으로 옳은 것만을 <보기>에서 있는 대로 고른 것은? [3점]

———— <보 기> ————

ㄱ. $a = 4$이다.

ㄴ. (나)의 분자 모양은 삼각뿔형이다.

ㄷ. (다)에는 무극성 공유 결합이 있다.

14

그림은 3가지 분자를 주어진 기준에 따라 분류한 것이다.

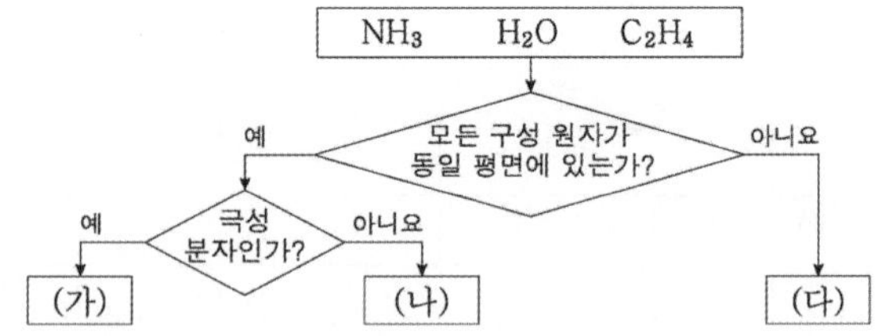

이에 대한 옳은 설명만을 <보기>에서 있는 대로 고른 것은?

———— <보 기> ————

ㄱ. (가)는 $\dfrac{비공유\ 전자쌍\ 수}{공유\ 전자쌍\ 수} < 1$이다.

ㄴ. (나)에는 무극성 공유 결합이 있다.

ㄷ. 결합각은 (가)가 (다)보다 크다.

15 21학년도 수능 6번

그림은 분자 (가)~(다)의 구조식을 나타낸 것이다.

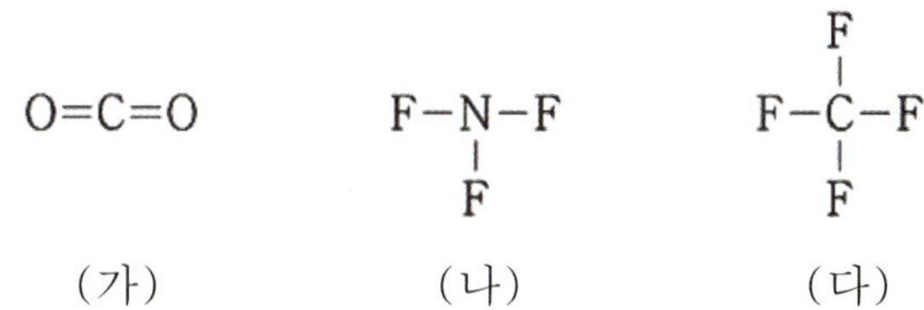

(가)~(다)에 대한 설명으로 옳은 것만을 <보기>에서 있는 대로 고른 것은?

─── <보 기> ───

ㄱ. 극성 분자는 2가지이다.

ㄴ. 결합각은 (가)가 가장 크다.

ㄷ. 중심 원자에 비공유 전자쌍이 존재하는 분자는 2가지이다.

16 21학년도 수능 9번

그림은 화합물 WX와 WYZ를 화학 결합 모형으로 나타낸 것이다.

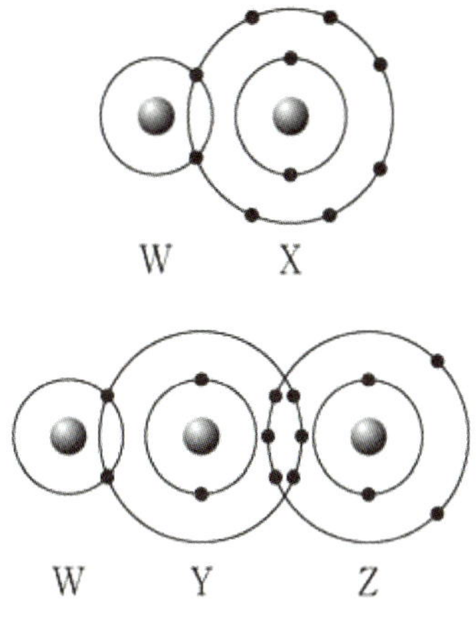

이에 대한 설명으로 옳은 것만을 <보기>에서 있는 대로 고른 것은? (단, W~Z는 임의의 원소 기호이다.)

─── <보 기> ───

ㄱ. WX에서 W는 부분적인 양전하(δ^+)를 띤다.

ㄴ. 전기 음성도는 Z > Y이다.

ㄷ. YW_4에는 극성 공유 결합이 있다.

17 21학년도 수능 10번

다음은 루이스 전자점식과 관련하여 학생 A가 세운 가설과 이를 검증하기 위해 수행한 탐구 활동이다.

[가설]

○ O_2, F_2, OF_2의 루이스 전자점식에서 각 분자의 구성 원자 수(a), 분자를 구성하는 원자들의 원자가 전자 수 합(b), 공유 전자쌍 수(c) 사이에는 관계식 (가) 가 성립한다.

[탐구 과정]

○ O_2, F_2, OF_2의 a, b, c를 각각 조사한다.

○ 각 분자의 a, b, c 사이에 관계식 (가) 가 성립하는지 확인한다.

[탐구 결과]

분자	구성 원자 수(a)	원자가 전자 수 합(b)	공유 전자쌍 수(c)
O_2			2
F_2		14	
OF_2	3		

[결론]

○ 가설은 옳다.

학생 A의 결론이 타당할 때, 다음 중 (가)로 가장 적절한 것은?

① $8a = b - c$ 　② $8a = b - 2c$

③ $8a = 2b - c$ 　④ $8a = b + 2c$

⑤ $8a = 2b + c$

18 20학년도 10월 11번

다음은 분자 (가)~(다)에 대한 자료이다. (가)~(다)는 각각 H_2O, CO_2, BF_3 중 하나이다.

○ 구성 원자 수는 (나)>(가)이다.

○ 중심 원자의 원자 번호는 (다)>(가)이다.

이에 대한 옳은 설명만을 <보기>에서 있는 대로 고른 것은?

--- <보　기> ---

ㄱ. (가)는 H_2O이다.

ㄴ. 결합각은 (가)>(다)이다.

ㄷ. 분자의 쌍극자 모멘트는 (나)>(다)이다.

---

19 20학년도 10월 19번

표는 2주기 원소 X~Z로 이루어진 분자 (가)~(다)에 대한 자료이다. (가)~(다)의 모든 원자는 옥텟 규칙을 만족한다.

분자	(가)	(나)	(다)
구성 원소	X, Y, Z	X, Y	X, Z
구성 원자 수	3	4	4
$\dfrac{\text{비공유 전자쌍 수}}{\text{공유 전자쌍 수}}$ (상댓값)	5	6	10

(가)~(다)에 대한 옳은 설명만을 <보기>에서 있는 대로 고른 것은? (단, X~Z는 임의의 원소 기호이다.)

─────── <보 기> ───────

ㄱ. (가)의 분자 모양은 굽은형이다.

ㄴ. 무극성 공유 결합이 있는 것은 2가지이다.

ㄷ. 다중 결합이 있는 것은 2가지이다.

20 21학년도 9월 4번

그림은 분자 (가)~(다)의 구조식을 나타낸 것이다.

$$\text{H}-\text{O}-\text{H} \qquad \text{O}=\text{C}=\text{O} \qquad \text{H}-\text{C}\equiv\text{N}$$
$$\text{(가)} \qquad\qquad \text{(나)} \qquad\qquad \text{(다)}$$

(가)~(다)에 대한 설명으로 옳은 것만을 <보기>에서 있는 대로 고른 것은?

─────── <보 기> ───────

ㄱ. 중심 원자에 비공유 전자쌍이 존재하는 분자는 2가지이다.

ㄴ. 분자 모양이 직선형인 분자는 2가지이다.

ㄷ. 극성 분자는 1가지이다.

21 21학년도 9월 7번

그림은 1, 2주기 원소 A~C로 이루어진 이온 (가)와 분자 (나)의 루이스 전자점식을 나타낸 것이다. 이에 대한 설명으로 옳은 것만을 <보기>에서 있는 대로 고른 것은? (단, A~C는 임의의 원소 기호이다.)

$$\left[:\ddot{A}:B \right]^{-} \qquad B:\ddot{C}:$$

(가) (나)

———— <보 기> ————

ㄱ. 1mol에 들어 있는 전자 수는 (가)와 (나)가 같다.

ㄴ. A와 C는 같은 족 원소이다.

ㄷ. AC_2의 $\dfrac{비공유\ 전자쌍\ 수}{공유\ 전자쌍\ 수}=4$ 이다.

22 21학년도 9월 13번

다음은 원자 W~Z와 수소(H)로 이루어진 분자 H_aW, H_bX, H_cY, H_dZ에 대한 자료이다. W~Z는 각각 O, F, S, Cl 중 하나이고, 분자 내에서 옥텟 규칙을 만족한다. W, Y는 같은 주기 원소이다.

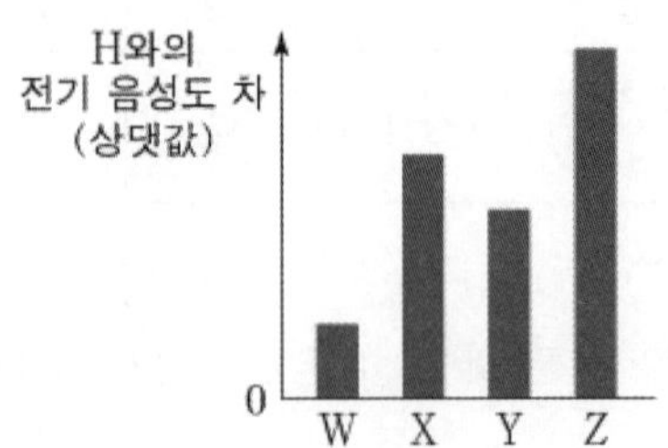

○ H와 W~Z의 전기 음성도 차

○ H_aW, H_bX, H_cY, H_dZ에서 H는 부분적인 양전하(δ^+)를 띤다.

이에 대한 설명으로 옳은 것만을 <보기>에서 있는 대로 고른 것은?

———— <보 기> ————

ㄱ. 전기 음성도는 X > W이다.

ㄴ. c > a이다.

ㄷ. YZ에서 Y는 부분적인 음전하(δ^-)를 띤다.

23

그림은 분자 X_2Y_2와 Z_2Y_2를 화학 결합 모형으로 나타낸 것이다.

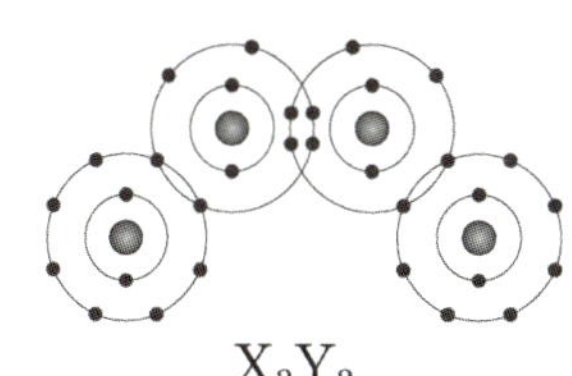

X_2Y_2

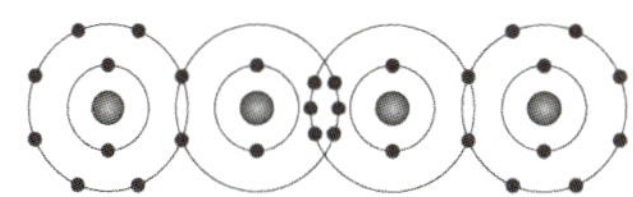

Z_2Y_2

이에 대한 설명으로 옳은 것만을 <보기>에서 있는 대로 고른 것은? (단, X~Z는 임의의 원소 기호이다.)

―――――――― <보 기> ――――――――

ㄱ. X_2Y_2와 Z_2Y_2에는 모두 무극성 공유 결합이 있다.

ㄴ. X_2에는 다중 결합이 있다.

ㄷ. YZX의 분자 구조는 굽은 형이다.

24

표는 원소 X~Z로 이루어진 분자 (가) (라)에 대한 자료이다. X~Z는 각각 C, O, F 중 하나이며, 분자당 구성 원자 수는 4 이하이다.

(가)~(라)의 모든 원자는 옥텟 규칙을 만족한다.

분자	구성 원소	$\dfrac{\text{비공유 전자쌍 수}}{\text{공유 전자쌍 수}}$	분자의 쌍극자 모멘트
(가)	X, Y	$\dfrac{6}{5}$	0
(나)	X, Z	$\dfrac{10}{3}$	—
(다)	Y, Z	1	0
(라)	X, Y, Z	2	—

(가)~(라)에 관한 설명으로 옳은 것만을 <보기>에서 있는 대로 고른 것은?

―――――――― <보 기> ――――――――

ㄱ. 다중 결합이 있는 분자는 2가지이다.

ㄴ. (다)와 (라)는 입체 구조이다.

ㄷ. 분자당 구성 원자 수가 같은 분자는 3가지이다.

25 21학년도 6월 6번

그림은 분자 (가)~(다)의 구조식을 나타낸 것
이다.

$$H-C\equiv N \qquad F-\underset{\displaystyle F}{\overset{\displaystyle }{B}}-F \qquad F-\underset{\displaystyle F}{\overset{\displaystyle F}{C}}-F$$

(가)   (나)   (다)

이에 대한 설명으로 옳은 것만을 <보기>에서
있는 대로 고른 것은?

———— <보 기> ————

ㄱ. (가)의 분자 모양은 굽은 형이다.

ㄴ. (나)는 무극성 분자이다.

ㄷ. 결합각은 (나) > (다)이다.

26 21학년도 6월 13번

그림은 2, 3주기 원자 W~Z의 전기 음성도를
나타낸 것이다. W와 X는 14족, Y와 Z는 17족
원소이다.

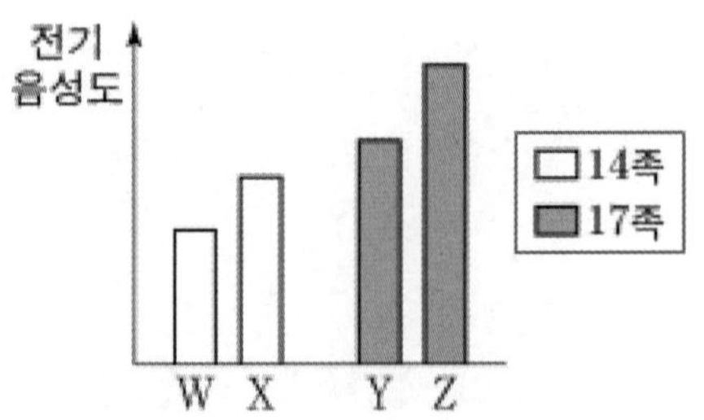

이에 대한 설명으로 옳은 것만을 <보기>에서
있는 대로 고른 것은? (단, W~Z는 임의의 원소
기호이다.)

———— <보 기> ————

ㄱ. W는 3주기 원소이다.

ㄴ. XY_4에는 극성 공유 결합이 있다.

ㄷ. YZ에서 Z는 부분적인 양전하(δ^+)를 띤다.

27 20학년도 수능 4번

그림은 2주기 원소 X~Z로 이루어진 분자 (가)
와 (나)를 루이스 전자점식으로 나타낸 것이다.

$$:X :: X:$$

(가)

$$:Z:Y:Z:$$

(나)

이에 대한 설명으로 옳은 것만을 <보기>에서
있는 대로 고른 것은? (단, X~Z는 임의의 원소
기호이다.)

───── <보 기> ─────

ㄱ. (가)의 쌍극자 모멘트는 0이다.

ㄴ. 공유 전자쌍 수는 (나)>(가)이다.

ㄷ. Z_2에는 다중 결합이 있다.

28 20학년도 수능 11번

그림은 4가지 분자를 주어진 기준에 따라 분류
한 것이다. ㉠~㉢은 각각 CO_2, FCN, NH_3 중
하나이다.

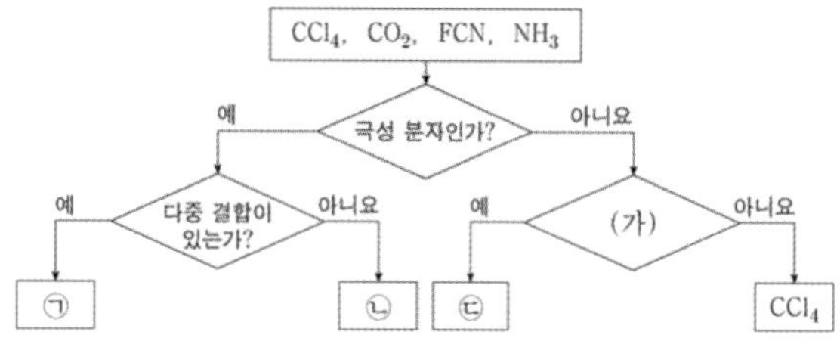

이에 대한 설명으로 옳은 것만을 <보기>에서
있는 대로 고른 것은?

───── <보 기> ─────

ㄱ. '분자 모양은 직선형인가?'는 (가)로
   적절하다.

ㄴ. ㉠은 FCN이다.

ㄷ. 결합각은 ㉡>㉢이다.

29

그림은 화합물 AB, C_2D를 화학 결합 모형으로 나타낸 것이다.

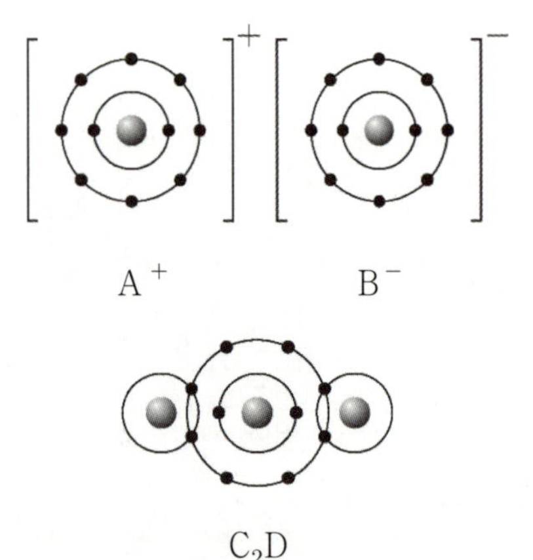

이에 대한 설명으로 옳은 것만을 <보기>에서 있는 대로 고른 것은? (단, A~D는 임의의 원소 기호이다.)

―――― <보 기> ――――

ㄱ. C_2D의 공유 전자쌍 수는 2이다.

ㄴ. A_2D는 이온 결합 화합물이다.

ㄷ. B_2에는 2중 결합이 있다.

30

다음은 3가지 분자 I~III에 대한 자료이다.

○ 분자식

I	II	III
CH_4	NH_3	HCN

○ I~III의 특성을 나타낸 벤 다이어그램

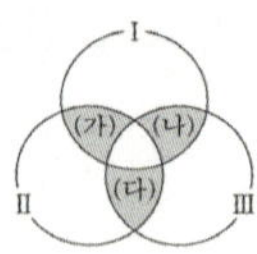

(가) : I과 II만의 공통된 특성
(나) : I과 III만의 공통된 특성
(다) : II와 III만의 공통된 특성

이에 대한 설명으로 옳지 않은 것은?

① '단일 결합만 존재한다.'는 (가)에 속한다.

② '입체 구조이다.'는 (나)에 속한다.

③ '공유 전자쌍 수가 4이다.'는 (나)에 속한다.

④ '극성 분자이다.'는 (다)에 속한다.

⑤ '비공유 전자쌍 수가 1이다.'는 (다)에 속한다.

다음은 2주기 원소 X~Z로 구성된 3가지 분자 Ⅰ~Ⅲ의 루이스 구조식과 관련된 탐구 활동이다.

[탐구 과정]

(가) 중심 원자와 주변 원자들을 각각 하나의 선으로 연결한다. 하나의 선은 하나의 공유 전자쌍을 의미한다.

$$Y-X-Y \qquad Z-\overset{\overset{\displaystyle Y}{\displaystyle |}}{X}-Z \qquad Z-Y-Z$$

(나) 각 원자의 원자가 전자 수를 고려하여 모든 원자가 옥텟 규칙을 만족하도록 비공유 전자쌍과 다중 결합을 그린다.

(다) (나)에서 그린 구조로부터 중심 원자의 비공유 전자쌍 수를 조사한다.

[탐구 결과]

분자	Ⅰ	Ⅱ	Ⅲ
분자식	XY_2	XYZ_2	YZ_2
중심 원자의 비공유 전자쌍 수	0	a	2

이에 대한 설명으로 옳은 것만을 <보기>에서 있는 대로 고른 것은? (단, X~Z는 임의의 원소 기호이다.)

────── <보 기> ──────

ㄱ. Y는 산소(O)이다.

ㄴ. $a = 0$이다.

ㄷ. Ⅰ~Ⅲ 중 다중 결합이 있는 것은 1가지이다.

그림은 분자 (가)와 (나)의 루이스 전자점식을 나타낸 것이다.

$$\text{H:}\overset{\displaystyle \cdot\cdot}{\underset{\displaystyle \cdot\cdot}{\text{C}}}\text{:H}$$

(가) $\qquad\qquad$ (나)

이에 대한 설명으로 옳은 것만을 <보기>에서 있는 대로 고른 것은?

────── <보 기> ──────

ㄱ. (가)의 분자 모양은 정사면체형이다.

ㄴ. (나)에는 무극성 공유 결합이 있다.

ㄷ. 결합각 ∠HCH는 (나) > (가)이다.

---

33 20학년도 6월 9번

그림은 화합물 AB와 CDB를 화학 결합 모형으로 나타낸 것이다.

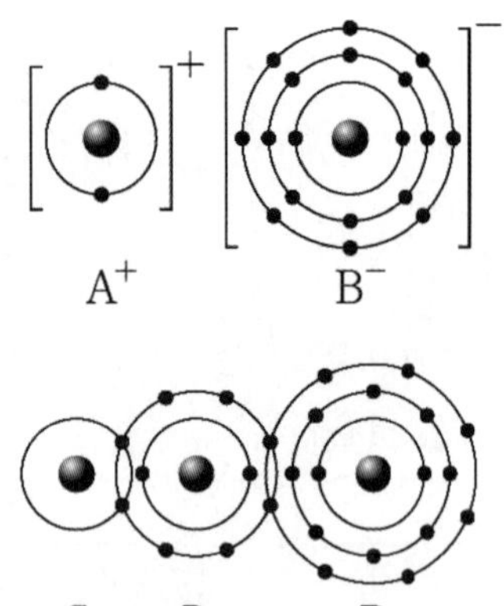

이에 대한 설명으로 옳은 것만을 <보기>에서 있는 대로 고른 것은? (단, A~D는 임의의 원소 기호이다.)

<보 기>

ㄱ. A와 C는 1주기 원소이다.

ㄴ. AB는 액체 상태에서 전기 전도성이 있다.

ㄷ. 비공유 전자쌍 수는 CB > D_2이다.

---

34 20학년도 6월 10번

다음은 2주기 원소 W~Z로 이루어진 분자 (가)~(다)의 분자식을 나타낸 것이다. 전기 음성도는 X > Y > W이고, 분자 내 모든 원자는 옥텟 규칙을 만족한다.

WX_2	YZ_3	XZ_2
(가)	(나)	(다)

이에 대한 설명으로 옳은 것만을 <보기>에서 있는 대로 고른 것은? (단, W~Z는 임의의 원소 기호이다.)

<보 기>

ㄱ. (가)에는 공유 전자쌍이 2개 있다.

ㄴ. (가)~(다) 중 극성 분자는 2가지이다.

ㄷ. Y_2에는 다중 결합이 있다.

---

35 19학년도 수능 2번

그림은 분자 (가)~(다)의 루이스 전자점식을 나타낸 것이다.

$$H\!:\!\ddot{\underset{\cdot\cdot}{F}}\!: \qquad H\!:\!\overset{\cdot\cdot}{\underset{\underset{H}{|}}{N}}\!:\!H \qquad H\!:\!\overset{\overset{H}{|}}{\underset{\underset{H}{|}}{C}}\!:\!H$$

(가)   (나)   (다)

이에 대한 설명으로 옳은 것만을 <보기>에서 있는 대로 고른 것은?

———————— <보 기> ————————

ㄱ. (가)는 극성 분자이다.

ㄴ. (나)의 분자 구조는 평면 삼각형이다.

ㄷ. 결합각은 (나)>(다)이다.

36 19학년도 수능 6번

다음은 탄산수소 나트륨($NaHCO_3$) 분해 반응의 화학 반응식이다.

$$2NaHCO_3 \rightarrow Na_2CO_3 + H_2O + \boxed{\ \ \㉠\ \ \ }$$

㉠에 대한 설명으로 옳은 것만을 <보기>에서 있는 대로 고른 것은?

———————— <보 기> ————————

ㄱ. 극성 공유 결합이 있다.

ㄴ. 공유 전자쌍 수와 비공유 전자쌍 수는 같다.

ㄷ. 분자의 쌍극자 모멘트는 물(H_2O)보다 작다.

그림은 화합물 AB_2와 CA를 화학 결합 모형으로 나타낸 것이다.

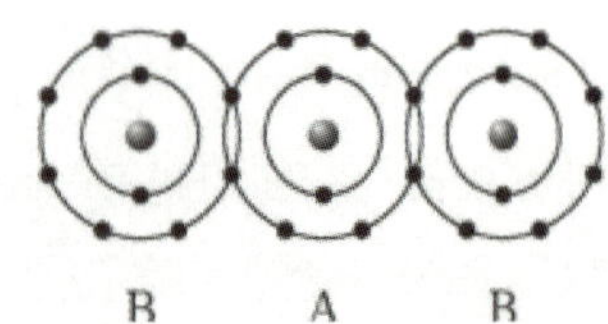

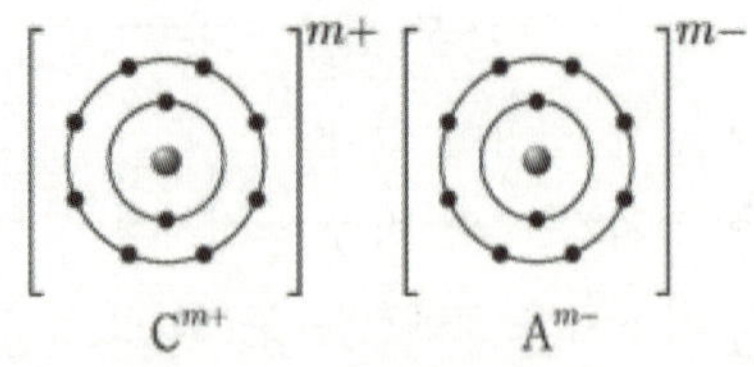

이에 대한 설명으로 옳은 것만을 <보기>에서 있는 대로 고른 것은? (단, A~C는 임의의 원소 기호이다.)

───── <보 기> ─────

ㄱ. m은 1이다.

ㄴ. CB_2는 이온 결합 화합물이다.

ㄷ. 공유 전자쌍 수는 A_2가 B_2의 2배이다.

그림은 4가지 분자 (가)~(라)를 루이스 전자점식으로 나타낸 것이다. W~Z는 임의의 2주기 원소 기호이다.

$\ddot{X}$
$\ddot{X}\!:\!\ddot{W}\!:\!\ddot{X}$

(가)

$\ddot{X}$
$\ddot{X}\!:\!Y\!:\!\ddot{X}$
$\ddot{X}$

(나)

$:\!\ddot{Z}\!:\!:\!Y\!:\!:\!\ddot{Z}\!:$

(다)

$:\!\ddot{X}\!:\!\ddot{Z}\!:\!\ddot{X}\!:$

(라)

이에 대한 설명으로 옳은 것만을 <보기>에서 있는 대로 고른 것은?

───── <보 기> ─────

ㄱ. (가)~(라) 중 무극성 분자는 2가지이다.

ㄴ. (가)에서 4개의 원자는 동일 평면에 있다.

ㄷ. (라)는 굽은형 구조이다.

그림은 4가지 분자를 3가지 분류 기준 (가)~
(다)로 분류한 것이다. ㉠~㉣은 각각 C_2H_2,
$COCl_2$, FCN, N_2 중 하나이고, A~C는 각각
(가)~(다) 중 하나이다.

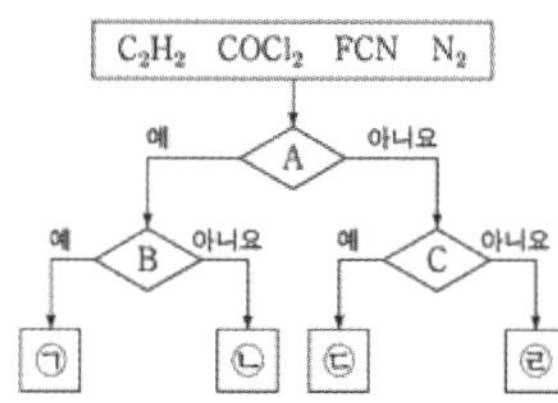

A~C로 옳은 것은?

	A	B	C
①	(가)	(다)	(나)
②	(나)	(가)	(다)
③	(나)	(다)	(가)
④	(다)	(가)	(나)
⑤	(다)	(나)	(가)

그림은 4가지 물질을 주어진 기준에 따라 분류
한 것이다.

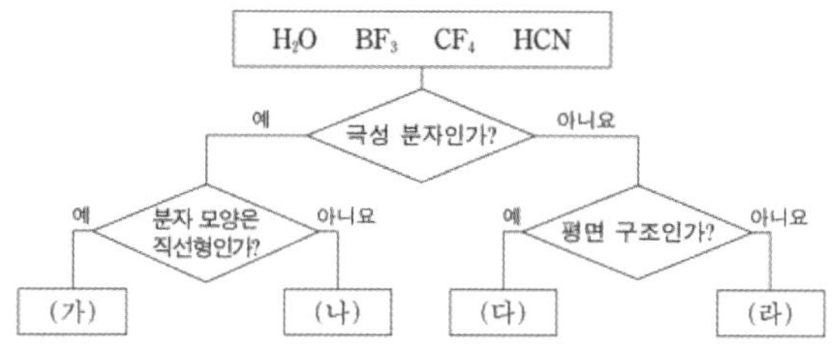

이에 대한 설명으로 옳은 것만을 <보기>에서
있는 대로 고른 것은?

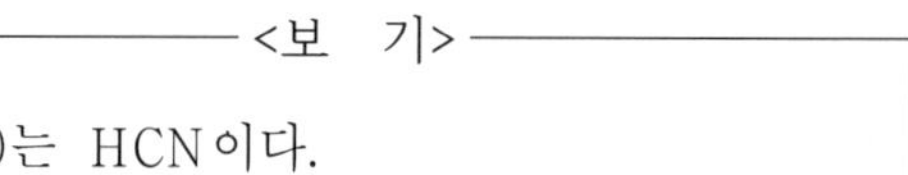

────── <보 기> ──────

ㄱ. (가)는 HCN이다.

ㄴ. (다)에는 극성 공유 결합이 있다.

ㄷ. 결합각은 (라) > (나)이다.

그림은 분자 (가)와 (나)의 구조식을 나타낸 것이다.

$$\text{(가)} \qquad \text{(나)}$$

이에 대한 설명으로 옳은 것만을 <보기>에서 있는 대로 고른 것은?

———— <보 기> ————

ㄱ. (나)는 극성 분자이다.

ㄴ. 결합각은 $\alpha > \beta$이다.

ㄷ. 비공유 전자쌍 수는 (나)가 (가)의 2배이다.

그림은 암모니아(NH_3)의 루이스 전자점식을 나타낸 것이다.

$$H:\overset{\cdot\cdot}{\underset{\cdot\cdot}{N}}:H$$
$$H$$

NH_3에서 공유 전자쌍 수는?

① 1 ② 2 ③ 3

④ 4 ⑤ 6

43 18학년도 수능 6번

다음은 풍선으로 만든 전자쌍 모형을 이용하여 분자 구조를 알아보는 탐구 활동이다.

[탐구 목적]
- 풍선으로 만든 전자쌍 모형에서 풍선의 배열 모습을 통해 중심 원자의 전자쌍이 각각 2개 인 분자와 3개인 분자의 구조를 예측한다.

[탐구 과정 및 결과]
- 같은 크기의 풍선 2개와 3개를 각각 매듭끼리 묶었더니 풍선이 그림과 같이 각각 직선 형과 평면 삼각형 모양으로 배열되었다.

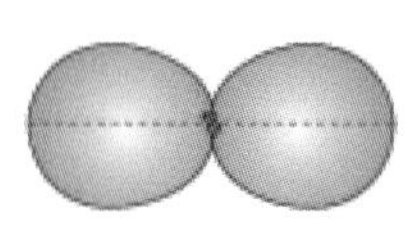 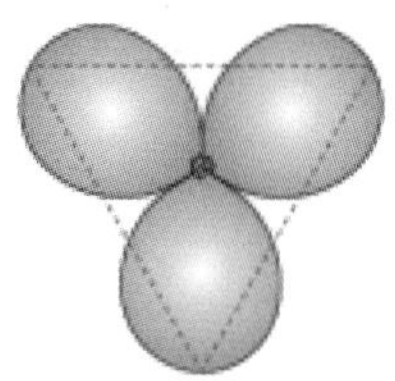

[결론]
- 분자에서 중심 원자의 전자쌍은 풍선의 배 열과 마찬가지로

㉠

- $BeCl_2$의 분자 구조는 직선형, ⓛ 의 분자 구조는 평면 삼각형임을 예측할 수 있다.

이에 대한 설명으로 옳은 것만을 <보기>에서 있는 대로 고른 것은?

─── <보 기> ───

ㄱ. '가능한 한 서로 멀리 떨어져 있으려 한다.' 는 ㉠으로 적절하다.

ㄴ. 'BCl_3'는 ⓛ으로 적절하다.

ㄷ. CH_4의 분자 구조를 예측하기 위해 매듭끼리 묶어야 하는 풍선은 5개이다.

44 18학년도 9월 10번

그림은 분자 (가)와 (나)를 화학 결합 모형으로 나타낸 것이다. (가)와 (나)의 분자식은 각각 XY_2와 ZX_2이다.

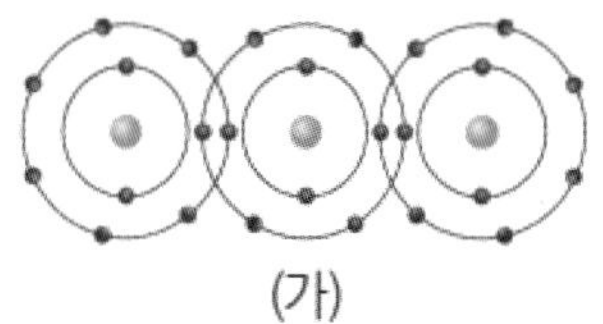

(가)

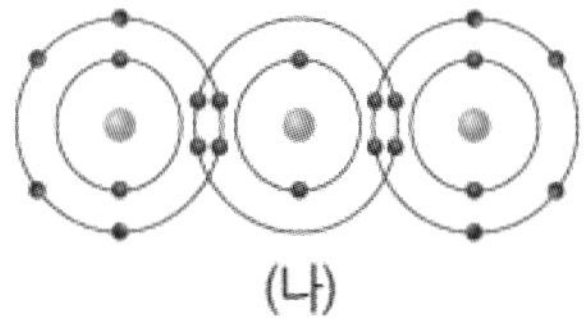

(나)

이에 대한 설명으로 옳은 것만을 <보기>에서 있는 대로 고른 것은? (단, X~Z는 임의의 원소 기호이고, 분자 내에서 옥텟 규칙을 만족한다.)

─── <보 기> ───

ㄱ. (가)는 극성 분자이다.

ㄴ. (나)의 분자 모양은 직선형이다.

ㄷ. ZXY_2에는 2중 결합이 있다.

45

그림은 2주기 원자 X~Z 의 루이스 전자점식을
나타낸 것이다.

$$\cdot \ddot{X} \cdot \qquad \cdot \ddot{Y} \cdot \qquad :\ddot{Z} \cdot$$

이에 대한 설명으로 옳은 것만을 <보기>에서
있는 대로 고른 것은? (단, X~Z 는 임의의 원소
기호이다.)

———— <보 기> ————

ㄱ. 전기음성도는 X > Y이다.

ㄴ. X_2Z_2에는 2중 결합이 있다.

ㄷ. Y_2Z_2에서 Y의 산화수는 +1이다.

46

다음은 2주기 원소로 이루어진 분자 (가)~(다)
에 대한 자료이다.

○ 분자의 구성
  - 3개 이상의 원자로 구성된다.
  - 중심 원자가 1개이고 나머지 원자는 모두
    중심 원자와 결합한다.
  - 분자 내 모든 원자는 옥텟 규칙을 만족한다.
○ 분자의 구성 원소 수와 결합각 및 전자쌍 수 비

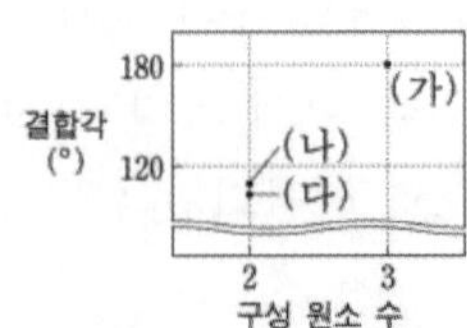

분자	$\dfrac{\text{비공유 전자쌍 수}}{\text{공유 전자쌍 수}}$
(가)	1
(나)	3
(다)	4

이에 대한 설명으로 옳은 것만을 <보기>에서
있는 대로 고른 것은?

———— <보 기> ————

ㄱ. (가)의 공유 전자쌍 수는 4이다.

ㄴ. (나)의 쌍극자 모멘트는 0이다.

ㄷ. (다)의 분자 모양은 삼각뿔형이다.

47 19학년도 10월 7번

그림은 1, 2주기 원소 W~Z로 이루어진 분자 (가)와 (나)의 루이스 전자점식을 나타낸 것이다.

$$W:X::Y: \qquad\qquad W:\overset{..}{\underset{..}{Z}}:W$$

(가)   (나)

이에 대한 옳은 설명만을 <보기>에서 있는 대로 고른 것은? (단, W~Z는 임의의 원소 기호이다.)

<보 기>

ㄱ. 결합각은 (가)가 (나)보다 크다.

ㄴ. 공유 전자쌍 수는 Y_2가 Z_2보다 크다.

ㄷ. YW_3에서 Y는 옥텟 규칙을 만족한다.

48 19학년도 10월 17번

표는 2주기 원소 X~Z로 이루어진 분자 (가)~(라)에 대한 자료이다. (가)~(라)에서 X~Z는 옥텟 규칙을 만족한다.

분자	(가)	(나)	(다)	(라)
구성 원소	X, Y	Y, Z	X, Z	X, Y, Z
분자당 원자 수	3	3	x	4
비공유 전자쌍 수 / 공유 전자쌍 수	1	4	3	y

(가)~(라)에 대한 옳은 설명만을 <보기>에서 있는 대로 고른 것은? (단, X~Z는 임의의 원소 기호이다.)

<보 기>

ㄱ. $x + y = 7$이다.

ㄴ. 모든 구성 원자가 동일 평면에 있는 분자는 2가지이다.

ㄷ. 분자의 쌍극자 모멘트는 (나)가 (다)보다 크다.

49 19학년도 7월 6번

다음은 어떤 화학 반응을 화학 결합 모형으로 나타낸 것이다.

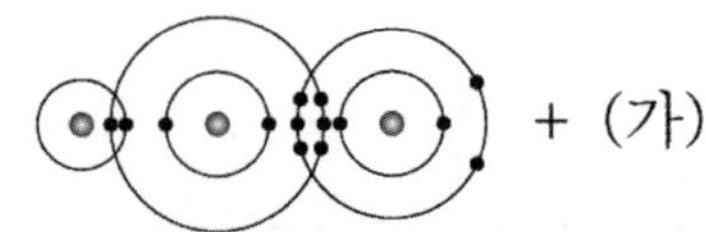

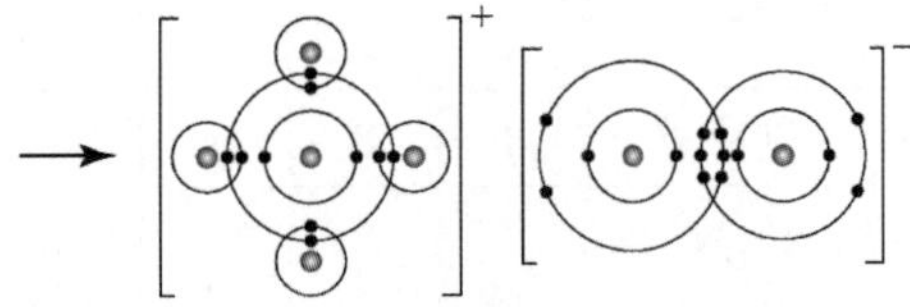

(가)에 해당하는 물질에 대한 설명으로 옳은 것만을 <보기>에서 있는 대로 고른 것은?

<보 기>

ㄱ. 분자 모양은 정사면체형이다.

ㄴ. 공유 전자쌍 수는 3이다.

ㄷ. 분자의 쌍극자 모멘트는 0이다.

50 19학년도 7월 14번

표는 원소 W~Z로 이루어진 분자 (가)와 (나)에 대한 자료이다. W~Z는 각각 C, N, O, F 중 하나이고, (가)와 (나)를 구성하는 모든 원자는 옥텟 규칙을 만족한다.

분자	(가)	(나)
구조식	W–X–X–W	Y–Z–W
비공유 전자쌍 수 / 공유 전자쌍 수	$\dfrac{6}{5}$	2

이에 대한 설명으로 옳은 것만을 <보기>에서 있는 대로 고른 것은? (단, 구조식에서 비공유 전자쌍과 다중 결합은 표시하지 않았다.)

<보 기>

ㄱ. (가)에는 2중 결합이 있다.

ㄴ. 결합각은 (가) > (나)이다.

ㄷ. 비공유 전자쌍 수는 (가)와 (나)가 같다.

51 19학년도 4월 3번

그림은 원자 X~Z의 전자 배치 모형을 나타낸 것이고, 표는 X~Z로 이루어진 분자 (가)와 (나)에 대한 자료이다. (가)와 (나)에서 Y, Z는 옥텟 규칙을 만족한다.

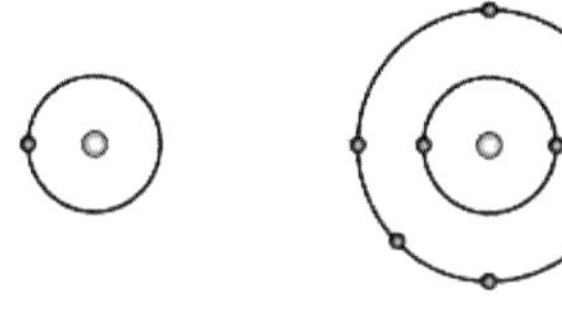

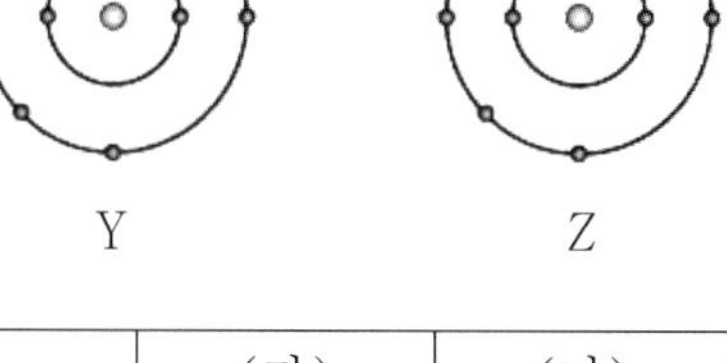

분자	(가)	(나)
구성 원소	X, Y	X, Z
공유 전자쌍의 수	3	1

이에 대한 설명으로 옳은 것만을 <보기>에서 있는 대로 고른 것은? (단, X~Z는 임의의 원소 기호이다.)

<보 기>

ㄱ. (가)의 분자식은 X_2Y_2이다.

ㄴ. (나)에는 극성 공유 결합이 존재한다.

ㄷ. 비공유 전자쌍의 수는 (나)>(가)이다.

52 19학년도 4월 11번

그림은 분자 (가)~(다)의 구조식을 나타낸 것이다.

```
    H
    |
H - C - H        H - N - H        H - O - H
    |                |
    H                H

  (가)             (나)             (다)
```

이에 대한 설명으로 옳은 것만을 <보기>에서 있는 대로 고른 것은?

<보 기>

ㄱ. (다)의 분자 구조는 직선형이다.

ㄴ. 결합각은 (가)>(나)이다.

ㄷ. 분자의 쌍극자 모멘트는 (다)>(가)이다.

53 19학년도 3월 3번

표는 분자 (가), (나)에 대한 자료이다. X~Z는 각각 H, C, O 중 하나이다.

분자	구성 원소	구성 원자 수	공유 전자쌍 수
(가)	X, Y	3	2
(나)	X, Z	3	4

이에 대한 옳은 설명만을 <보기>에서 있는 대로 고른 것은?

―――― <보 기> ――――

ㄱ. X는 O이다.

ㄴ. (가)의 비공유 전자쌍 수는 2이다.

ㄷ. (나)의 분자 모양은 직선형이다.

54 19학년도 3월 14번

그림은 3가지 분자를 주어진 기준에 따라 분류한 것이다.

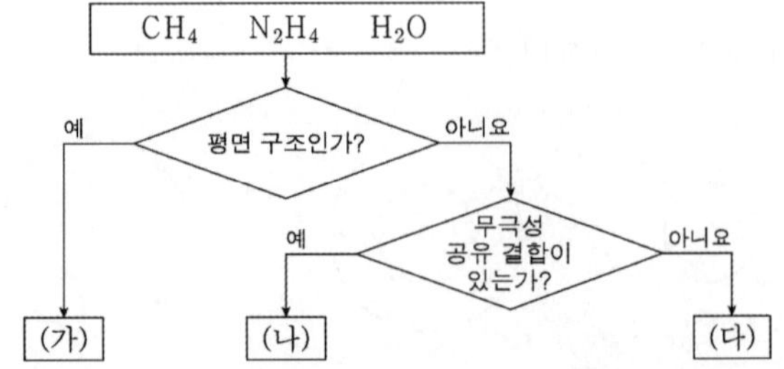

이에 대한 옳은 설명만을 <보기>에서 있는 대로 고른 것은?

―――― <보 기> ――――

ㄱ. (나)는 N_2H_4이다.

ㄴ. (다)는 무극성 분자이다.

ㄷ. 결합각은 (다)가 (가)보다 크다.

55 18학년도 10월 12번

표는 2주기 원소로 구성된 분자 (가)~(다)에 대한 자료이다. (가)~(다)에서 모든 원자는 옥텟 규칙을 만족한다.

분자	(가)	(나)	(다)
구조식	$\begin{array}{c} Y \\ \| \\ Y-W-Y \\ \| \\ Y \end{array}$	$\begin{array}{c} Y \\ \| \\ Y-X-Y \end{array}$	$\begin{array}{c} Z \\ \| \\ Y-W-Y \end{array}$
$\dfrac{\text{비공유 전자쌍 수}}{\text{공유 전자쌍 수}}$	3	$\dfrac{10}{3}$	㉠

이에 대한 옳은 설명만을 <보기>에서 있는 대로 고른 것은? (단, W~Z는 임의의 원소 기호이다.)

―――― <보 기> ――――

ㄱ. 원자가 전자 수는 X가 W보다 크다.

ㄴ. ㉠은 $\dfrac{2}{3}$이다.

ㄷ. (나)의 결합각($\angle YXY$)은 (다)의 결합각($\angle YWZ$)보다 크다.

56 18학년도 10월 17번

표는 분자 (가)~(다)를 구성하는 각 원자의 비공유 전자쌍 수(a)와 각 원자에 결합된 원자 수(b)에 대한 자료이다. (가)~(다)는 각각 CO_2, OF_2, FCN 중 하나이다.

분자	(가)	(나)	(다)
$a+b=4$인 원자 수	1	3	0
$a+b=3$인 원자 수	0	0	x
$a+b=2$인 원자 수	2	0	y

이에 대한 옳은 설명만을 <보기>에서 있는 대로 고른 것은?

―――― <보 기> ――――

ㄱ. $x > y$이다.

ㄴ. (가)는 극성 분자이다.

ㄷ. (나)와 (다)에는 다중 결합이 있다.

그림은 2주기 원소 $W \sim Z$로 구성된 2가지 분자의 구조식을 나타낸 것이다.

$$
\begin{array}{ccc}
& W & W \\
& | & |\quad{}^{\beta} \\
W-X\overset{}{-}X-X\overset{}{-}W & \qquad & W-Z-W \\
{}^{\alpha}| & || & | \\
W & Y & W \qquad\qquad W
\end{array}
$$

이에 대한 설명으로 옳은 것만을 <보기>에서 있는 대로 고른 것은? (단, $W \sim Z$는 임의의 원소 기호이고, 분자 내에서 옥텟 규칙을 만족한다.)

─── <보 기> ───

ㄱ. 결합각은 $\alpha > \beta$이다.

ㄴ. $\dfrac{\text{비공유 전자쌍 수}}{\text{공유 전자쌍 수}}$ 는 YW_2가 Z_2보다 크다.

ㄷ. X_2W_4를 구성하는 모든 원자는 동일 평면에 있다.

표는 2주기 원소로 구성된 분자 (가)~(다)에 대한 자료이다. (가)~(다)에서 모든 원자는 옥텟 규칙을 만족한다.

분자	(가)	(나)	(다)
구성 원자의 수	5개	3개	3개
중심 원자와 결합한 원자의 종류와 수	F 4개	N 1개, F 1개	O 1개, F 1개

(가)~(다)에 대한 설명으로 옳은 것만을 <보기>에서 있는 대로 고른 것은?

─── <보 기> ───

ㄱ. (가)의 분자 모양은 정사면체형이다.

ㄴ. (나)의 중심 원자는 탄소(C)이다.

ㄷ. 결합각은 (다)가 (나)보다 크다.

표는 플루오린(F)을 포함한 분자 (가), (나)에 대한 자료이다. X, Y는 2주기 원소이고, (가), (나)에서 모든 원자는 옥텟 규칙을 만족한다.

분자	(가)	(나)
분자식	X_2F_2	YF_2
비공유 전자쌍 수	6	8

(가), (나)에 대한 설명으로 옳은 것만을 <보기>에서 있는 대로 고른 것은? (단, X, Y는 임의의 원소 기호이다.)

———— <보 기> ————

ㄱ. (가)에는 무극성 공유 결합이 있다.

ㄴ. (나)의 공유 전자쌍 수는 4이다.

ㄷ. 분자의 쌍극자 모멘트는 (가)가 (나)보다 크다.

다음은 분자 (가)~(다)에 대한 자료이다. (가)~(다)는 각각 NH_3, HCN, HCHO 중 하나이다.

○ (가)와 (나)는 분자를 구성하는 원자 수가 같다.
○ (가)와 (다)는 분자를 구성하는 모든 원자가 동일 평면에 존재한다.

이에 대한 옳은 설명만을 <보기>에서 있는 대로 고른 것은?

———— <보 기> ————

ㄱ. (가)는 HCN이다.

ㄴ. $\dfrac{\text{비공유 전자쌍 수}}{\text{공유 전자쌍 수}}$ 는 (나)가 (가)보다 크다.

ㄷ. 결합각은 (다)가 (나)보다 크다.

61 18학년도 3월 10번

그림은 화합물 ABC와 DE의 결합 모형을 각각 나타낸 것이다.

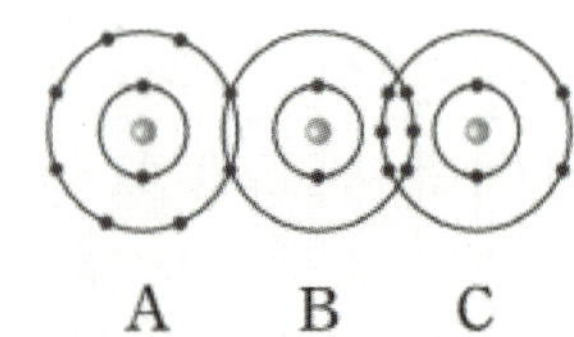

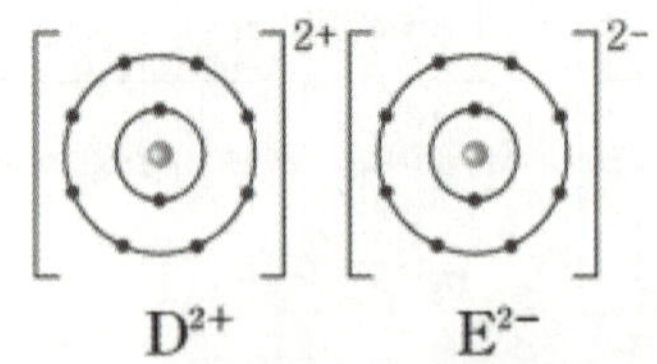

이에 대한 옳은 설명만을 <보기>에서 있는 대로 고른 것은? (단, A~E는 임의의 원소 기호이다.)

<보 기>

ㄱ. DA_2는 이온 결합 물질이다.

ㄴ. BE_2에는 극성 공유 결합이 있다.

ㄷ. C_2와 CA_3는 공유 전자쌍 수가 같다.

---

62 22학년도 3월 6번

그림은 2주기 원소 X~Z와 수소(H)로 구성된 분자 (가)와 (나)의 구조식을 나타낸 것이다. X~Z는 각각 C, O, F 중 하나이고, (가)와 (나)에서 X~Z는 모두 옥텟 규칙을 만족한다.

$$\begin{array}{c} H \\ | \\ H-X-H \\ | \\ H \end{array} \qquad\qquad \begin{array}{c} Y \\ \| \\ H-X-Z \end{array}$$

(가)   (나)

이에 대한 옳은 설명만을 <보기>에서 있는 대로 고른 것은?

<보 기>

ㄱ. 전기 음성도는 Z>Y>X이다.

ㄴ. 분자의 쌍극자 모멘트는 (가)>(나)이다.

ㄷ. (나)에는 무극성 공유 결합이 있다.

---

① ㄱ   ② ㄷ   ③ ㄱ, ㄴ

④ ㄴ, ㄷ   ⑤ ㄱ, ㄴ, ㄷ

63 22학년도 3월 8번

표는 분자 (가)~(다)에 대한 자료이다. (가)~(다)는 각각 HCN, NH_3, CH_2O 중 하나이다.

분자	(가)	(나)	(다)
공유 전자쌍 수	a	$a+1$	
비공유 전자쌍 수		b	$2b$

이에 대한 옳은 설명만을 <보기>에서 있는 대로 고른 것은?

──────── <보 기> ────────

ㄱ. (다)는 HCN이다.

ㄴ. $a+b=4$이다.

ㄷ. 결합각은 (가)>(나)이다.

① ㄱ   ② ㄴ   ③ ㄱ, ㄷ

④ ㄴ, ㄷ   ⑤ ㄱ, ㄴ, ㄷ

64 22학년도 3월 12번

표는 2주기 원소 X~Z로 구성된 분자 (가)~(다)에 대한 자료이다. (가)~(다)에서 X~Z는 모두 옥텟 규칙을 만족한다.

분자	(가)	(나)	(다)
분자식	XY_2	ZX_2	ZXY_2
$\dfrac{\text{공유 전자쌍 수}}{\text{비공유 전자쌍 수}}$	$\dfrac{1}{4}$	1	a

이에 대한 옳은 설명만을 <보기>에서 있는 대로 고른 것은? (단, X~Z는 임의의 원소 기호이다.)

──────── <보 기> ────────

ㄱ. (가)에는 다중 결합이 있다.

ㄴ. $a = \dfrac{1}{2}$이다.

ㄷ. 공유 전자쌍 수는 (가)가 (나)의 2배이다.

① ㄱ   ② ㄴ   ③ ㄷ

④ ㄱ, ㄷ   ⑤ ㄴ, ㄷ

65 22학년도 4월 5번

그림은 분자 (가)~(다)를 화학 결합 모형으로
나타낸 것이다.

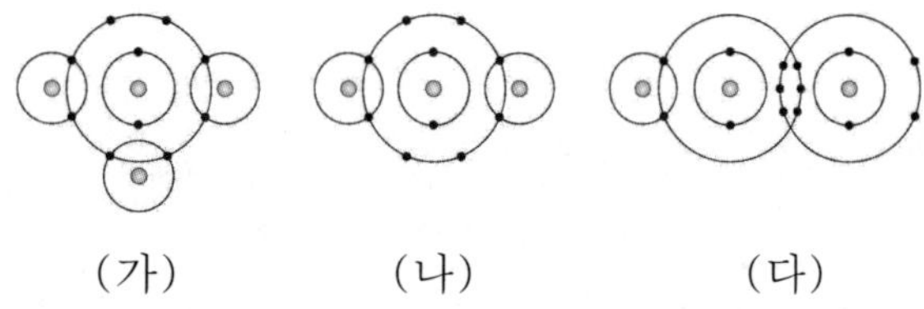

(가)   (나)   (다)

이에 대한 설명으로 옳은 것만을 <보기>에서
있는 대로 고른 것은?

———— <보 기> ————

ㄱ. (가)의 분자 모양은 평면 삼각형이다.

ㄴ. (나)는 극성 분자이다.

ㄷ. 결합각은 (다)가 (나)보다 크다.

① ㄱ   ② ㄷ   ③ ㄱ, ㄴ

④ ㄴ, ㄷ   ⑤ ㄱ, ㄴ, ㄷ

66 22학년도 4월 7번

그림은 2, 3주기 원소 X~Z로 이루어진 화합물
XY와 이온 ZY^-의 루이스 전자점식을 나타낸
것이다. 원자 번호는 Z>X>Y이다.

$$X^{2+}\left[:\ddot{\underset{\cdot\cdot}{Y}}:\right]^{2-} \qquad \left[:\ddot{\underset{\cdot\cdot}{Z}}:\ddot{\underset{\cdot\cdot}{Y}}:\right]^{-}$$

이에 대한 설명으로 옳은 것만을 <보기>에서
있는 대로 고른 것은? (단, X~Z는 임의의 원소
기호이다.)

———— <보 기> ————

ㄱ. X는 Mg이다.

ㄴ. Y는 비금속 원소이다.

ㄷ. Z의 원자 번호는 17이다.

① ㄱ   ② ㄷ   ③ ㄱ, ㄴ

④ ㄴ, ㄷ   ⑤ ㄱ, ㄴ, ㄷ

표는 원소 W~Z로 이루어진 3가지 분자에서 W의 전기 음성도(a)와 나머지 구성 원소의 전기 음성도(b) 차(a−b)를 나타낸 것이다.

분자	WX_2	Y_2W	Z_2W
a−b	−0.5	0.5	1.4

이에 대한 설명으로 옳은 것만을 <보기>에서 있는 대로 고른 것은? (단, W~Z는 임의의 원소 기호이다.)

─── <보 기> ───

ㄱ. Y_2W에는 극성 공유 결합이 있다.

ㄴ. 전기 음성도는 Y가 X보다 크다.

ㄷ. ZX에서 Z는 부분적인 음전하($\delta-$)를 띤다.

① ㄱ   ② ㄴ   ③ ㄱ, ㄷ

④ ㄴ, ㄷ   ⑤ ㄱ, ㄴ, ㄷ

표는 2주기 원소 X~Z로 이루어진 분자 (가)~(다)에 대한 자료이다. (가)~(다)에서 모든 원자는 옥텟 규칙을 만족한다.

분자	(가)	(나)	(다)
분자식	X_2	X_2Y_2	Z_2Y_2
비공유 전자쌍 수	㉠	8	10

이에 대한 설명으로 옳은 것만을 <보기>에서 있는 대로 고른 것은? (단, X~Z는 임의의 원소 기호이다.)

─── <보 기> ───

ㄱ. ㉠은 2이다.

ㄴ. (가)~(다)에서 다중 결합이 존재하는 분자는 2가지이다.

ㄷ. ZY_2의 $\dfrac{\text{비공유 전자쌍 수}}{\text{공유 전자쌍 수}}$는 4이다.

① ㄱ   ② ㄷ   ③ ㄱ, ㄴ

④ ㄴ, ㄷ   ⑤ ㄱ, ㄴ, ㄷ

그림은 2주기 원소 W~Z로 구성된 분자 (가)~
(다)의 구조식을 나타낸 것이다. (가)~(다)에
서 모든 원자는 옥텟 규칙을 만족한다.

$$X-W-X \quad (X \text{ above } W) \qquad X-Y-X \qquad X-Z\equiv W$$

(가)   (나)   (다)

(가)~(다)에 대한 설명으로 옳은 것만을 <보
기>에서 있는 대로 고른 것은? (단, W~Z는 임
의의 원소 기호이다.)

───── <보 기> ─────

ㄱ. (가)의 분자 모양은 평면 삼각형이다.

ㄴ. 결합각은 (다)>(나)이다.

ㄷ. 극성 분자는 2가지이다.

① ㄱ   ② ㄴ   ③ ㄷ

④ ㄱ, ㄴ   ⑤ ㄴ, ㄷ

그림은 1, 2주기 원소 W~Z로 이루어진 물질
WXY와 YZX의 루이스 전자점식을 나타낸 것이다.

$$W^{+}\left[:\overset{..}{\underset{..}{X}}:Y\right]^{-} \qquad Y:\overset{..}{Z}::\overset{..}{X}:$$

이에 대한 설명으로 옳은 것만을 <보기>에서
있는 대로 고른 것은? (단, W~Z는 임의의 원소
기호이다.)

───── <보 기> ─────

ㄱ. W와 Y는 같은 족 원소이다.

ㄴ. Z_2에는 3중 결합이 있다.

ㄷ. Y_2X_2의 $\dfrac{\text{비공유 전자쌍 수}}{\text{공유 전자쌍 수}} = 1$이다.

① ㄱ   ② ㄷ   ③ ㄱ, ㄴ

④ ㄴ, ㄷ   ⑤ ㄱ, ㄴ, ㄷ

71 22학년도 7월 10번

표는 2주기 원소 X~Z로 이루어진 3가지 분자에 대한 자료이다.

분자	X_2	XY_3	YXZ
원자가 전자 수 합	a	26	$a+8$

이에 대한 설명으로 옳은 것만을 <보기>에서 있는 대로 고른 것은? (단, X~Z는 임의의 원소 기호이며, 분자 내에서 모든 원자는 옥텟 규칙을 만족한다.)

――――――― <보 기> ―――――――

ㄱ. $a = 12$이다.

ㄴ. XY_3에는 극성 공유 결합이 있다.

ㄷ. YXZ에서 X는 부분적인 양전하($\delta+$)를 띤다.

① ㄱ 　　② ㄴ 　　③ ㄱ, ㄷ

④ ㄴ, ㄷ 　　⑤ ㄱ, ㄴ, ㄷ

72 22학년도 7월 17번

다음은 C, N, O, F으로 이루어진 분자 (가)~(라)에 대한 자료이다. (가)~(라)의 모든 원자는 옥텟 규칙을 만족한다.

○ (가)~(라)에서 중심 원자는 각각 1개이고, 나머지 원자들은 모두 중심 원자와 결합한다.
○ X~Z는 각각 C, N, O 중 하나이다.

분자	(가)	(나)	(다)	(라)
중심 원자	X	Y	Y	Z
중심 원자와 결합한 원자 수	2	3	4	2
$\dfrac{\text{비공유 전자쌍 수}}{\text{공유 전자쌍 수}}$	2	2	3	4

이에 대한 설명으로 옳은 것만을 <보기>에서 있는 대로 고른 것은? (단, X~Z는 임의의 원소 기호이다.)

――――――― <보 기> ―――――――

ㄱ. Y는 C이다.

ㄴ. 공유 전자쌍 수는 (라)>(가)이다.

ㄷ. (가)~(라) 중 다중 결합이 있는 것은 2가지이다.

① ㄱ 　　② ㄴ 　　③ ㄱ, ㄷ

④ ㄴ, ㄷ 　　⑤ ㄱ, ㄴ, ㄷ

73 23학년도 9월 5번

표는 2주기 원자 X와 Y로 이루어진 분자 (가)~
(다)의 루이스전자점식과 관련된 자료이다.
(가)~(다)에서 모든 원자는 옥텟규칙을 만족한다.

분자	구성 원소	분자당 구성 원자 수	비공유 전자쌍 수 − 공유 전자쌍 수
(가)	X	2	2
(나)	Y	2	a
(다)	X, Y	3	6

이에 대한 설명으로 옳은 것만을 <보 기>에서
있는 대로 고른 것은? (단, X와 Y는 임의의 원소
기호이다.)

<보 기>

ㄱ. $a = 5$이다.

ㄴ. (나)에는 다중 결합이 있다.

ㄷ. 공유 전자쌍 수는 (다) > (가)이다.

---

① ㄱ 　　② ㄴ 　　③ ㄱ, ㄷ

④ ㄴ, ㄷ 　　⑤ ㄱ, ㄴ, ㄷ

74 23학년도 9월 8번

다음은 2주기 원자 W~Z로 이루어진 3가지 분
자의 분자식이다. 분자에서 모든 원자는 옥텟 규
칙을 만족하고, 전기 음성도는 W > Y이다.

WX_3 　　　XYW 　　　YZX_2

이에 대한 설명으로 옳은 것만을 <보기>에서
있는 대로 고른 것은? (단, W~Z는 임의의 원소
기호이다.)

<보 기>

ㄱ. WX_3는 극성 분자이다.

ㄴ. YZX_2에서 X는 부분적인 음전하($\delta-$)를 띤다.

ㄷ. 결합각은 WX_3가 XYW보다 크다.

---

① ㄱ 　　② ㄴ 　　③ ㄷ

④ ㄱ, ㄴ 　　⑤ ㄱ, ㄴ, ㄷ

75

그림은 화합물 XY_4ZX를 화학 결합 모형으로 나타낸 것이다.

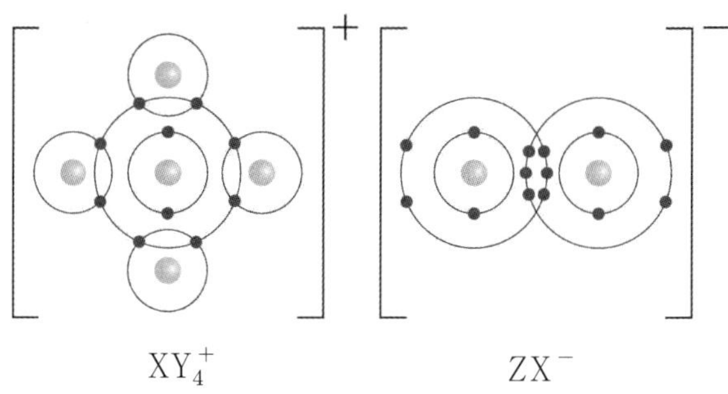

XY_4^+ ZX^-

이에 대한 옳은 설명만을 <보기>에서 있는 대로 고른 것은? (단, X~Z는 임의의 원소 기호이다.)

───── <보 기> ─────

ㄱ. 원자 번호는 A > B이다.

ㄴ. CD_2의 분자 모양은 굽은 형이다.

ㄷ. $\dfrac{\text{비공유 전자쌍 수}}{\text{공유 전자쌍 수}}$ 는 D_2가 C_2의 3배이다.

① ㄱ   ② ㄴ   ③ ㄱ, ㄷ
④ ㄴ, ㄷ   ⑤ ㄱ, ㄴ, ㄷ

76

그림은 분자 (가)~(다)의 구조식을 나타낸 것이다.

$$\begin{array}{ccc}
\text{Cl} & \text{Cl}-\text{N}-\text{Cl} & \\
| & | & \\
\text{Cl}-\text{C}-\text{Cl} & \text{Cl} & \text{Cl}-\text{O}-\text{Cl} \\
| & & \\
\text{Cl} & &
\end{array}$$

(가)   (나)   (다)

(가)~(다)에 대한 옳은 설명만을 <보기>에서 있는 대로 고른 것은?

───── <보 기> ─────

ㄱ. 중심 원자의 비공유 전자쌍 수는 (나)가 가장 크다.

ㄴ. 극성 분자는 2가지이다.

ㄷ. 구성 원자가 모두 동일한 평면에 있는 분자는 2가지이다.

① ㄴ   ② ㄷ   ③ ㄱ, ㄴ
④ ㄱ, ㄷ   ⑤ ㄴ, ㄷ

그림은 1, 2주기 원자 A~D의 루이스 전자점식을 나타낸 것이다. AD는 이온 결합 물질이다.

A·   B·   :C·   :D·

이에 대한 옳은 설명만을 <보기>에서 있는 대로 고른 것은? (단, A~D는 임의의 원소 기호이다.)

─── <보 기> ───

ㄱ. 원자 번호는 A > B이다.

ㄴ. CD_2의 분자 모양은 굽은 형이다.

ㄷ. $\dfrac{\text{비공유 전자쌍 수}}{\text{공유 전자쌍 수}}$ 는 D_2가 C_2의 3배이다.

① ㄱ   ② ㄷ   ③ ㄱ, ㄴ

④ ㄴ, ㄷ   ⑤ ㄱ, ㄴ, ㄷ

표는 원소 W~Z로 구성된 분자 (가)~(다)에 대한 자료이다. W~Z는 각각 C, N, O, F 중 하나이고, (가)~(다)에서 중심 원자는 각각 1개이며, 모든 원자는 옥텟 규칙을 만족한다.

분자	(가)	(나)	(다)
구성 원소	W, X	W, X, Y	X, Y, Z
구성 원자 수	4	3	4
공유 전자쌍 수	3	4	4

이에 대한 옳은 설명만을 <보기>에서 있는 대로 고른 것은?

─── <보 기> ───

ㄱ. W는 N이다.

ㄴ. (다)에는 3중 결합이 있다.

ㄷ. 결합각은 (가) > (나)이다.

① ㄱ   ② ㄷ   ③ ㄱ, ㄴ

④ ㄴ, ㄷ   ⑤ ㄱ, ㄴ, ㄷ

79

그림은 2주기 원소 X~Z로 구성된 분자 (가)와 (나)의 루이스 전자점식을 나타낸 것이다.

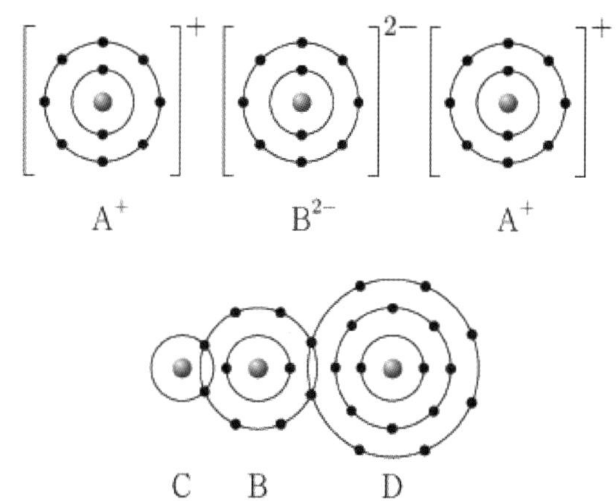

(가)   (나)

이에 대한 설명으로 옳은 것만을 <보기>에서 있는 대로 고른 것은? (단, X~Z는 임의의 원소 기호이다.)

<보 기>

ㄱ. X는 산소(O)이다.

ㄴ. (나)에서 단일 결합의 수는 3이다.

ㄷ. 비공유 전자쌍 수는 (나)가 (가)의 2배이다.

---

① ㄱ　　　② ㄷ　　　③ ㄱ, ㄴ

④ ㄱ, ㄷ　　　⑤ ㄴ, ㄷ

80

그림은 화합물 A_2B와 CBD를 화학 결합 모형으로 나타낸 것이다.

이에 대한 설명으로 옳은 것만을 <보기>에서 있는 대로 고른 것은? (단, A~D는 임의의 원소 기호이다.)

<보 기>

ㄱ. A(s)는 전성(퍼짐성)이 있다.

ㄴ. A와 D의 안정한 화합물은 AD이다.

ㄷ. C_2B는 공유 결합 물질이다.

---

① ㄱ　　　② ㄷ　　　③ ㄱ, ㄴ

④ ㄴ, ㄷ　　　⑤ ㄱ, ㄴ, ㄷ

81 23학년도 수능 4번

다음은 학생 A가 수행한 탐구 활동이다.

[학습 내용]

○ 극성 공유 결합을 형성한 두 원자는 각각 부분적인 양전하와 음전하를 띤다.

○ 부분적인 양전하는 $\delta+$ 부호로, 부분적인 음전하는 $\delta-$ 부호로 나타낸다.

[가설]

○ 극성 공유 결합을 형성한 어떤 원자의 부분적인 전하의 부호는 다른 분자에서 극성 공유 결합을 형성할 때도 바뀌지 않는다.

[탐구 과정]

(가) 1, 2주기 원소로 구성된 분자 중 극성 공유 결합이 있는 분자를 찾는다.

(나) (가)에서 찾은 분자 중 같은 원자를 포함하는 분자 쌍을 선택하여, 해당 원자의 부분적인 전하의 부호를 확인한다.

[탐구 결과]

가설에 일치하는 분자 쌍	가설에 어긋나는 분자 쌍
HF와 CH_4 HF와 OF_2 ⋮	OF_2 와 CO_2 ㉠ ⋮

[결론]

○ 가설에 어긋나는 분자 쌍이 있으므로 가설은 옳지 않다.

학생 A의 결론이 타당할 때, 다음 중 ㉠으로 적절한 것은?

① H_2O과 CH_4 　② H_2O과 CO_2

③ CO_2와 CF_4 　④ NH_3와 NF_3

⑤ NF_3와 OF_2

82 23학년도 수능 8번

표는 수소(H)와 2주기 원소 X~Z로 구성된 분자 (가)~(다)에 대한 자료이다. (가)~(다)의 중심 원자는 모두 옥텟 규칙을 만족한다.

분자	(가)	(나)	(다)
분자식	XH_a	YH_b	ZH_c
공유 전자쌍 수	2	3	4

(가)~(다)에 대한 설명으로 옳은 것만을 <보기>에서 있는 대로 고른 것은? (단, X~Z는 임의의 원소 기호이다.)

―――― <보 기> ――――

ㄱ. (가)의 분자 모양은 직선형이다.

ㄴ. 결합각은 (다) > (나)이다.

ㄷ. 극성 분자는 3가지이다.

① ㄴ 　② ㄷ 　③ ㄱ, ㄴ

④ ㄱ, ㄷ 　⑤ ㄴ, ㄷ

83 24학년도 6월 4번

다음은 학생 A가 수행한 탐구 활동이다.

[가설]

○ 극성 공유 결합이 있는 분자는 모두 극성 분자이다.

[탐구 과정 및 결과]

(가) 극성 공유 결합이 있는 분자를 찾고, 각 분자의 극성 여부를 조사하였다.

(나) (가)에서 조사한 내용을 표로 정리하였다.

분자	H_2O	NH_3	㉠	㉡	…
분자의 극성 여부	극성	극성	극성	무극성	…

[결론]

○ 가설에 어긋나는 분자가 있으므로 가설은 옳지 않다.

학생 A의 탐구 과정 및 결과와 결론이 타당할 때, ㉠과 ㉡으로 적절한 것은?

	㉠	㉡		㉠	㉡
①	O_2	CF_4	②	CF_4	O_2
③	CF_4	HCl	④	HCl	O_2
⑤	HCl	CF_4			

84 24학년도 6월 6번

표는 원소 W~Z로 구성된 3가지 분자에 대한 자료이다. W~Z는 C, N, O, F을 순서 없이 나타낸 것이고, 분자에서 모든 원자는 옥텟 규칙을 만족한다.

분자	WX_2	YZ_3	YWZ
중심 원자	W	Y	W
전체 구성 원자의 원자가 전자 수 합	㉠	26	16

이에 대한 설명으로 옳은 것만을 <보기>에서 있는 대로 고른 것은?

<보 기>

ㄱ. X는 F이다.

ㄴ. YWZ의 비공유 전자쌍 수는 4이다.

ㄷ. ㉠은 16이다.

---

① ㄱ 　② ㄷ 　③ ㄱ, ㄴ
④ ㄴ, ㄷ 　⑤ ㄱ, ㄴ, ㄷ

85 24학년도 6월 11번

그림은 2주기 원소 X~Z로 구성된 분자 (가)~(다)의 구조식을 나타낸 것이다. (가)~(다)에서 모든 원자는 옥텟 규칙을 만족한다.

$$Y=X=Y \qquad Z-Y-Z \qquad Z-\overset{\overset{\displaystyle Y}{\|}}{X}-Z$$

$$\text{(가)} \qquad\qquad \text{(나)} \qquad\qquad \text{(다)}$$

(가)~(다)에 대한 설명으로 옳은 것만을 <보기>에서 있는 대로 고른 것은? (단, X~Z는 임의의 원소 기호이다.)

<보 기>

ㄱ. 극성 분자는 2가지이다.

ㄴ. 결합각은 (가)>(나)이다.

ㄷ. 중심 원자에 비공유 전자쌍이 있는 분자는 1가지이다.

① ㄱ 　② ㄷ 　③ ㄱ, ㄴ

④ ㄴ, ㄷ 　⑤ ㄱ, ㄴ, ㄷ

86 24학년도 9월 4번

다음은 학생 A가 수행한 탐구 활동이다.

[가설]

○ 구조가 직선형인 분자와 평면 삼각형인 분자는 모두 무극성 분자이다.

[탐구 과정 및 결과]

(가) 구조가 직선형인 분자와 평면 삼각형인 분자를 찾고, 각 분자의 극성 여부를 조사하였다.

(나) (가)에서 조사한 분자를 구조와 극성 여부에 따라 분류 하였다.

	직선형	평면 삼각형
무극성 분자	CO_2, ⋯	BF_3, ⋯
극성 분자	㉠, ⋯	㉡, ⋯

[결론]

○ 가설에 어긋나는 분자가 있으므로 가설은 옳지 않다.

학생 A의 탐구 과정 및 결과와 결론이 타당할 때, 다음 중 ㉠과 ㉡으로 적절한 것은?

	㉠	㉡		㉠	㉡
①	H_2O	BCl_3	②	H_2O	$HCHO$
③	HCN	BCl_3	④	HCN	$HCHO$
⑤	HCN	NH_3			

다음은 수소(H)와 2주기 원소 X, Y로 구성된 3가지 분자의 분자식이다. 분자에서 모든 X와 Y는 옥텟 규칙을 만족하고, 전기 음성도는 X>H이다.

$$XH_4 \qquad YH_2 \qquad XY_2$$

이에 대한 설명으로 옳은 것만을 <보기>에서 있는 대로 고른 것은? (단, X와 Y는 임의의 원소 기호이다.)

———— <보 기> ————

ㄱ. 전기 음성도는 Y>X이다.

ㄴ. YH_2에서 Y는 부분적인 양전하($\delta+$)를 띤다.

ㄷ. 결합각은 $XY_2>XH_4$이다.

① ㄱ   ② ㄷ   ③ ㄱ, ㄴ

④ ㄱ, ㄷ   ⑤ ㄴ, ㄷ

표는 탄소(C), 플루오린(F), X, Y로 구성된 분자 (가)~(다)에 대한 자료이다. X와 Y는 질소(N)와 산소(O) 중 하나이고, 분자에서 모든 원자는 옥텟 규칙을 만족한다.

분자	분자식	모든 결합의 종류	결합의 수
(가)	XF_2	F과 X 사이의 단일 결합	2
(나)	CXF_m	C와 F 사이의 단일 결합	2
		C와 X 사이의 2중 결합	1
(다)	YF_3	F과 Y 사이의 단일 결합	3

이에 대한 설명으로 옳은 것만을 <보기>에서 있는 대로 고른 것은?

———— <보 기> ————

ㄱ. (가)의 분자 구조는 굽은형이다.

ㄴ. $m = 3$ 이다.

ㄷ. $\dfrac{\text{공유 전자쌍 수}}{\text{비공유 전자쌍 수}}$ 는 (다)>(나)이다.

① ㄱ   ② ㄴ   ③ ㄷ

④ ㄱ, ㄴ   ⑤ ㄱ, ㄷ

89 24학년도 수능 7번

그림은 탄소(C)와 2주기 원소 X, Y로 구성된 분자 (가)~(다)의 구조식을 단일 결합과 다중 결합의 구분 없이 나타낸 것이다. (가)~(다)에서 모든 원자는 옥텟 규칙을 만족한다.

$$\text{X}-\text{C}-\text{X} \qquad \overset{\displaystyle \text{X}}{\underset{|}{\text{Y}-\text{C}-\text{Y}}} \qquad \text{Y}-\text{X}-\text{X}-\text{Y}$$

(가)   (나)   (다)

(가)~(다)에 대한 설명으로 옳은 것만을 <보기>에서 있는 대로 고른 것은? (단, X와 Y는 임의의 원소 기호이다.)

─── <보 기> ───

ㄱ. 다중 결합이 있는 분자는 2가지이다.

ㄴ. (가)는 무극성 분자이다.

ㄷ. 공유 전자쌍 수는 (나)와 (다)가 같다.

① ㄱ   ② ㄷ   ③ ㄱ, ㄴ

④ ㄴ, ㄷ   ⑤ ㄱ, ㄴ, ㄷ

90 24학년도 수능 13번

표는 원소 W~Z로 구성된 분자 (가)~(라)에 대한 자료이다. (가)~(라)의 분자당 구성 원자 수는 각각 3 이하이고, 분자에서 모든 원자는 옥텟 규칙을 만족한다. W~Z는 각각 C, N, O, F 중 하나이다.

분자	구성 원소	중심 원자	$\dfrac{\text{비공유 전자쌍 수}}{\text{공유 전자쌍 수}}$
(가)	W		6
(나)	W, X	X	4
(다)	W, X, Y	Y	2
(라)	W, Y, Z	Z	1

이에 대한 설명으로 옳은 것만을 <보기>에서 있는 대로 고른 것은?

─── <보 기> ───

ㄱ. Z는 탄소(C)이다.

ㄴ. (다)의 분자 모양은 직선형이다.

ㄷ. 결합각은 (라)>(나)이다.

① ㄱ   ② ㄴ   ③ ㄱ, ㄷ

④ ㄴ, ㄷ   ⑤ ㄱ, ㄴ, ㄷ

91 23년 10월 15번

표는 2주기 원소 W~Z로 구성된 분자 (가)~(다)에 대한 자료이다. (가)~(다)에서 모든 원자는 옥텟 규칙을 만족하고, 원자 번호는 Y>X이다.

분자	(가)	(나)	(다)
분자식	W_2Z_2	X_2Z_2	WYZ_2
공유 전자쌍 수 × 비공유 전자쌍 수	30	32	32

(가)~(다)에 대한 옳은 설명만을 <보기>에서 있는 대로 고른 것은? (단, W~Z는 임의의 원소 기호이다.)

<보 기>

ㄱ. 무극성 공유 결합이 있는 것은 2가지이다.

ㄴ. (나)에는 3중 결합이 있다.

ㄷ. $\dfrac{\text{비공유 전자쌍 수}}{\text{공유 전자쌍 수}}$ 는 (가)>(다)이다.

① ㄱ   ② ㄴ   ③ ㄱ, ㄷ
④ ㄴ, ㄷ   ⑤ ㄱ, ㄴ, ㄷ

Chapter

09

동적 평형

09 동적 평형

▌들어가기

정반응, 역반응, 비/가역반응, 여러 가지 평형들, 물의 자동이온화, PH, POH 등을 배웁니다. 기본적인 단원 자체는 무겁지 않은 단원이긴 하지만 물의 자동이온화를 비롯하여 그 이후에 나오는 pH, pOH 관련 개념들은 후에 나오는 단원의 기본적인 토대를 마련하는 개념이므로 chapter10과의 연계를 생각해서라도 기본개념을 온전히 습득해야 합니다. 뿐만 아니라 chapter9에서 관련된 준킬러가 출제되곤 하며, 동적평형에 대한 기본적인 개념을 통하여 문제에 제시된 상황을 이해하고 '개념'만으로 빠르게 문제 상황과 선지를 판단할 수 있도록 공부하셔야 합니다.

가역 반응, 비가역 반응의 경우에는 소개되는 예시들을 어느정도 미리 암기해두시는 것이 실전에서 문제풀이를 빠르게 하시는데 도움이 될 것입니다.

또한 pH, pOH를 사용하는 문제의 경우 pH를 pOH로 순간적으로 착각한다는 등의 사소한 실수들이 발생하기 쉬운 구조입니다. 그래서 저의 경우에는 pH,pOH 유형의 준킬러를 풀 때 반드시 pH값을 위에, pOH값을 그 밑에 씀으로서 서로간의 혼동을 일으킬 가능성을 배제하였습니다. (pH를 위에 쓴건, 중학교 과정부터 배웠기 때문에 보통 pH가 pOH보다 익숙하게 느껴지기 때문입니다.)

가역반응과 비가역 반응

1. 정반응과 역반응

정반응은 **반응물이 생성물로 되는 반응**이고, **역반응**은 정반응의 **생성물이 다시 반응물로 되는** 반응이다.
정반응과 역반응은 서로 반대 방향으로 진행하는 반응이다.

2. 가역 반응

반응 조건(농도, 압력, 온도 등)에 따라 **정반응과 역반응이 모두 일어날 수 있는 반응으로, 화학 반응식에서 $\rightleftarrows$
로 나타낸다.**

> **example**
>
> **가역반응의 예**
>
> $$H_2O(l) \rightleftarrows H_2O(s)$$
>
> 물을 냉동실에 넣으면 얼어서 얼음이 되지만 얼음을 밖에 꺼내 놓으면 다시 녹아 물이 된다.
> (정반응 : 물의 응고, 역반응 : 얼음의 융해)
>
> $$H_2O(g) \rightleftarrows H_2O(l)$$
>
> 이른 아침 공기 중 수증기가 풀잎에 이슬로 맺히지만 시간이 지나면서 다시 공기 중 수증기로 돌아가
> 이슬이 없어진다. (정반응 : 수증기의 액화, 역반응 : 물의 기화)
>
> 염전에서 소금을 얻을 때와 같이, 용질의 용해와 석출 역시 가역 반응이다.

(1) 석회 동굴과 종유석, 석순

석회 동굴은 탄산 칼슘($CaCO_3$)이 주성분인 석회암 지대에서 주로 생성된다. 그 이유는 탄산 칼슘이 지하수,
이산화 탄소와 함께 반응하여 물에 잘 녹는 탄산수소 칼슘($Ca(HCO_3)_2$)이 생성되기 때문이다. 그런데 석회
동굴 안에는 동굴 천장에 종유석이 달려 있고 바닥에 석순이 형성되어 있는 것을 종종 볼 수 있는데,
종유석과 석순은 어떻게 생성된 것일까? 그것은 바로 석회 동굴 생성 반응의 역반응에 의해 생성된 것이다.

$$CaCO_3(s) + H_2O(l) + CO_2(g) \rightleftarrows Ca(HCO_3)_2(aq)$$

탄산수소 칼슘 수용액에서 이산화 탄소가 빠져나가고 물이 생성되면서 물에 잘 녹지 않는 탄산 칼슘이 생성된 것이다. 탄산수소 칼슘 수용액이 천장에서 떨어지기 전 이 반응이 일어나 탄산 칼슘이 천장에 붙으면 종유석이 되고, 탄산수소 칼슘 수용액이 바닥에 떨어진 후 이 반응이 일어나 탄산 칼슘이 바닥에 쌓이면 석순이 되는 것이다. 따라서 일반적으로 천장의 종유석과 바닥의 석순은 수직 방향으로 일직선 상에서 생성되는 경우가 많다. 석회 동굴 생성 반응과 종유석, 석순 생성 반응은 가역 반응의 대표적인 사례이다.

3. 비가역 반응

한쪽 방향으로만 진행되는 반응으로, 역반응이 일어나지 않거나 정반응에 비해 무시할 수 있을 만큼 거의 일어나지 않는다.

비가역 반응의 예

연료의 연소 : 메테인을 완전 연소시키면 이산화 탄소와 물이 생성된다.

$$CH_4(g) + 2O_2 \rightarrow CO_2(g) + 2H_2O(l)$$

금속과 산의 반응 : 마그네슘 리본을 염산에 넣으면 수소 기체가 발생한다.

$$Mg(s) + 2HCl(aq) \rightarrow MgCl_2(aq) + H_2(g)$$

중화 반응 : 염산에 수산화 나트륨 수용액을 넣으면 중화 반응이 일어난다.

$$HCl(aq) + NaOH(aq) \rightarrow NaCl(aq) + H_2O(l)$$

앙금 생성 반응 : 질산 은 수용액($AgNO_3$)에 염화 나트륨($NaCl$)을 넣으면 염화 은($AgCl$) 앙금이 생성된다.

$$AgNO_3(aq) + NaCl(aq) \rightarrow AgCl(s) + NaNO_3(aq)$$

▌동적 평형

가역 반응에서 반응물과 생성물의 농도가 변하지 않는 경우 **겉으로 보기에 반응이 정지된 것처럼 보이지만 실제로는 정반응과 역반응이 같은 속도로 일어나고 있는 동적 평형 상태이다. 가역 반응에서만 이루어진다.**
동적 평형 상태에서는 반응물과 생성물의 양이 일정하게 유지된다.

동적 평형에서 핵심적으로 출제되는 내용은 평형을 이룬 상태에서 정반응과 역반응이 일어나지 않는 것이 아니라 **둘 다 모두 일어나지만 정반응의 속도와 역반응의 속도가 같다는 것이다.**

일정한 온도에서 2가지 이상의 상태가 공존할 때 **서로 상태가 변하는 속도가 같아서 겉보기에 상태 변화가 일어나지 않는 것처럼 보이는 동적 평형 상태에 도달하게 되는데, 이를 상평형**이라고 한다.

액체와 기체에서의 동적 평형 : 일정한 온도에서 밀폐된 용기 속에 들어 있는 액체가 **액체 표면에서 기체로 되는 증발 속도와 기체가 액체로 되는 응축 속도가 같아져서 변화가 없는 것처럼 보이는 상태이다.** 처음에는 증발 속도가 응축속도보다 빠르지만 시간이 지나면서 응축 속도가 점점 빨라져 증발 속도와 같아지는 동적 평형에 도달한다. 동적 평형에서는 증기의 양과 액체의 양이 일정하게 유지된다.

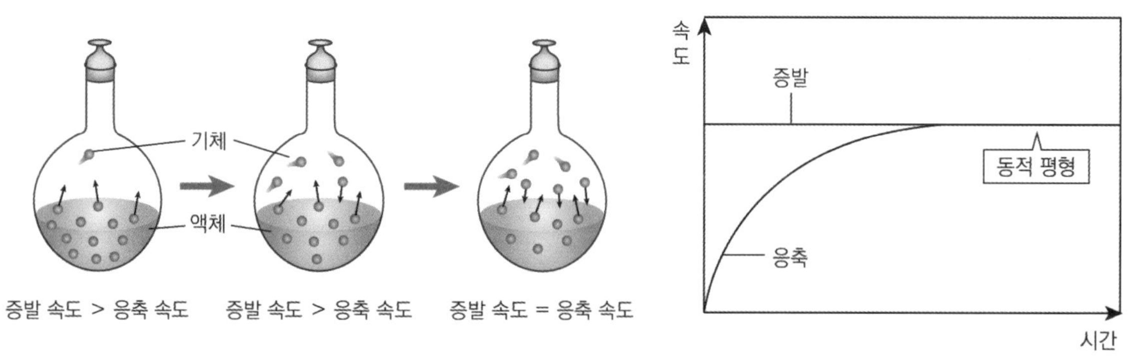

고체와 액체 사이의 상평형, 고체와 기체 사이의 상평형도 있다.
ex 얼음과 물 사이의 상평형, 승화성 아이오딘의 고체와 기체 사이의 상평형

간단하게 정리하자면
증발 속도는 온도를 변수로 가진다. (일반적으로 화학1에서 온도를 바꾸다는게 쉽지는 않지만 혹시 모르니 기억해두시길 바랍니다.)
응축 속도는 단위 부피당 기체의 수에 비례하여 증가한다고 생각하시면 됩니다.
그래서 공기 중에 기체분자가 많을수록 응축속도가 커지는 경향을 띄는 것입니다.

용매 속에 충분한 양의 고체 용질이 오랜 시간 동안 들어 있을 때 **용질이 용해되는 속도와 석출되는 속도가 같아서** 겉보기에 용해나 석출이 일어나지 않는 것처럼 보이는 **동적 평형 상태**에 도달하는데, 이러한 상태를 **용해 평형**이라고 한다.

고체와 액체에서의 동적 평형 : 일정한 온도에서 고체 용질이 액체 용매에 녹을 **때 고체 용질이 액체 용매에 녹는 용해 속도와 용매에 녹아 있던 용질이 다시 고체 용질로 되돌아가는 석출 속도가 같아져서 변화가 없는 것처럼 보이는 상태**이다. 처음에는 용해 속도가 석출 속도보다 빠르지만 시간이 지나면서 석출 속도가 점점 빨라져 용해 속도와 같아지는 동적 평형에 도달한다. **동적 평형에서는 고체 용질의 양과 용액의 농도가 일정하게 유지된다.**
용해 평형을 이루고 있는 용액을 **포화 용액**이라고 하고, 포화 용액보다 용질이 적게 녹아 있는 용액을 **불포화 용액**이라고 한다.

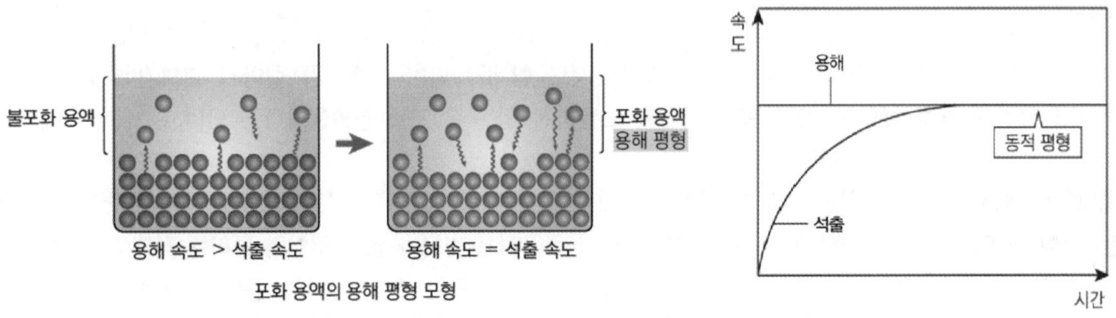

평형 상태에 도달함에도 불구하고 용질이 남아 있는 경우에도 포화 용액이라고 한다.
(과포화 용액과 개념을 헷갈려 하는 학생들이 있는데 이들은 다른 개념이다)

▶ **불포화 용액** : 포화 용액보다 **용질이 적게 녹아 있는 용액**
▶ **과포화 용액** : 포화 용액보다 **용질이 많이 녹아 있는 용액**

기체가 액체에 녹아 동적 평형 상태에 도달하는 용해 평형도 있다

ex 밀폐된 용기에 들어 있는 탄산 음료 : 이산화 탄소가 음료에 녹는 속도와 음료에서 빠져나오는 속도가 같아 음료 속 이산화 탄소 농도가 일정하게 유지되는 동적 평형 상태가 된다.

동적 평형 유형을 풀다보면 '충분한 시간이 흘렀다' 라는 표현이 등장하는 것을 자주 볼 수 있을 텐데 '충분한 시간이 흘렀다'라는 표현은 '동적 평형 상태에 도달하였다' 라고 인지해주셔야 합니다.

(1) 동적 평형 실험

이산화 질소와 사산화 이질소 사이의 동적 평형 실험

[실험과정]

(가) 투명한 밀폐 용기에 적갈색의 이산화 질소 (NO_2)를 담아 두고 색 변화를 관찰한다.

(나) 투명한 밀폐 용기에 무색의 사산화 이질소 (N_2O_4)를 담아 두고 색 변화를 관찰한다.

※ N_2O_4기체는 무색이고, NO_2기체는 적갈색을 띤다.

[실험결과]

(가)에서 점점 적갈색이 옅어지다가 연한 적갈색을 띠게 되고 더 이상 옅어지지 않는 상태에 도달했다.

(나)에서 무색에서 점점 적갈색이 진해지다가 연한 적갈색을 띠게 되고 더 이상 진해지지 않는 상태에 도달했다.

[실험해석]

(가)에서 처음에는 NO_2가 N_2O_4로 되는 반응이 주로 일어나지만 점점 N_2O_4가 NO_2로 되는 반응도 많이 일어나 동적 평형에 도달하게 되고, 동적 평형에 도달한 후에는 NO_2 와 N_2O_4의 농도가 일정하게 유지된다. 이때 NO_2의 농도에 따라 연한 적갈색이 결정된다.

(나)에서 처음에는 N_2O_4가 NO_2로 되는 반응이 주로 일어나지만 점점 NO_2가 N_2O_4로 되는 반응도 많이 일어나 동적 평형에 도달하게 되고, 동적 평형에 도달한 후에는 N_2O_4와 NO_2의 농도가 일정하게 유지된다. 이때 NO_2의 농도에 따라 연한 적갈색이 결정된다.

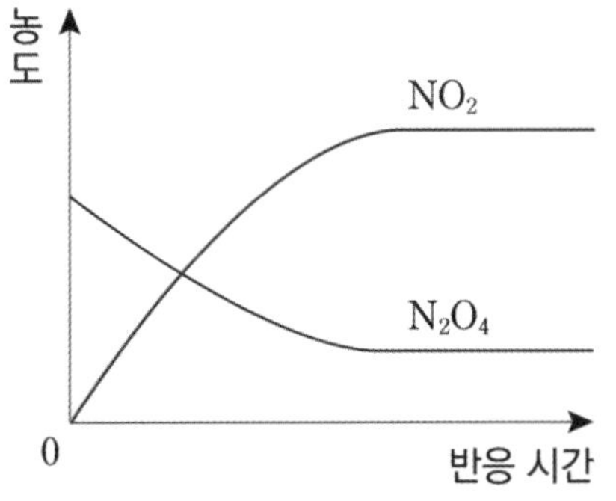

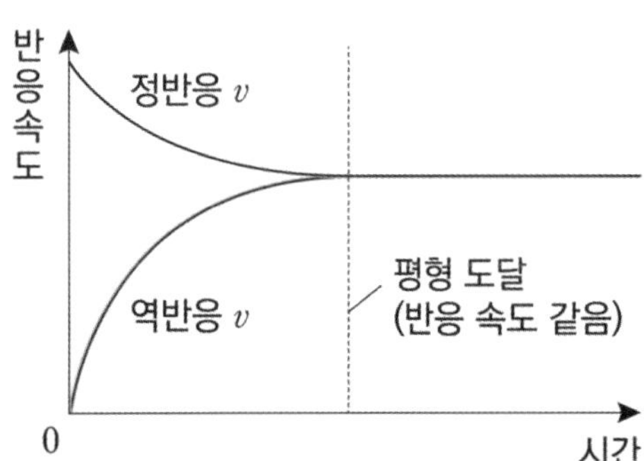

[사산화 이질소의 생성 반응과 분해 반응]

01 22학년도 수능 6번

표는 밀폐된 진공 용기 안에 $H_2O(l)$을 넣은 후 시간에 따른 $H_2O(g)$의 양(mol)을 나타낸 것이다. $0 < t_1 < t_2 < t_3$이고, t_2일 때 $H_2O(l)$과 $H_2O(g)$는 동적 평형 상태에 도달하였다.

시간	t_1	t_2	t_3
$H_2O(g)$의 양(mol)	a	b	

이에 대한 설명으로 옳은 것만을 <보기>에서 있는 대로 고른 것은? (단, 온도는 일정하다.)

<보 기>

ㄱ. $b > a$이다.

ㄴ. $\dfrac{\text{응축 속도}}{\text{증발 속도}}$는 t_2일 때가 t_1일 때보다 크다.

ㄷ. 용기 내 $H_2O(l)$의 양(mol)은 t_2일 때와 t_3일 때가 같다.

02 21학년도 10월 7번

그림은 물에 $X(s)$ $w\,g$을 넣었을 때, 시간에 따른 용해된 X의 질량을 나타낸 것이다. $w > a$이다.

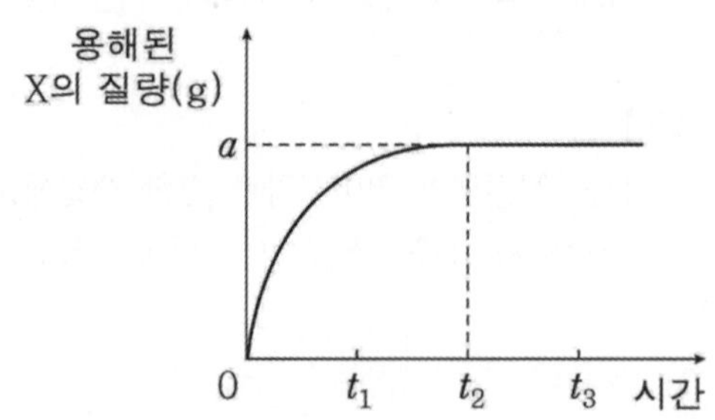

이에 대한 옳은 설명만을 <보기>에서 있는 대로 고른 것은? (단, 온도는 일정하고, X의 용해에 따른 수용액의 부피 변화와 물의 증발은 무시한다.)

<보 기>

ㄱ. X의 석출 속도는 t_1일 때와 t_2일 때가 같다.

ㄴ. $X(aq)$의 몰 농도는 t_3일 때가 t_1일 때보다 크다.

ㄷ. 녹지 않고 남아 있는 $X(s)$의 질량은 t_2일 때가 t_3일 때보다 크다.

03 22학년도 9월 5번

그림은 밀폐된 진공 용기 안에 $H_2O(l)$을 넣은 후 시간에 따른 $\dfrac{H_2O(l)\text{의 양}(mol)}{H_2O(g)\text{의 양}(mol)}$을 나타낸 것이다. 시간이 t_2일 때 $H_2O(l)$과 $H_2O(g)$는 동적 평형 상태에 도달하였다.

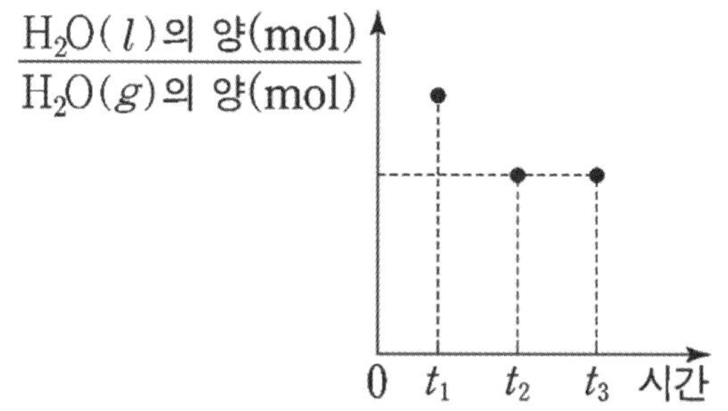

이에 대한 설명으로 옳은 것만을 <보기>에서 있는 대로 고른 것은? (단, 온도는 일정하다.)

<보 기>

ㄱ. H_2O의 상변화는 가역 반응이다.

ㄴ. t_1일 때 $\dfrac{H_2O(l)\text{의 증발 속도}}{H_2O(g)\text{의 증발 속도}}=1$이다.

ㄷ. $\dfrac{t_3\text{일 때 }H_2O(g)\text{의 양}(mol)}{t_2\text{일 대 }H_2O(g)\text{의 양}(mol)}<1$이다.

---

04 21학년도 7월 9번

그림은 밀폐된 진공 용기 안에 $X(l)$를 넣은 후 X의 증발과 응축이 일어날 때, 시간 t_1, t_2, t_3에서의 물질의 양(mol)을 나타낸 것이다. $0 < t_1 < t_2 < t_3$이고 t_3일 때 동적 평형 상태이다. A와 B는 각각 $X(l)$와 $X(g)$ 중 하나이다.

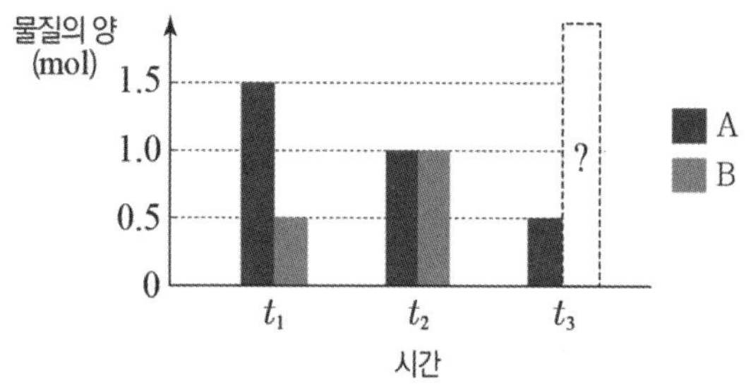

이에 대한 설명으로 옳은 것만을 <보기>에서 있는 대로 고른 것은? (단, 온도는 일정하다.)

<보 기>

ㄱ. A는 $X(l)$이다.

ㄴ. t_2에서 $\dfrac{\text{응축 속도}}{\text{증발 속도}}=1$이다.

ㄷ. t_3에서 B의 양은 0.5mol이다.

---

05 22학년도 6월 5번

표는 밀폐된 진공 용기 안에 $H_2O(l)$을 넣은 후 시간에 따른 $H_2O(l)$과 $H_2O(g)$의 양에 대한 자료이다. $0 < t_1 < t_2 < t_3$이고, t_2일 때 $H_2O(l)$과 $H_2O(g)$는 동적 평형 상태에 도달하였다.

시간	t_1	t_2	t_3
$H_2O(l)$의 양(mol)	a	b	b
$H_2O(g)$의 양(mol)	c	d	

이에 대한 설명으로 옳은 것만을 <보기>에서 있는 대로 고른 것은? (단, 온도는 일정하다.)

<보 기>

ㄱ. t_1일 때 $\dfrac{\text{응축 속도}}{\text{증발 속도}} < 1$이다.

ㄴ. t_3일 때 $H_2O(l)$이 $H_2O(g)$가 되는 반응은 일어나지 않는다.

ㄷ. $\dfrac{a}{c} = \dfrac{b}{d}$이다.

06 21학년도 4월 11번

그림 (가)는 설탕 수용액이 용해 평형에 도달한 모습을, (나)는 (가)의 수용액에 설탕을 추가로 넣은 모습을, (다)는 (나)의 수용액이 충분한 시간이 흐른 후의 모습을 나타낸 것이다.

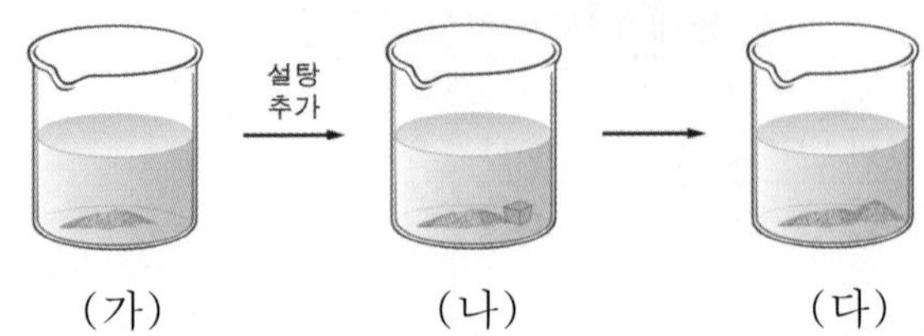

이에 대한 설명으로 옳은 것만을 <보기>에서 있는 대로 고른 것은? (단, 온도는 일정하고, 물의 증발은 무시한다.)

<보 기>

ㄱ. (나)에서 설탕은 용해되지 않는다.

ㄴ. $\dfrac{\text{설탕의 용해 속도}}{\text{설탕의 석출 속도}}$는 (가)에서와 (다)에서가 같다.

ㄷ. 수용액에 녹아 있는 설탕의 질량은 (다)에서가 (나)에서보다 크다.

그림은 밀폐된 진공 용기에 X(l)를 넣은 후 X(g)의 응축 속도를 시간에 따라 나타낸 것이다. 온도는 일정하고, t_2에서 X(l)와 X(g)는 동적 평형을 이루고 있다.

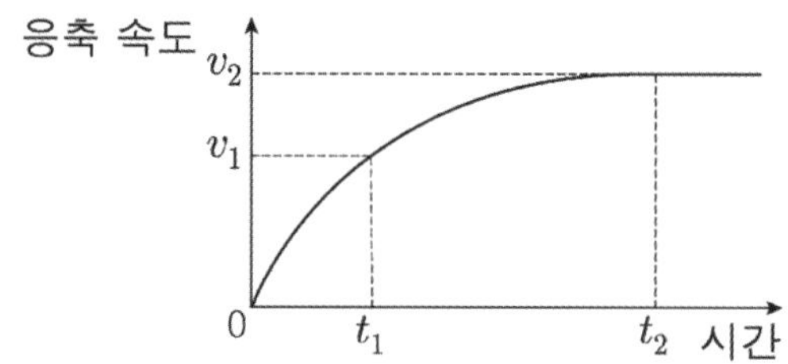

이에 대한 옳은 설명만을 <보기>에서 있는 대로 고른 것은?

───── <보 기> ─────

ㄱ. t_1에서 X(l)의 증발 속도는 v_1보다 크다.

ㄴ. t_2에서 X(l)의 증발이 일어나지 않는다.

ㄷ. X(g)의 양(mol)은 t_2에서가 t_1에서보다 크다.

표는 밀폐된 진공 용기 안에 X(l)를 넣은 후 시간에 따른 X의 $\dfrac{\text{응축 속도}}{\text{증발 속도}}$와 $\dfrac{\text{X(g)의 양 (mol)}}{\text{X(l)의 양 (mol)}}$에 대한 자료이다. $0 < t_1 < t_2 < t_3$이고, $c > 1$이다.

시간	t_1	t_2	t_3
$\dfrac{\text{응축 속도}}{\text{증발 속도}}$	a	b	1
$\dfrac{\text{X(g)의 양(mol)}}{\text{X(l)의 양(mol)}}$		1	c

이에 대한 설명으로 옳은 것만을 <보기>에서 있는 대로 고른 것은? (단, 온도는 일정하다.)

───── <보 기> ─────

ㄱ. $a < 1$이다.

ㄴ. $b = 1$이다.

ㄷ. t_2일 때, X(l)와 X(g)는 동적 평형을 이루고 있다.

09 21학년도 9월 11번

다음은 설탕의 용해에 대한 실험이다.

[실험 과정]

(가) 25℃의 물이 담긴 비커에 충분한 양의
    설탕을 넣고 유리 막대로 저어준다.

(나) 시간에 따른 비커 속 고체 설탕의 양을
    관찰하고 설탕 수용액의 몰 농도(M)를
    측정한다.

[실험 결과]

시간	t	$4t$	$8t$
관찰 결과			
설탕 수용액의 몰 농도(M)	$\dfrac{2}{3}a$	a	

○ $4t$일 때 설탕 수용액은 용해 평형에 도달하였다.

이에 대한 설명으로 옳은 것만을 <보기>에서
있는 대로 고른 것은? (단, 온도는 25℃로 일정
하고, 물의 증발은 무시한다.)

<보 기>

ㄱ. t일 때 설탕의 석출 속도는 0이다.

ㄴ. $4t$일 때 설탕의 용해 속도는 석출 속도보다
   크다.

ㄷ. 녹지 않고 남아 있는 설탕의 질량은 $4t$일
   때와 $8t$일 때가 같다.

---

10 20학년도 7월 5번

그림은 t℃에서 $H_2O(l)$이 들어 있는 밀폐 용기
에 $NaCl(s)$을 녹인 후 충분한 시간이 지난 상태를
나타낸 것이다.

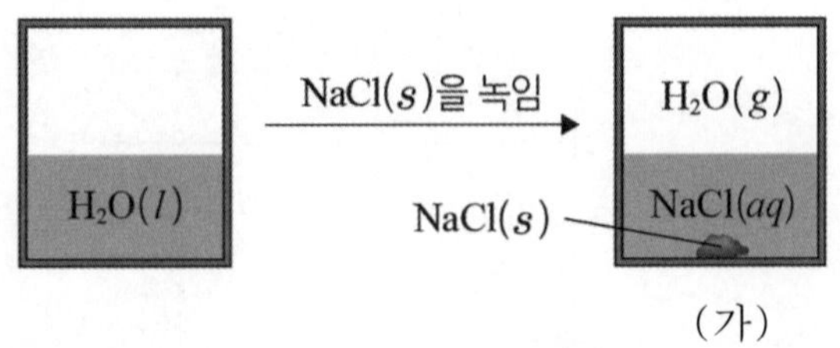

(가)에 대한 설명으로 옳은 것만을 <보기>에서
있는 대로 고른 것은? (단, 온도는 일정하다.)

<보 기>

ㄱ. $H_2O(g)$ 분자 수는 일정하다.

ㄴ. NaCl의 용해 속도는 석출 속도보다 크다.

ㄷ. 동적 평형 상태이다.

---

11 21학년도 6월 16번

표는 밀폐된 용기 안에 $H_2O(l)$을 넣은 후 시간에
따른 H_2O의 증발 속도와 응축 속도에 대한 자료
이고, $a > b > 0$ 이다. 그림은 시간이 $2t$일 때 용기
안의 상태를 나타낸 것이다.

시간	t	$2t$	$4t$
증발 속도	a	a	a
응축 속도	b	a	x

$H_2O(g)$

$H_2O(l)$

이에 대한 설명으로 옳은 것만을 <보기>에서
있는 대로 고른 것은? (단, 온도는 일정하다.)

─── <보 기> ───

ㄱ. H_2O의 상변화는 가역 반응이다.

ㄴ. 용기 내 $H_2O(l)$의 양(mol)은 t에서와
  $2t$에서가 같다.

ㄷ. $x = 2a$이다.

12 20학년도 3월 3번

다음은 적갈색의 $NO_2(g)$로부터 무색의
$N_2O_4(g)$가 생성되는 반응의 화학 반응식과 이와
관련된 실험이다.

○ 화학 반응식 : $2NO_2(g) \rightleftharpoons N_2O_4(g)$

[실험 과정 및 결과]
플라스크에 $NO_2(g)$를 넣고 마개로 막아 놓았
더니 시간이 지남에 따라 기체의 색이 점점 옅
어졌고, t초 이후에는 색이 변하지 않고 일정
해졌다.

이에 대한 옳은 설명만을 <보기>에서 있는 대로
고른 것은? (단, 온도는 일정하다.)

─── <보 기> ───

ㄱ. 반응 시작 후 t초까지는 전체 기체 분자
  수가 증가한다.

ㄴ. t초 이후에는 $N_2O_4(g)$의 분자 수가
  변하지 않는다.

ㄷ. t초 이후에는 정반응이 일어나지 않는다.

13 22학년도 3월 2번

표는 밀폐된 진공 용기에 $C_2H_5OH(l)$을 넣은 후 시간에 따른 $C_2H_5OH(g)$의 양(mol)을 나타낸 것이다. t_2일 때 동적 평형 상태에 도달하였고, 이때 $\dfrac{C_2H_5OH(g)의\ 양(mol)}{C_2H_5OH(l)의\ 양(mol)} = x$ 이다.

시간	t_1	t_2	t_3
$C_2H_5OH(g)$의 양(mol)	a	b	b

이에 대한 옳은 설명만을 <보기>에서 있는 대로 고른 것은?

(단, 온도는 일정하고, $0<t_1<t_2<t_3$이다.)

<보 기>

ㄱ. $b>a$이다.

ㄴ. t_1일 때 $\dfrac{C_2H_5OH(g)의\ 응축속도}{C_2H_5OH(l)의\ 증발속도} < 1$ 이다.

ㄷ. t_3일 때 $\dfrac{C_2H_5OH(g)의\ 양(mol)}{C_2H_5OH(l)의\ 양(mol)} > x$ 이다.

① ㄱ 　② ㄷ 　③ ㄱ, ㄴ
④ ㄴ, ㄷ 　⑤ ㄱ, ㄴ, ㄷ

14 22학년도 4월 15번

그림은 밀폐된 진공 용기 안에 $H_2O(l)$을 넣은 모습을 나타낸 것이다. 시간이 t일 때 $H_2O(l)$과 $H_2O(g)$는 동적 평형 상태에 도달하였다.

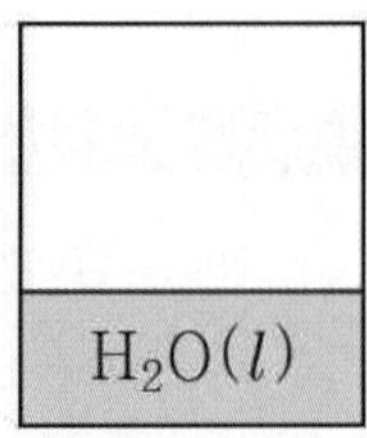

다음 중 시간에 따른 용기 속 $\dfrac{H_2O(g)의\ 질량}{H_2O(l)의\ 질량}(\alpha)$을 나타낸 것으로 가장 적절한 것은? (단, 온도는 일정하다.)

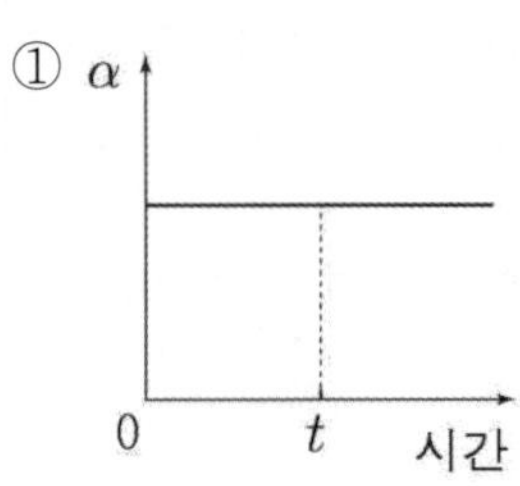

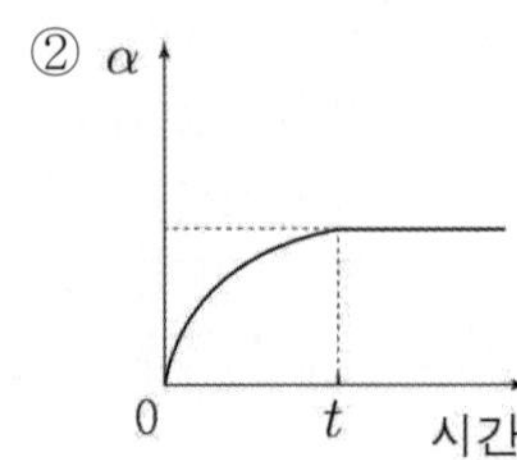

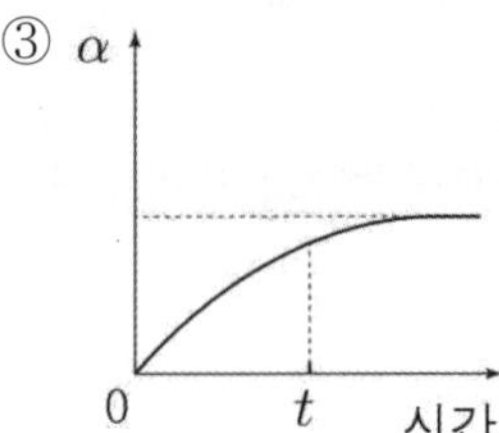

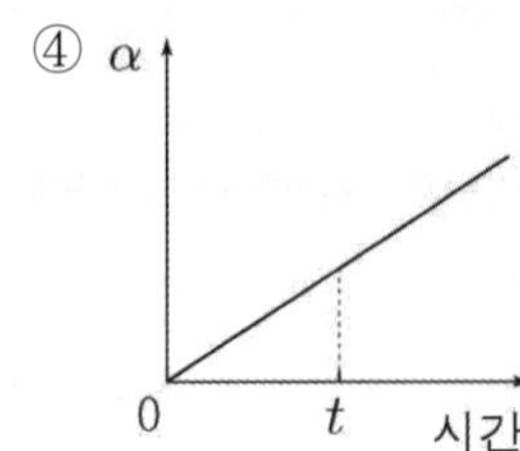

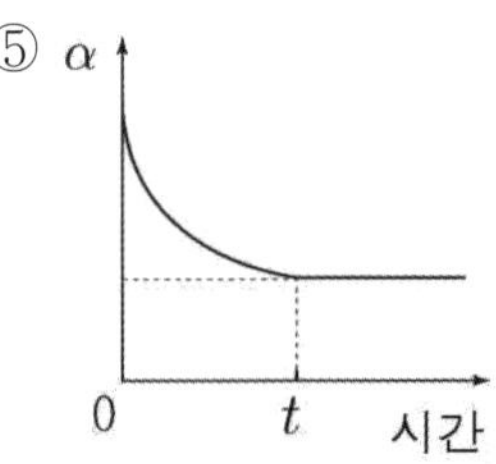

15 23학년도 6월 6번

표는 크기가 다른 두 밀폐된 진공 용기 (가)와 (나)에 각각 X(l)를 넣은 후 시간에 따른 $\dfrac{\text{X}(l)\text{의 양(mol)}}{\text{X}(g)\text{의 양(mol)}}$ 을 나타낸 것이다. (가)에서는 $2t$일 때, (나)에서는 $3t$일 때 X(l)와 X(g)는 동적 평형 상태에 도달하였다.

시간		t	$2t$	$3t$	$4t$
$\dfrac{\text{X}(l)\text{의 양(mol)}}{\text{X}(g)\text{의 양(mol)}}$ (상댓값)	(가)	a		1	
	(나)			b	c

이에 대한 설명으로 옳은 것만을 <보기>에서 있는 대로 고른 것은? (단, 온도는 일정하다.)

─── <보 기> ───

ㄱ. $a>1$이다.

ㄴ. $b>c$이다.

ㄷ. $2t$일 때, X의 $\dfrac{\text{응축 속도}}{\text{증발 속도}}$ 는 (나)에서가 (가)에서보다 크다.

① ㄱ ② ㄴ ③ ㄷ
④ ㄱ, ㄷ ⑤ ㄴ, ㄷ

16 22학년도 7월 13번

다음은 학생 A가 동적 평형을 학습한 후 수행한 탐구 활동이다.

[가설]

○ 밀폐된 진공 용기 안에 $H_2O(l)$을 넣으면, 일정한 시간이 지난 후 $H_2O(l)$과 $H_2O(g)$는 동적 평형에 도달한다.

[탐구 과정]

○ 밀폐된 진공 용기 안에 $H_2O(l)$을 넣은 후, 시간에 따른 $H_2O(l)$의 양(mol)을 구하고 증발 속도와 응축 속도를 비교하여 동적 평형에 도달하였는지 확인한다.

[탐구 결과]

시간	t_1	t_2	t_3
$H_2O(l)$의 양(mol)	$1.5n$	$1.2n$	

○ $0 < t_1 < t_2 < t_3$이다.

○ t_2일 때 $\dfrac{\text{응축 속도}}{\text{증발 속도}} = 1$이다.

[결론]

○ 가설은 옳다.

학생 A의 결론이 타당할 때, 이에 대한 설명으로 옳은 것만을 <보기>에서 있는 대로 고른 것은? (단, 온도는 일정하다.)

─── <보 기> ───

ㄱ. t_1일 때 증발 속도는 응축 속도보다 크다.

ㄴ. t_2일 때 용기 내에서 $H_2O(l)$과 $H_2O(g)$는 동적 평형을 이루고 있다.

ㄷ. t_3일 때 용기 내 $H_2O(l)$의 양은 $1.2n\,\text{mol}$ 보다 작다.

① ㄱ ② ㄷ ③ ㄱ, ㄴ
④ ㄴ, ㄷ ⑤ ㄱ, ㄴ, ㄷ

17 23학년도 9월 7번

표는 밀폐된 진공 용기에 $H_2O(l)$을 넣은 후 시간에 따른 $\dfrac{B}{A}$를 나타낸 것이다. A와 B는 각각 H_2O의 증발 속도와 응축 속도 중 하나이고, t_2일 때 $H_2O(l)$과 $H_2O(g)$는 동적 평형 상태에 도달하였다. $x > y$이고, $0 < t_1 < t_2 < t_3$이다.

시간	t_1	t_2	t_3
$\dfrac{B}{A}$	x	y	z

이에 대한 설명으로 옳은 것만을 <보기>에서 있는 대로 고른 것은? (단, 온도는 일정하다.)

<보 기>

ㄱ. $x > 1$이다.
ㄴ. B는 H_2O의 응축 속도이다.
ㄷ. $y = z$ 이다.

① ㄱ　　　　② ㄴ　　　　③ ㄱ, ㄷ
④ ㄴ, ㄷ　　⑤ ㄱ, ㄴ, ㄷ

18 22학년도 10월 6번

표는 부피가 다른 밀폐된 진공 용기 (가)와 (나)에 각각 같은 양(mol)의 $X(l)$를 넣은 후 시간에 따른 $\dfrac{X(g)의 양(mol)}{X(l)의 양(mol)}$을 나타낸 것이다. $c > b > a$이다.

시간		t	$2t$	$3t$	$4t$
$\dfrac{X(g)의 양(mol)}{X(l)의 양(mol)}$	(가)	a	b	b	
	(나)		b	c	c

이에 대한 옳은 설명만을 <보기>에서 있는 대로 고른 것은? (단, 온도는 일정하다.)

<보 기>

ㄱ. (가)에서 $X(g)$의 양(mol)은 $2t$일 때가 t일 때보다 크다.
ㄴ. $X(l)$와 $X(g)$가 동적 평형에 도달하는 데 걸린 시간은 (나)>(가)이다.
ㄷ. (가)에서 $4t$일 때 $\dfrac{X(g)의 응축 속도}{X(l)의 증발 속도} > 1$ 이다.

① ㄱ　　　　② ㄷ　　　　③ ㄱ, ㄴ
④ ㄴ, ㄷ　　⑤ ㄱ, ㄴ, ㄷ

그림은 온도가 다른 두 밀폐된 진공 용기 (가)와 (나)에 각각 같은 양(mol)의 $H_2O(l)$을 넣은 후 시간에 따른 $\dfrac{H_2O(l)\text{의 양(mol)}}{H_2O(g)\text{의 양(mol)}}$ 을 나타낸 것이다. (가)에서는 t_2일 때, (나)에서는 t_3일 때 $H_2O(l)$과 $H_2O(g)$는 동적 평형 상태에 도달하였다. $0<t_1<t_2<t_3$이다.

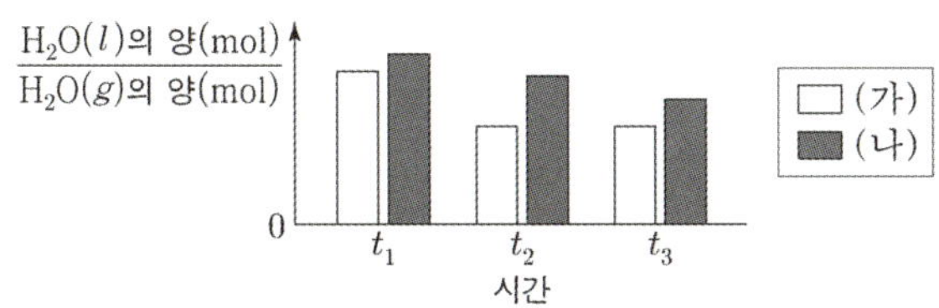

이에 대한 설명으로 옳은 것만을 <보기>에서 있는 대로 고른 것은? (단, 두 용기의 온도는 각각 일정하다.)

───── <보 기> ─────

ㄱ. (가)에서 $H_2O(g)$의 양(mol)은 t_2일 때가 t_1일 때보다 많다.

ㄴ. (나)에서 t_3일 때 $H_2O(g)$가 $H_2O(l)$로 되는 반응은 일어나지 않는다.

ㄷ. t_2일 때 H_2O의 $\dfrac{\text{증발 속도}}{\text{응축 속도}}$ 는 (가)에서가 (나)에서보다 크다.

① ㄱ   ② ㄴ   ③ ㄷ

④ ㄱ, ㄴ   ⑤ ㄱ, ㄷ

표는 25℃에서 밀폐된 진공 용기에 $I_2(s)$을 넣은 후 시간에 따른 $I_2(g)$의 양(mol)에 대한 자료이다. 2t일 때 $I_2(s)$과 $I_2(g)$은 동적 평형 상태에 도달하였고, $b > a > 0$이다. 그림은 2t일 때 용기 안의 상태를 나타낸 것이다.

시간	t	2t	3t
I2(g)의 양(mol)	a	b	x

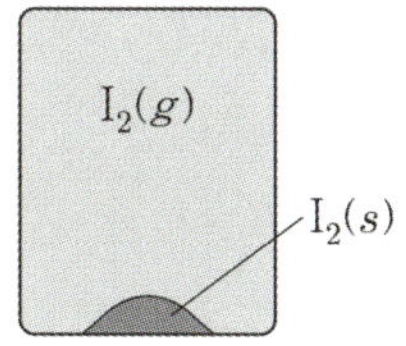

이에 대한 설명으로 옳은 것만을 <보기>에서 있는 대로 고른 것은? (단, 온도는 25℃로 일정하다.)

───── <보 기> ─────

ㄱ. $x > a$ 이다.

ㄴ. t일 때 $I_2(g)$이 $I_2(s)$으로 승화되는 반응은 일어나지 않는다.

ㄷ. 2t일 때 $\dfrac{I_2(s)\text{이 } I_2(g)\text{으로 승화되는 속도}}{I_2(g)\text{이 } I_2(s)\text{으로 승화되는 속도}}=1$ 이다.

① ㄱ   ② ㄴ   ③ ㄱ, ㄷ

④ ㄴ, ㄷ   ⑤ ㄱ, ㄴ, ㄷ

21 24학년도 9월 5번

그림 (가)는 $-70\,^\circ\!C$에서 밀폐된 진공 용기에 드라이아이스($CO_2(s)$)를 넣은 후 시간에 따른 용기 속 ㉠의 양(mol)을, (나)는 t_3일 때 용기 속 상태를 나타낸 것이다. ㉠은 $CO_2(s)$와 $CO_2(g)$ 중 하나이고, t_2일 때 $CO_2(s)$와 $CO_2(g)$는 동적 평형 상태에 도달하였다.

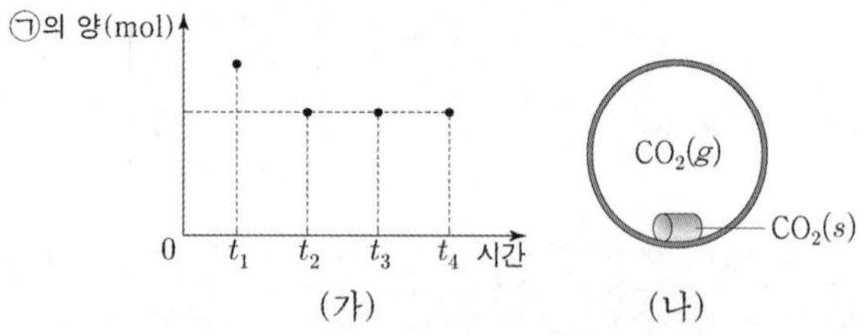

이에 대한 설명으로 옳은 것만을 <보 기>에서 있는 대로 고른 것은? (단, 온도는 일정하다.)

<보 기>

ㄱ. ㉠은 $CO_2(s)$이다.

ㄴ. t_1일 때
$$\dfrac{CO_2(g)가\,CO_2(s)로\,승화되는\,속도}{CO_2(s)가\,CO_2(g)로\,승화되는\,속도}>1\,이다.$$

ㄷ. $CO_2(g)$의 양(mol)은 t_3일 때와 t_4일 때가 같다.

① ㄱ   ② ㄴ   ③ ㄱ, ㄷ
④ ㄴ, ㄷ   ⑤ ㄱ, ㄴ, ㄷ

22 24학년도 수능 4번

다음은 학생 A가 수행한 탐구 활동이다.

[학습 내용]
○ 이산화 탄소(CO_2)의 상변화에 따른 동적 평형 : $CO_2(s) \rightleftharpoons CO_2(g)$

[가설]
○ 밀폐된 용기에서 드라이아이스($CO_2(s)$)와 $CO_2(g)$가 동적 평형 상태에 도달하면

㉠

[탐구 과정]
○ $-70\,^\circ\!C$에서 밀폐된 진공 용기에 $CO_2(s)$를 넣고, 온도를 $-70\,^\circ\!C$로 유지하며 시간에 따른 $CO_2(s)$의 질량을 측정한다.

[탐구 결과]
○ t_2일 때 동적 평형 상태에 도달하였고, 시간에 따른 $CO_2(s)$의 질량은 그림과 같았다.

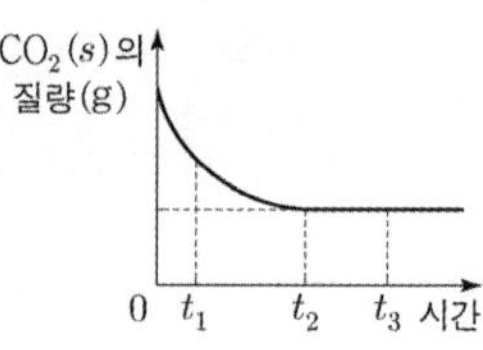

[결론]
○ 가설은 옳다.

학생 A의 결론이 타당할 때, 이에 대한 설명으로 옳은 것만을 <보기>에서 있는 대로 고른 것은?

<보 기>

ㄱ. $CO_2(s)$의 질량이 변하지 않는다.'는 ㉠으로 적절하다.

ㄴ. t_1일 때
$$\dfrac{CO_2(g)가\,CO_2(s)로\,승화되는\,속도}{CO_2(s)가\,CO_2(g)로\,승화되는\,속도}<1\,이다.$$

ㄷ. t_3일 때 $CO_2(s)$가 $CO_2(g)$로 승화되는 반응은 일어나지 않는다.

① ㄱ   ② ㄴ   ③ ㄷ
④ ㄱ, ㄴ   ⑤ ㄱ, ㄷ

▌물의 자동 이온화

물은 대부분 분자 상태로 존재하지만 **매우 적은 양의 물이 이온화하여 동적 평형**을 이룬다.

물의 자동이온화 반응식 : $H_2O(l) + H_2O(l) \leftrightarrow H_3O^+(aq) + OH^-(aq)$

H^+은 수용액에서 물 분자와 배위 공유 결합을 하여 H_3O^+로 존재한다. H^+와 H_3O^+는 이름과 표기 방식이 다를 뿐 수용액에서 같은 물질이다.

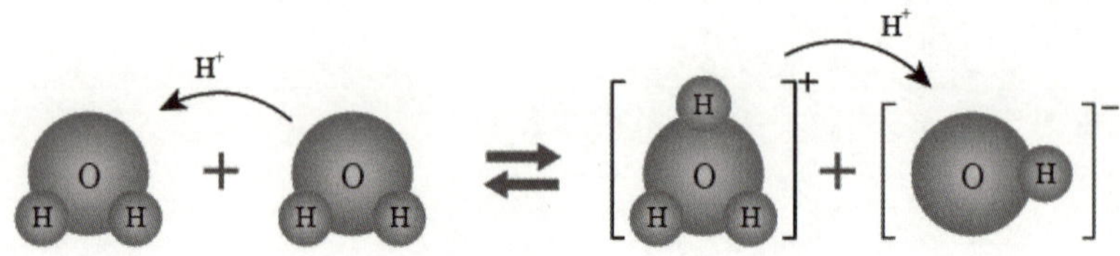

물질의 몰 농도 표현 : 대괄호 [　] 안에 화학식이 적힌 것은 화학식에 해당하는 물질의 몰농도를 뜻한다.
ex) $[OH^-]$: OH^-의 몰농도

물의 이온화 상수(K_w) : 물의 자동 이온화 반응에서 생성된 H_3O^+와 OH^-의 몰 농도 곱을 물의 이온화 상수라고 한다.

$$K_w = [H_3O^+][OH^-] = 1.0 \times 10^{-14}$$

물의 자동 이온화 반응은 가역 반응으로서 정반응 속도와 역반응 속도가 같은 동적 평형 상태를 이루므로 일정한 온도에서 $[H_3O^+]$ 와 $[OH^-]$ 는 일정한 값을 갖고 $[H_3O^+]$ 와 $[OH^-]$ 의 곱인 물의 이온화 상수도 일정한 값을 갖는다.

25℃에서 $K_w = 1.0 \times 10^{-14}$이고, 순수한 물에서 $[H_3O^+]$ = $[OH^-]$ 이므로 $[H_3O^+]$ = $[OH^-]$ = $1.0 \times 10^{-7} M$ 이다.

❙ 수소 이온 농도 지수(pH)

1. pH의 도입 과정

산의 세기는 수용액 속 H_3O^+의 농도로, 염기의 세기는 수용액 속 OH^-의 농도로 비교할 수 있다. 같은 온도에서 수용액의 종류와 관계없이 H_3O^+와 OH^-의 농도를 곱한 값이 일정하므로 H_3O^+의 농도로 산과 염기의 세기를 모두 비교할 수는 있다. 하지만 H_3O^+의 농도는 매우 작아 실제 값을 그대로 사용하기가 불편하다. 그래서 1909년 덴마크의 화학자 쇠렌센은 H_3O^+의 농도를 편리하게 사용하는 방법으로 수소이온 농도 지수(pH)를 도입하였다.

2. pH

pH는 $[H_3O^+]$ 에 상용로그 값에 음의 부호를 붙인 것이다.

$$pH = \log\frac{1}{[H_3O^+]} = -\log[H_3O^+]$$

ex $[H_3O^+] = 1.0 \times 10^{-3} \rightarrow pH = 3$

$[H_3O^+]$가 클수록 pH가 작고, $[H_3O^+]$가 작을수록 pH 가 크다

pH와 마찬가지로 pOH는 $[OH^-]$ 의 상용로그 값에 음의 부호를 붙인 것이다

$pOH = -\log[OH^-]$

25℃에서 $[H_3O^+][OH^-] = 1.0 \times 10^{-14}$이므로 $pH + pOH = 14$이다.

순수한 물이나 모든 수용액은 항상 H_3O^+와 OH^-의 몰 농도 곱이 1.0×10^{-14}으로 일정하고 pH와 pOH의 합은 14이다.

순수한 물이나 중성 수용액은 물의 자동 이온화에 의해 H_3O^+와 OH^-의 몰 농도가 1.0×10^{-7}M로 같으며 **pH와 pOH도 7로 같다**

산성 수용액은 중성 수용액에 비해 $[H_3O^+]$ 가 큰 수용액이다.

따라서 $[H_3O^+] > 1.0 \times 10^{-7}$M이고, $[OH^-] < 1.0 \times 10^{-7}$M이므로 $pH < 7$ 이고, $pOH > 7$이다.

염기성 수용액은 중성 수용액에 비해 $[OH^-]$ 가 큰 수용액이다.

따라서 $[OH^-] > 1.0 \times 10^{-7}$M이고, $[H_3O^+] < 1.0 \times 10^{-7}$M 이므로 $pOH < 7$ 이고, $pH > 7$이다.

액성	농도	pH, pOH
산성	$[H_3O^+] > 1.0 \times 10^{-7}$M	$pH < 7$ 이고, $pOH > 7$이다
중성	$[H_3O^+] = 1.0 \times 10^{-7}$M $= [OH^-]$	$pH = pOH = 7$
염기성	$[OH^-] > 1.0 \times 10^{-7}$M	$pOH < 7$ 이고, $pH > 7$

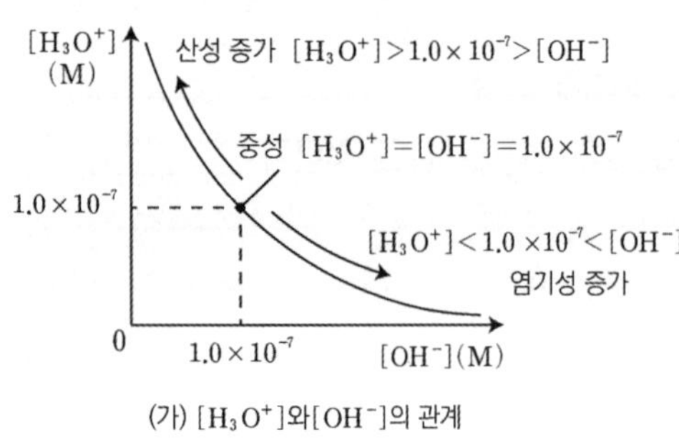

(가) $[H_3O^+]$와 $[OH^-]$의 관계

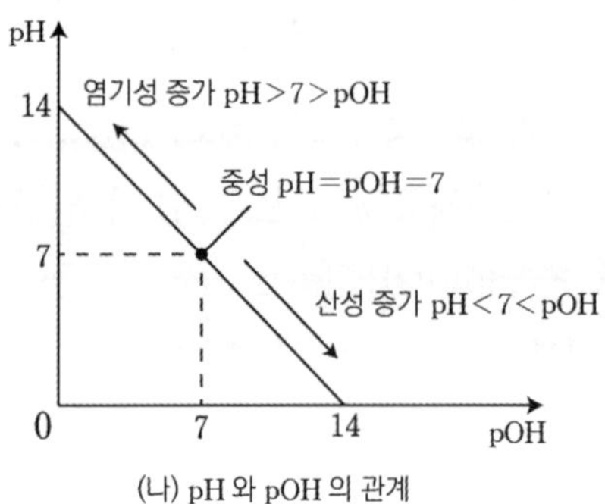

(나) pH 와 pOH 의 관계

4. 우리 주변 생활 속 물질의 pH

우리 몸속의 위액, 레몬, 커피 등은 pH가 7보다 작은 산성 물질이고, 베이킹 소다, 비누, 제산제 등은 pOH가 7보다 작은 염기성을 띤다.

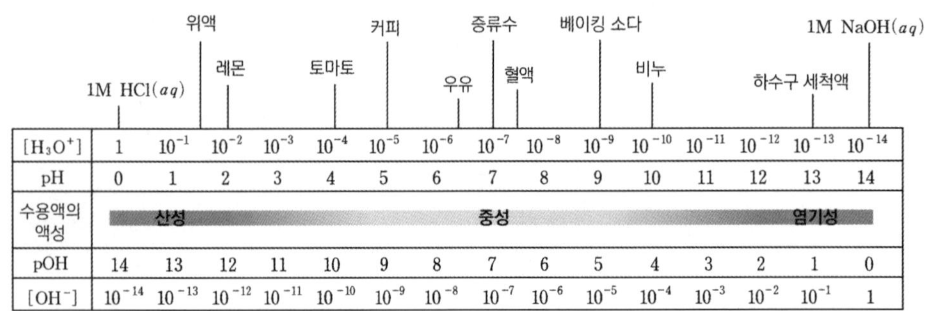

$[H_3O^+]$	1	10^{-1}	10^{-2}	10^{-3}	10^{-4}	10^{-5}	10^{-6}	10^{-7}	10^{-8}	10^{-9}	10^{-10}	10^{-11}	10^{-12}	10^{-13}	10^{-14}
pH	0	1	2	3	4	5	6	7	8	9	10	11	12	13	14
수용액의 액성	산성							중성						염기성	
pOH	14	13	12	11	10	9	8	7	6	5	4	3	2	1	0
$[OH^-]$	10^{-14}	10^{-13}	10^{-12}	10^{-11}	10^{-10}	10^{-9}	10^{-8}	10^{-7}	10^{-6}	10^{-5}	10^{-4}	10^{-3}	10^{-2}	10^{-1}	1

해당 준킬러는 기본적인 논리에다가 어느정도 적용 연습만 한다면 크게 문제될 부분이 없다.
$[H_3O^+][OH^-] = 1.0 \times 10^{-14}$, $pH + pOH = 14$ 위 두가지 식만 안다면 해당 준킬러에서 풀지 못할 문제는 없다. 그러나 자주 출제되는 형태들이 있기에 이들을 눈여겨 둔다면 도움이 될 것이다.

ex $[H_3O^+] : [OH^-] = 10^6 : 1$

sol1 $10^6 \times [OH^-] = [H_3O^+]$와 $[H_3O^+][OH^-] = 1.0 \times 10^{-14}$를 연립하여
$[H_3O^+] = 1.0 \times 10^{-4}$, $[OH^-] = 1.0 \times 10^{-10}$ 임을 구할 수 있다.

sol2 $[H_3O^+] : [OH^-] = 1 : 1$일 때가 각각 $pH = 7$, $pOH = 7$일 때이므로 이를 기준으로 한다면,
$10^6 : 1$은 서로 $pH = pOH = 7$을 기준으로 3칸씩 떨어져있다라고 생각할 수 있고
$[H_3O^+]$가 $[OH^-]$보다 크므로 pH는 산성이 커지는 쪽으로 3만큼 이동,
pOH는 염기성이 작아지는 쪽으로 3만큼 이동한다고 생각하면 된다.

* 당연히 $sol1, sol2$ 모두 할줄 알아야 하지만 실제 실전에서 $sol1$ 뿐만 아니라 $sol2$를 활용하여 빠르게 사고할 수 있는 상황이 많이 발생하므로 기억해두자!

* pH, pOH 관련 준킬러에서 조심해야 할점이, 일반적으로 몇몇의 학생이 pH나 pOH의 값이 반드시 정수로 출제될 것이라는 오해를 하는 경우가 있는데, 가장 최근에 치루어진 수능인 2022수능과 2022 9월 평가원에서 이미 pH와 pOH가 정수가 아닌 소수로 출제한 기출이 존재하기 때문에 절대 섣부르게 단정하면 안되며 논리적 유기성을 통해 문제를 해결하기 바랍니다.

* chapter3에서 이미 언급한 부분이긴 하지만, 위 단원 역시 부피에 관한 계산이 출제되므로 mL, L간의 단위를 맞추어 주는 과정을 반드시 고려하셔야 합니다. 저의 경우에는 L로 조건이 주어질 경우에는 해당 값을 그래도 쓰고, mL로 조건이 주어질 경우 뒤에 '10^{-3}'을 곱해서 L로 맞추어 주어야 겠다' 라는 생각을 항상 염두해둡니다.

(1) 희석 시 pH의 변화

희석 시에는 무조건 부피 10배당, pH7(중성)쪽으로 한 칸 씩 이동한다고 생각하는게 좋다.

강한 산, 강한 염기를 조금씩 묽힌다고 받아들이면 되는데, 예를 들어 $pH = 1$인 수용액 10mL에 물을 첨가하여 100mL로 희석시킨다고 가정하면, 부피가 10배 늘어 났으므로, pH 역시 7 방향으로 1만큼 다가가서 $pH = 2$가 된다.

동일한 수용액 10mL를 1000mL로 희석시키면 부피가 100배이므로 pH7 방향으로 두 칸 이동하여 $pH = 3$이 된다.

단, 위 방법을 사용할 시에 pH7을 넘어서 이동하는 것은 불가능하다.

예를 들어 pH6인 수용액의 부피를 100배 하였다고 해도 pH가 8이 되지는 않는다.

10배 100배 등 10^n배 희석하는 것이 아니라 2배, 3배 희석 할 때의 경우도 생각해보자.

부피를 x배로 희석시켰다고 하면 해당 수용액 내에 들어 있는 몰수는 변화가 없다.

하지만 몰농도 $= \dfrac{\text{몰 수}}{\text{부피}}$임을 통하여 몰농도는 $\dfrac{1}{x}$배 됨을 알 수 있다.

예를 들어, 0.5M NaOH 100mL에 물 150mL를 혼합하여 yM NaOH를 만들었을 때의 y 값을 구해보자. (단, 부피를 혼합했을 때의 부피값은 유지된다.)

$\rightarrow$ 수용액의 총 부피가 100mL에서 250mL로 $\dfrac{5}{2}$배 되었으므로

몰농도는 그 값의 역수인 $\dfrac{2}{5}$배 되어서 0.2M이 된다. $y = 0.2$

물의 자동화와 pH 관련 준킬러에서 아직까지는 기출에서 1가 산,염기만을 이용하였지만, 출제된 기출문제가 쌓이고 나중에 평가원에서 신유형을 개발하려고 할 때, 2가를 이용한 산, 염기 문제도 충분히 출제될 수 있기 때문에 이를 염두해두는 것을 추천드립니다.

위 단원의 pH, $[H_3O^+]$를 사용하는 유형에서 양적인 계산이 최근 자주 출제되고 있으므로 정확한 계산 능력을 끌어올리면서 실수를 줄이는 연습이 필수적입니다.

01 22학년도 수능 12번

표는 수용액 (가)와 (나)에 대한 자료이다. (가)와 (나)는 각각 $NaOH(aq)$과 $HCl(aq)$ 중 하나이다.

수용액	(가)	(나)
몰 농도(M)	a	$\frac{1}{10}a$
pH	$2x$	x

이에 대한 설명으로 옳은 것만을 <보기>에서 있는 대로 고른 것은? (단, 온도는 25℃로 일정하며, 25℃에서 물의 이온화 상수(K_w)는 1×10^{-14}이다.)

─────── <보 기> ───────

ㄱ. (나)는 $HCl(aq)$이다.

ㄴ. $x = 4.0$이다.

ㄷ. $10a\,M\ NaOH(aq)$에서 $\dfrac{[Na^+]}{[H_3O^+]} = 1 \times 10^8$ 이다.

02 21학년도 10월 16번

표는 25℃에서 수용액 (가)와 (나)에 대한 자료이다. (가)와 (나)는 각각 $HCl(aq)$, $NaOH(aq)$ 중 하나이다.

수용액	몰 농도(M)	pOH	부피(mL)
(가)	a	x	V
(나)	$100a$	$3x$	$2V$

이에 대한 설명으로 옳은 것만을 <보기>에서 있는 대로 고른 것은? (단, 25℃에서 물의 이온화 상수(K_w)는 1×10^{-14}이다.)

─────── <보 기> ───────

ㄱ. (가)는 $HCl(aq)$이다.

ㄴ. pH는 (가)가 (나)의 5배이다.

ㄷ. $\dfrac{\text{(나)에서 } OH^- \text{의 양 (mol)}}{\text{(가)에서 } H_3O^+ \text{의 양 (mol)}} = \dfrac{1}{200}$ 이다.

03 22학년도 9월 13번

표는 25℃에서 수용액 (가)~(다)에 대한 자료
이다.

수용액	(가)	(나)	(다)
$\dfrac{[\mathrm{H_3O^+}]}{[\mathrm{OH^-}]}$	$\dfrac{1}{10}$	100	1
부피		V	$100\,V$

이에 대한 설명으로 옳은 것만을 <보기>에서
있는 대로 고른 것은? (단, 25℃에서 물의 이온
화 상수(K_w)는 1×10^{-14}이다.)

<보 기>

ㄱ. (나)에서 $[\mathrm{OH^-}] < 1.0\times10^{-7}\,\mathrm{M}$ 이다.

ㄴ. $\dfrac{\text{(가)에서 }[\mathrm{H_3O^+}]}{\text{(나)에서 }[\mathrm{H_3O^+}]} = \dfrac{1}{1000}$ 이다.

ㄷ. $\dfrac{\text{(나)에서 }\mathrm{H_3O^+}\text{의 양 (mol)}}{\text{(다)에서 }\mathrm{H_3O^+}\text{의 양 (mol)}} = \dfrac{1}{10}$ 이다.

04 21학년도 7월 14번

표는 25℃에서 수용액 (가)와 (나)에 대한 자료
이다. (가)와 (나)의 액성은 각각 산성, 염기성 중
하나이며, $\dfrac{\text{(가)의 pH}}{\text{(나)의 pH}} < 1$이다.

수용액	(가)	(나)
$|\mathrm{pH}-\mathrm{pOH}|$	4	2
부피(mL)	100	500

이에 대한 설명으로 옳은 것만을 <보기>에서
있는 대로 고른 것은? (단, 25℃에서 물의 이온
화 상수(K_w)는 1×10^{-14}이다.)

<보 기>

ㄱ. (가)는 산성이다.

ㄴ. $\mathrm{H_3O^+}$의 양(mol)은 (가)가 (나)의 200배
이다.

ㄷ. $[\mathrm{OH^-}]$는 (가) : (나)$= 1 : 10^2$ 이다.

표는 25℃ 수용액 (가)~(다)에 대한 자료이다.

수용액	pH	$[H_3O^+](M)$	$[OH^-](M)$
(가)	x	$100a$	
(나)	$3x$		a
(다)		b	b

이에 대한 설명으로 옳은 것만을 <보기>에서 있는 대로 고른 것은? (단, 온도는 25℃로 일정하고, 25℃에서 물의 이온화 상수(K_w)는 1×10^{-14}이다.)

───── <보 기> ─────

ㄱ. x는 4이다.

ㄴ. $\dfrac{a}{b} = 100$ 이다.

ㄷ. pH는 (다)>(나)이다.

표는 25℃에서 농도가 서로 다른 HCl(aq) (가)와 (나)에 대한 자료이다. 25℃에서 물의 이온화 상수(K_w)는 1×10^{-14}이다.

HCl(aq)	(가)	(나)
pH	2.0	6.0
H_3O^+의 양(mol)	x	1×10^{-7}
부피(mL)	100	y

이에 대한 설명으로 옳은 것만을 <보기>에서 있는 대로 고른 것은? (단, 온도는 25℃로 일정하고, 혼합 용액의 부피는 혼합 전 각 용액의 부피의 합과 같다.)

───── <보 기> ─────

ㄱ. (가)에서 $[OH^-]=1 \times 10^{-12}M$ 이다.

ㄴ. $x \times y = 0.1$ 이다.

ㄷ. (가)와 (나)를 모두 혼합한 용액의 pH는 4.0이다.

07 21학년도 3월 16번

표는 25℃ 수용액 (가)~(다)에 대한 자료이다.

수용액	(가)	(나)	(다)
pH	$x-2$	x	
pOH		$x+2$	$x-1$
부피(mL)	100	200	200

이에 대한 설명으로 옳은 것만을 <보기>에서 있는 대로 고른 것은? (단, 25℃에서 물의 이온화 상수(K_w)는 1×10^{-14}이다.)

ㄱ. $[\text{H}_3\text{O}^+]>[\text{OH}^-]$인 수용액은 2가지이다.

ㄴ. (다)에서 $[\text{OH}^-]=1\times10^{-5}\text{M}$이다.

ㄷ. H_3O^+의 양(mol)은 (가)가 (나)의 50배이다.

08 21학년도 수능 15번

그림 (가)와 (나)는 수산화 나트륨 수용액($\text{NaOH}(aq)$)과 염산($\text{HCl}(aq)$)을 각각 나타낸 것이다. (가)에서 $\dfrac{[\text{OH}^-]}{[\text{H}_3\text{O}^+]}=1\times10^{12}$이다.

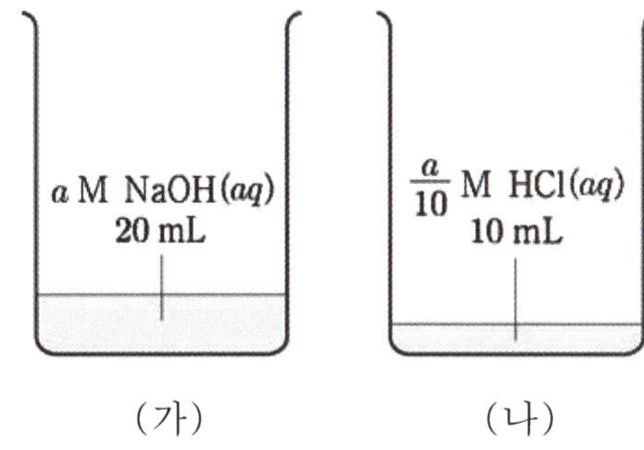

이에 대한 설명으로 옳은 것만을 <보기>에서 있는 대로 고른 것은? (단, 온도는 25℃로 일정하며, 25℃에서 물의 이온화 상수(K_w)는 1×10^{-14}이다.)

ㄱ. $a=0.2$이다.

ㄴ. $\dfrac{(가)의\ \text{pH}}{(나)의\ \text{pH}}>6$이다.

ㄷ. (나)에 물을 넣어 100mL로 만든 $\text{HCl}(aq)$에서 $\dfrac{[\text{Cl}^-]}{[\text{OH}^-]}=1\times10^{10}$이다.

09 20학년도 10월 12번

표는 25℃에서 수용액 (가)~(다)에 대한 자료이다.

수용액	(가)	(나)	(다)
pH	3	5	10
부피(mL)	50	100	200

(가)~(다)에 대한 옳은 설명만을 <보기>에서 있는 대로 고른 것은? (단, 25℃에서 물의 이온화 상수(K_w)는 1×10^{-14}이다.)

───── <보 기> ─────

ㄱ. 산성 수용액은 2가지이다.

ㄴ. (다)에서 $[OH^-] = 1 \times 10^{-4}M$ 이다.

ㄷ. H_3O^+의 양(mol)은 (가)가 (나)의 50배이다.

10 21학년도 9월 14번

표는 25℃에서 3가지 수용액 (가)~(다)에 대한 자료이다.

수용액	(가)	(나)	(다)
$[H_3O^+]:[OH^-]$	$1 : 10^2$	$1 : 1$	$10^2 : 1$

이에 대한 설명으로 옳은 것만을 <보기>에서 있는 대로 고른 것은? (단, 온도는 25℃로 일정하고, 25℃에서 물의 이온화 상수(K_w)는 1×10^{-14}이다.)

───── <보 기> ─────

ㄱ. (나)는 중성이다.

ㄴ. (다)의 pH는 5.0이다.

ㄷ. $[OH^-]$는 (가) : (다) = $10^4 : 1$ 이다.

11 20학년도 7월 12번

다음은 25℃에서 수용액의 액성에 대한 탐구 활동이다.

[탐구 활동]

(가) 수용액 X~Z의 pH 또는 pOH를 구한 뒤, 그 값을 비커에 표시한다.

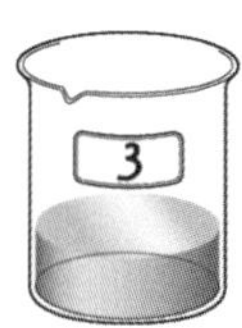 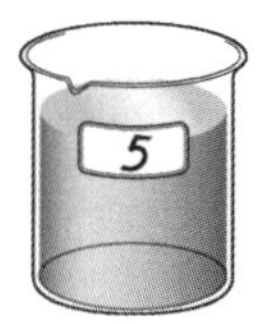 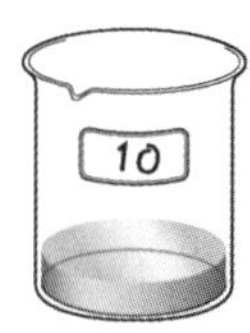

X 200mL   Y 500mL   Z 100mL

(나) 지시약으로 수용액 X~Z의 액성을 확인한다.

수용액	X	Y	Z
액성	산성	염기성	산성

이에 대한 설명으로 옳은 것만을 <보기>에서 있는 대로 고른 것은? (단, 25℃에서 물의 이온화 상수(K_w)는 1×10^{-14}이다.)

──── <보 기> ────

ㄱ. (가)에서 pH로 표시된 수용액은 1가지이다.

ㄴ. H_3O^+의 몰 농도는 X가 Y의 100배이다.

ㄷ. H_3O^+의 양(몰)은 X가 Z의 10배이다.

12 21학년도 6월 14번

그림 (가)~(다)는 물($H_2O(l)$), 수산화 나트륨 수용액($NaOH(aq)$), 염산($HCl(aq)$)을 각각 나타낸 것이다.

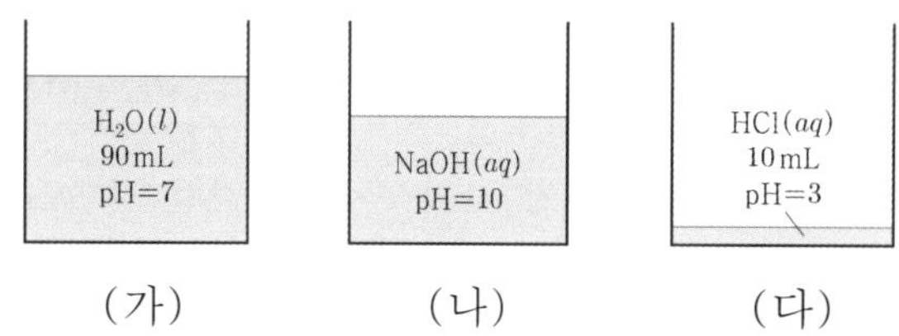

(가)   (나)   (다)

이에 대한 설명으로 옳은 것만을 <보기>에서 있는 대로 고른 것은? (단, 혼합 용액의 부피는 혼합 전 물 또는 용액의 부피의 합과 같고, 물과 용액의 온도는 25℃로 일정하며, 25℃에서 물의 이온화 상수(K_w)는 1×10^{-14}이다.)

──── <보 기> ────

ㄱ. (가)에서 $[H_3O^+]=[OH^-]$이다.

ㄴ. (나)에서 $[OH^-]=1 \times 10^{-4}\,M$이다.

ㄷ. (가)와 (다)를 모두 혼합한 수용액의 pH = 5이다.

표는 25℃에서 수용액 (가), (나)의 H_3O^+의 몰 농도를 나타낸 것이다.

수용액	(가)	(나)
$[H_3O^+]$	1.0×10^{-5} M	1.0×10^{-9} M

25℃에서 (나)가 (가)보다 큰 값을 갖는 것만을 <보기>에서 있는 대로 고른 것은?

─── <보 기> ───

ㄱ. 물의 이온화 상수(K_w)

ㄴ. 수소 이온 농도 지수(pH)

ㄷ. OH^-의 몰 농도($[OH^-]$)

표는 25℃에서 3가지 수용액에 대한 자료이다.

수용액	(가)	(나)	(다)
pH	4	5	8
부피(mL)	100	500	500

(가)~(다)에 대한 옳은 설명만을 <보기>에서 있는 대로 고른 것은? (단, 25℃에서 H_2O의 이온화 상수(K_w)는 1×10^{-14}이다.)

─── <보 기> ───

ㄱ. 산성 수용액은 2가지이다.

ㄴ. 수용액 속 H_3O^+의 양(mol)은 (가)가 (나)의 10배이다.

ㄷ. (다)에서 $\dfrac{[OH^-]}{[H_3O^+]} = 100$이다.

그림 (가)와 (나)는 각각 HCl(aq), NaOH(aq)을 나타낸 것이다.

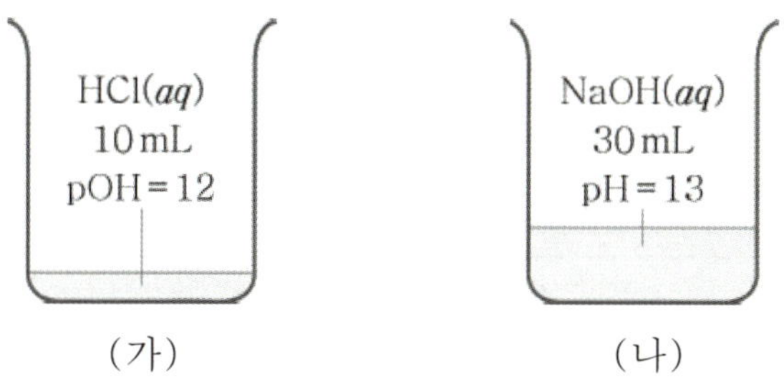

이에 대한 옳은 설명만을 <보기>에서 있는 대로 고른 것은? (단, 온도는 25℃로 일정하고, 25℃에서 물의 이온화 상수(K_w)는 1×10^{-14}이다.)

———— <보 기> ————

ㄱ. (가)의 [H_3O^+]=0.01M이다.

ㄴ. (나)에 들어 있는 OH^-의 양은 0.003mol이다.

ㄷ. (가)에 물을 넣어 100mL로 만든 HCl(aq)의 pH=4이다.

① ㄱ   ② ㄷ   ③ ㄱ, ㄴ

④ ㄴ, ㄷ   ⑤ ㄱ, ㄴ, ㄷ

표는 25℃에서 수용액 (가), (나)에 대한 자료이다. 25℃에서 물의 이온화 상수(K_w)는 1×10^{-14}이다.

수용액	$\dfrac{[OH^-]}{[H_3O^+]}$	pH	부피(mL)
(가)	10^{-6}	x	y
(나)	y	$2x$	1000

25℃에서 이에 대한 설명으로 옳은 것만을 <보기>에서 있는 대로 고른 것은?

———— <보 기> ————

ㄱ. x는 6이다.

ㄴ. y는 100이다.

ㄷ. H_3O^+의 양(mol)은 (가)가 (나)의 1000배이다.

① ㄱ   ② ㄴ   ③ ㄱ, ㄷ

④ ㄴ, ㄷ   ⑤ ㄱ, ㄴ, ㄷ

17 23학년도 6월 16번

표는 25℃의 물질 (가)~(다)에 대한 자료이다. (가)~(다)는 각각 $HCl(aq)$, $H_2O(l)$, $NaOH(aq)$ 중 하나이고, $pH = -\log[H_3O^+]$, $pOH = -\log[OH^-]$ 이다.

물질	(가)	(나)	(다)
$\dfrac{pH}{pOH}$	1	$\dfrac{1}{6}$	$\dfrac{5}{2}$
부피(mL)	100	200	400

이에 대한 설명으로 옳은 것만을 <보기>에서 있는 대로 고른 것은? (단, 온도는 25℃로 일정하고, 25℃에서 물의 이온화 상수(K_w)는 1×10^{-14}이며, 혼합 용액의 부피는 혼합 전 물 또는 용액의 부피의 합과 같다.)

<보 기>

ㄱ. (가)는 $HCl(aq)$이다.

ㄴ. $\dfrac{(나)에서~H_3O^+의~양(mol)}{(다)에서~OH^-의~양(mol)} = 50$이다.

ㄷ. (가)와 (다)를 모두 혼합한 수용액에서 $pH < 10$이다.

---

① ㄱ 　　② ㄴ 　　③ ㄷ

④ ㄱ, ㄴ 　　⑤ ㄴ, ㄷ

18 22학년도 7월 12번

다음은 25℃에서 수용액 (가)와 (나)에 대한 자료이다.

○ (가)와 (나)는 각각 $aM~HCl(aq)$, $\dfrac{1}{100}aM~NaOH(aq)$ 중 하나이다.

수용액	(가)	(나)
| pH - pOH |	8	12
부피(mL)	$100V$	V

이에 대한 설명으로 옳은 것만을 <보기>에서 있는 대로 고른 것은? (단, 25℃에서 물의 이온화 상수(K_w)는 1×10^{-14}이다.)

<보 기>

ㄱ. (가)는 $\dfrac{1}{100}aM~NaOH(aq)$이다.

ㄴ. $\dfrac{(나)의~[H_3O^+]}{(가)의~[OH^-]} = 100$이다.

ㄷ. H_3O^+의 양(mol)은 (나)가 (가)의 10^{10}배이다.

---

① ㄱ 　　② ㄷ 　　③ ㄱ, ㄴ

④ ㄴ, ㄷ 　　⑤ ㄱ, ㄴ, ㄷ

19 23학년도 9월 16번

표는 25℃의 수용액 (가)와 (나)에 대한 자료이다.

수용액	pH	pOH	H_3O^+의 양(mol) (상댓값)	부피(mL)
(가)	x		50	100
(나)		$2x$	1	200

이에 대한 설명으로 옳은 것만을 <보기>에서 있는 대로 고른 것은? (단, 25℃에서 물의 이온화 상수(K_w)는 1×10^{-14}이다.)

<보 기>

ㄱ. $x = 5$이다.

ㄴ. (가)와 (나)의 액성은 모두 산성이다.

ㄷ. $\dfrac{(가)에서\ OH^-의\ 양(mol)}{(나)에서\ H_3O^+의\ 양(mol)} < 1\times10^{-5}$ 이다.

① ㄱ ② ㄴ ③ ㄷ

④ ㄱ, ㄴ ⑤ ㄴ, ㄷ

20 22학년도 10월 10번

표는 25℃ 수용액 (가)와 (나)에 대한 자료이다. (가), (나)는 각각 $HCl(aq)$, $NaOH(aq)$ 중 하나이다.

수용액	(가)	(나)
pH − pOH	−8	10
부피(mL)	100	50

이에 대한 옳은 설명만을 <보기>에서 있는 대로 고른 것은? (단, 25℃에서 물의 이온화 상수 (K_w)는 1×10^{-14}이다.)

<보 기>

ㄱ. (가)는 $HCl(aq)$이다.

ㄴ. (나)에서 $\dfrac{[OH^-]}{[H_3O^+]} = 10^{10}$이다.

ㄷ. $\dfrac{(나)에서\ OH^-의\ 양(mol)}{(가)에서\ H_3O^+의\ 양(mol)} = 5$이다.

① ㄱ ② ㄴ ③ ㄱ, ㄷ

④ ㄴ, ㄷ ⑤ ㄱ, ㄴ, ㄷ

21 23학년도 수능 16번

표는 25℃의 물질 (가)~(다)에 대한 자료이다.
(가)~(다)는 $HCl(aq)$, $H_2O(l)$, $NaOH(aq)$을
순서 없이 나타낸 것이고, H_3O^+의 양(mol)은
(가)가 (나)의 200배이다.

물질	(가)	(나)	(다)
$\dfrac{[H_3O^+]}{[OH^-]}$ (상댓값)	10^8	1	10^{14}
부피(mL)	10	x	

이에 대한 설명으로 옳은 것만을 <보기>에서
있는 대로 고른 것은? (단, 25℃에서 물의 이온
화 상수(K_w)는 1×10^{-14}이다.)

———— <보 기> ————

ㄱ. (가)는 $HCl(aq)$이다.

ㄴ. $x = 500$이다.

ㄷ. $\dfrac{(나)의\ pOH}{(다)의\ pH} > 1$이다.

① ㄱ   ② ㄴ   ③ ㄷ

④ ㄱ, ㄴ   ⑤ ㄴ, ㄷ

22 24학년도 6월 17번

그림은 25℃에서 수용액 (가)와 (나)의 부피와
OH^-의 양(mol)을 나타낸 것이다. pH는
(가) : (나) = 7 : 3이다.

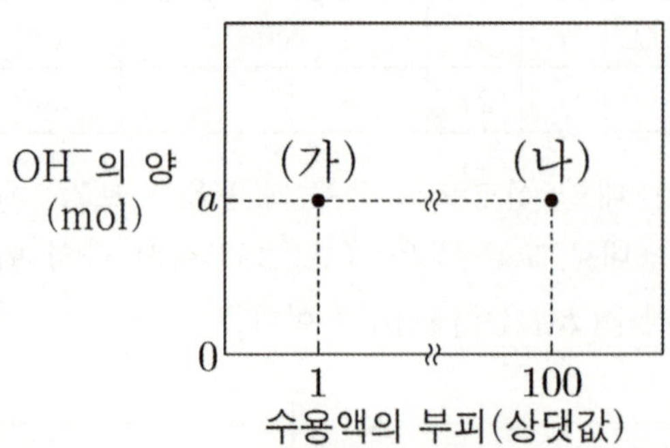

이에 대한 설명으로 옳은 것만을 <보기>에서
있는 대로 고른 것은? (단, 25℃에서 물의 이온
화 상수(K_w)는 1×10^{-14}이다.)

———— <보 기> ————

ㄱ. (가)의 액성은 산성이다.

ㄴ. (나)의 pOH는 11.5이다.

ㄷ. $\dfrac{(가)에서\ H_3O^+의\ 양(mol)}{(나)에서\ OH^-의\ 양(mol)} = 1 \times 10^7$이다.

① ㄱ   ② ㄴ   ③ ㄱ, ㄷ

④ ㄴ, ㄷ   ⑤ ㄱ, ㄴ, ㄷ

표는 25℃에서 수용액 (가)와 (나)에 대한 자료이다.

수용액	$\dfrac{[H_3O^+]}{[OH^-]}$	pOH−pH	부피
(가)	100a	2b	V
(나)	a	b	10V

이에 대한 설명으로 옳은 것만을 <보기>에서 있는 대로 고른 것은? (단, 25℃에서 물의 이온화 상수(K_w)는 1×10−14이다.)

———— <보 기> ————

ㄱ. $\dfrac{a}{b}$=50이다.

ㄴ. (가)의 pH=4이다.

ㄷ. $\dfrac{(나)에서 H_3O의 양(mol)}{(가)에서 H_3O의 양(mol)}$ = 1이다.

① ㄱ   ② ㄷ   ③ ㄱ, ㄴ

④ ㄱ, ㄷ   ⑤ ㄴ, ㄷ

다음은 25℃에서 수용액 (가)~(다)에 대한 자료이다.

○ (가)~(다)의 액성은 모두 다르며, 각각 산성, 중성, 염기성 중 하나이다.

○ |pH−pOH|은 (가)가 (나)보다 4만큼 크다.

수용액	(가)	(나)	(다)
$\dfrac{pH}{pOH}$	$\dfrac{3}{25}$	x	y
부피(L)	0.2	0.4	0.5
OH−의 양(mol)	a	b	c

이에 대한 설명으로 옳은 것만을 <보기>에서 있는 대로 고른 것은? (단, 25℃에서 물의 이온화 상수(K_w)는 1×10^{-14}이다.)

———— <보 기> ————

ㄱ. (나)의 액성은 중성이다.

ㄴ. $x + y = 4$ 이다.

ㄷ. $\dfrac{b\times c}{a}$ = 100이다.

① ㄱ   ② ㄴ   ③ ㄷ

④ ㄱ, ㄴ   ⑤ ㄴ, ㄷ

표는 25℃에서 수용액 (가)와 (나)에 대한 자료이다. (가)와 (나)는 HCl(aq)과 NaOH(aq)을 순서 없이 나타낸 것이다.

수용액	몰농도(M)	$\dfrac{[OH^-]}{[H_3O^+]}$ (상댓값)	부피(mL)
(가)	10^{-5}	1	100
(나)	㉠	10^8	10

이에 대한 설명으로 옳은 것만을 <보기>에서 있는 대로 고른 것은? (단, 온도는 25℃로 일정하고, 25℃에서 물의 이온화 상수(K_w)는 1×10^{-14}이다.)

<보 기>

ㄱ. (가)는 HCl(aq)이다.

ㄴ. ㉠$=10^{-5}$이다.

ㄷ. (가)와 (나)를 모두 혼합한 수용액의 pH는 7보다 크다.

① ㄱ 　　② ㄷ 　　③ ㄱ, ㄴ

④ ㄴ, ㄷ 　　⑤ ㄱ, ㄴ, ㄷ

표는 25℃에서 수용액 (가)~(다)에 대한 자료이다.

수용액	(가)	(나)	(다)
pH	a		$3a$
pOH		b	$2b$
| pH-pOH |	10.0	6.0	x

이에 대한 설명으로 옳은 것만을 <보기>에서 있는 대로 고른 것은? (단, 25℃에서 물의 이온화 상수(K_w)는 1×10^{-14}이다.)

<보 기>

ㄱ. $x=2.0$이다.

ㄴ. (나)의 액성은 염기성이다.

ㄷ. $\dfrac{\text{(다)에서 }[OH^-]}{\text{(가)에서 }[OH^-]} = 1\times10^{-4}$이다.

① ㄱ 　　② ㄷ 　　③ ㄱ, ㄴ

④ ㄴ, ㄷ 　　⑤ ㄱ, ㄴ, ㄷ

Chapter

10

산 염기와 중화반응

10 산 염기와 중화반응

▌들어가기

크게 보아 2~3 문제 정도가 출제 된다고 생각하면 될듯 싶습니다. 산과 염기의 기본적인 개념을 물어보는 개념문제, 중화적정 실험 문제, 마지막으로는 현 교육과정에서 양론과 더불어 킬러의 역할을 맡고 있는 중화반응이 있습니다.

기본적인 산, 염기 반응에서는 산 염기를 정의하는 방식에 따라서 해당 물질이 산이나 염기에 해당하는지를 판단해 주면 되는 간단한 유형으로 출제됩니다. 그렇기에 산 염기를 정의하는 다양한 방식의 각각 기준과 차이점을 명확히 파악하고 있어야 빠르게 문제를 해결할 수 있습니다.

중화적정 유형에서는 관련 공식을 통해 간단한 계산과 실험기구들에 대한 이해가 있다면 이 문제 역시 쉽고 간단하게 해결할 수 있는 유형입니다.

중화반응에 대해 얘기해보면 제 생각에 중화반응에서 가장 중요한 것은 수험생의 경험입니다. 다양한 문제를 접하여 날카로운 감각과 논리적인 유기성을 지니는 것이 무엇보다 중요합니다.

또한 중화반응의 경우에 시간이 무한정 주어진다면 누구나 다 풀 수 있을 정도로 문항의 설계자체는 간단합니다. 하지만 그 자료에 숨어있는 논리들을 누가 얼마나 더 빨리 캐치하고 해석하느냐에 따라서 문제풀이 시간이 천차만별입니다. 따라서 단순히 맞고 틀림의 문제를 떠나서 문제를 해석하고 풀이하는 속도에도 신경을 써야합니다. 중화반응을 몇십초만에 푸는 것은 불가능합니다. 어쩔 수 없이 어느 정도의 시간은 투입될 수 밖에 없는 문제입니다. 그러니 너무 부담을 갖지 않는 선에서 꾸준한 연습을 통해 풀이시간을 조금씩 줄여 나가시길 바랍니다.

중화반응 유형이 혼합유형, 첨가유형, 부분 추출해서 혼합, 혼합후 희석 등 출제자가 마음먹기에 따라서 굉장히 다양한 문제 상황이 연출될 수 있습니다. 이 말을 다르게 이야기하면 문제 상황을 잘못 파악하고 오해하기 쉽다는 뜻이기도 합니다. 그렇게 한번 조건을 오해하거나 말리게 되면 실전 상황에서는 정신을 차리고 되돌아 와 처음부터 풀어보는 것이 현실적으로 불가능하기 때문에 처음 풀때 최대한 정확하게, 바로 답이 나오도록 풀어야 합니다. 풀이과정에서의 실수가 치명적이 유형이기 때문에 저는 기출분석을 기반으로 저만의 몇가지 루틴을 만들어 항상 해당유형에 적용하며 문제를 해결해 나갔습니다. 그러한 루틴들을 소개할 것이고 여러분이 그런 루틴들을 잘 체화 하시고 적용하신다면 화학1에서 좋은 점수를 받으실 수 있을 겁니다. 중화에서 논리적인 사고를 거쳐서 문제를 독해하는 과정에서 두 가지 정도의 케이스를 따져야 하는 경우가 빈번하게 발생할 것입니다. 이때 실전에서는 처음 시도한 케이스로 답이 나온다면 나머지 케이스를 시도할 필요는 없지만 시험이 끝난 후 문제를 분석하고 곱씹어볼때는 여러 케이스들을 직접적으로 분석해 보면서 모순이 발생하는 과정을 맞닥뜨리다 보면 중화 유형을 보는 안목을 넓히는데 도움이 될 것이라고 생각합니다.

▌산 염기의 정의

1. 아레니우스 정의

➡️ **아레니우스 정의** : 산과 염기가 물에 녹아서 이온화하는 것을 근거로 한 정의이다.

➡️ **산** : 수용액에서 수소 이온(H^+) 을 내놓는 물질
ex HBr, HF, HNO_3, H_2SO_4 등

➡️ **염기** : 수용액에서 수산화 이온(OH^-) 을 내놓는 물질
ex $LiOH$, KOH, $Ba(OH)_2$ 등

수용액에서 H^+ 는 산성을 나타내고, OH^- 는 염기성을 나타낸다.

➡️ **아레니우스 산 염기 정의의 한계** : H^+을 내놓지 않는 산 또는 OH^-을 내놓지 않는 염기는 설명할 수 없고, 수용액 상태가 아닌 경우에도 적용할 수 없다.

> **tip**
>
> 자주 출제되는 요소로서 염기성 물질인 암모니아(NH_3)는 물에 녹을 때 OH^-를 내보내지 않으므로 아레니우스로 정의로 보았을 때는 염기성에 해당하지 않는다.

2. 브뢴스테드·로리 정의

브뢴스테드 • 로리 정의 : 아레니우스 정의보다 확장된 개념이다.

➡️ **산** : 양성자 (H^+) 를 주는 물질
ex HBr, HF, HNO_3, H_2SO_4 등

➡️ **염기** : 양성자 (H^+) 를 받는 물질
ex NH_3, KOH, $Ba(OH)_2$ 등

(1) 짝산, 짝염기

$$NH_3(g) + H_2O(l) \rightleftharpoons NH_4^+(aq) + OH^-(aq)$$

짝산-짝염기

$$\underset{(\text{염기})}{NH_3} + \underset{(\text{산})}{HCl} \longrightarrow \underset{(\text{산})}{NH_4^+} + \underset{(\text{염기})}{Cl^-}$$

짝산-짝염기

HCl의 짝염기 ➡ Cl^-

Cl^-의 짝산 ➡ HCl

NH_3의 짝산 ➡ NH_4^+

NH_4^+의 짝염기 ➡ NH_3

이 반응에서 H_2O는 NH_3에게 H^+를 주므로 산이고, NH_3는 H_2O로부터 H^+를 받으므로 염기이다. 역반응에서 NH_4^+는 OH^-에게 H^+를 주므로 산이고, OH^-는 NH_4^+로부터 H^+를 받으므로 염기이다. NH_3와 NH_4^+의 관계처럼 H^+의 이동으로 산과 염기가 결정되는 한 쌍의 산과 염기를 짝산과 짝염기라고 한다. 즉, NH_4^+은 염기 NH_3의 짝산이고, OH^-는 H_2O의 짝염기이다.

(2) 양쪽성 물질

반응에 따라 양성자를 내놓는 **산으로 작용하기도 하고**, 양성자를 받는 **염기로 작용하기도 하는** 물질을 **양쪽성 물질**이라고 부른다.

$$\underset{(\text{산})}{CH_3COOH} + \underset{(\text{염기})}{H_2O} \rightleftharpoons \underset{(\text{염기})}{CH_3COO^-} + \underset{(\text{산})}{H_3O^+}$$

$$\underset{(\text{염기})}{NH_3} + \underset{(\text{산})}{H_2O} \rightleftharpoons \underset{(\text{산})}{NH_4^+} + \underset{(\text{염기})}{OH^-}$$

첫 번째 반응식에서 H_2O는 H^+를 받는 염기로 작용하지만, 두 번째 반응식에서 H_2O는 H^+를 주는 산으로 작용한다.

(3) 산과 염기의 성질

구분	산	염기
성질	• 신맛이 난다. • 물에 녹아 이온화되어 전류가 흐른다. • 수소보다 반응성이 큰 금속과 반응하여 수소 기체를 발생시킨다. $Mg + 2HCl \rightarrow MgCl_2 + H_2$ • 석회석이나 대리석과 반응하여 이산화 탄소 기체를 발생시킨다. $CaCO_3 + 2HCl \rightarrow CaCl_2 + H_2O + CO_2$	• 쓴맛이 난다. • 물에 이온화되어 전류가 흐른다. • 단백질을 녹이는 성질이 있어 손에 닿으면 미끈거린다.
지시약 색깔 변화	• 푸른색 리트머스 종이 → 붉은색 • BTB 용액 → 노란색 • 페놀프탈레인 용액 → 무색 • 메틸 오렌지 용액 → 붉은색	• 붉은색 리트머스 종이 → 푸른색 • BTB용액 → 푸른색 • 페놀프탈레인 용액 → 붉은색 • 메틸 오렌지 용액 → 노란색

▌중화 반응

1. 중화 반응

▶ 정의 : 산과 염기가 반응하여 염과 물을 만드는 반응

$$\text{HCl}(aq) + \text{NaOH}(aq) \rightarrow \text{NaCl}(aq) + \text{H}_2\text{O}(l) + \text{열}$$

산   염기   염   물

중화 반응에서 실제 반응에 참여한 이온(H^+, OH^-)을 **알짜 이온**이라고 부르고, 반응에 참여하지 않고 반응 후에도 용액에 그대로 남아 있는 이온을 **구경꾼 이온**이라 부른다. 또한 중화 반응으로 인해 생성된 물질로, 산의 음이온과 염기의 양이온이 만나 만들어진 이온 결합 물질을 염이라고 한다.

(1) 알짜 이온반응식

$$\text{H}^+(aq) + \text{OH}^-(aq) \rightarrow \text{H}_2\text{O}(l)$$

> **tip**
>
> 지난 교육과정 기출문제는 1가 + 1가 사이의 반응만 출제되었지만, 현재 교과과정에서는 2가 산염기가 메인 테마로 출제되는 주제이기 때문에 1가 + 1가에 대한 자료해석을 베이스로 깔고 2가를 주로 연습하는 것을 추천합니다. **또한, 중화 반응 유형에서는 물의 자동 이온화는 무시합니다.**

(2) 산과 염기의 가수

▶ 가수 : 산이나 염기가 1mol당 내놓을 수 있는 H^+이나 OH^-의 양(mol)

가수	산	염기
1가	HCl, CH_3COOH	NaOH, KOH
2가	H_2SO_4, H_2CO_3	Ca(OH)_2, Ba(OH)_2
3가	H_3PO_4	Al(OH)_3

▶ **중화점** : 산이 내놓을 수 있는 H^+몰수와 염기가 내놓을 수 있는 OH^-몰수가 같아져서 **중화 반응이 완결된 상태이다.**

중화점 파악은 온도변화로 할 수 있는데 중화점에서 온도가 가장 높다.

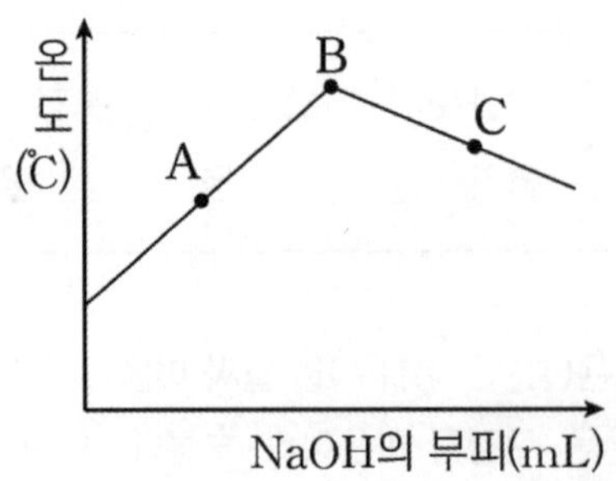

HCl(aq)에 NaOH(aq)을 넣을 때의 온도 변화

3. 중화 반응의 양적 관계

수용액에서 일어나는 모든 중화 반응에서는 물을 생성하는 반응이 공통으로 일어나며, H^+와 OH^-은 1 : 1의 몰비로 반응한다.

산과 염기 수용액의 몰 농도를 각각 M, M'이라 하고 산과 염기 수용액의 부피를 각각 V, V'라 하며, 산과 염기의 가수를 n, n'이라고 하면 혼합 용액이 완전히 중화되기 위해서는 다음과 같은 양적 관계가 성립해야 한다.

$$nMV = n'M'V'$$

example

0.1M 염산 ($HCl(aq)$) 100mL 가 완전히 중화되는데 필요한 0.2M 수산화 나트륨($NaOH$) 수용액의 부피를 구해보자

$1 \times 0.1M \times 0.1L = 1 \times 0.2M \times x$
$x = 0.05L = 50mL$ 이다.

01 20학년도 4월 5번

다음은 산 염기 반응 (가)~(다)의 화학 반응식이다.

> (가) $H_2CO_3 + H_2O \rightleftharpoons HCO_3^- + H_3O^+$
>
> (나) $HS^- + H_2O \rightleftharpoons H_2S + OH^-$
>
> (다) $(CH_3)_3N + H_2O \rightleftharpoons$
>
> $\qquad (CH_3)_3NH^+ + OH^-$

(가)~(다) 중 H_2O이 브뢴스테드·로리 염기로 작용하는 반응만을 있는 대로 고른 것은?

02 20학년도 7월 3번

다음은 산 염기 반응의 화학 반응식과 이에 대한 학생들의 대화이다.

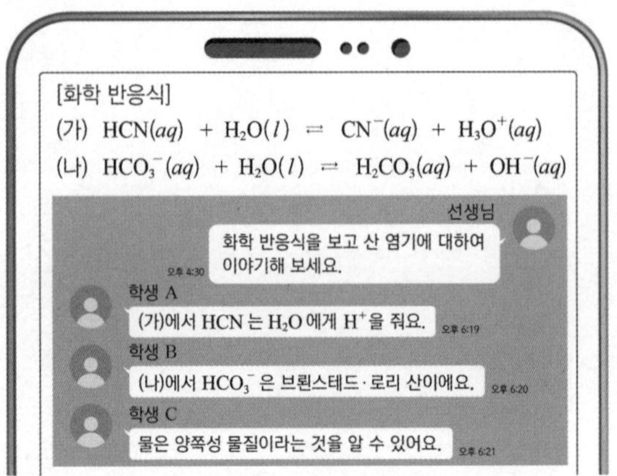

제시한 내용이 옳은 학생만을 있는 대로 고른 것은?

03 22학년도 6월 10번

다음은 산 염기 반응 (가)~(다)의 화학 반응식
이다.

(가) $HCl(g) + H_2O(l)$
$\rightarrow Cl^-(aq) + H_3O^+(aq)$
(나) $HCO_3^-(aq) + H_2O(l)$
$\rightarrow H_2CO_3(aq) + ㉠(aq)$
(다) $HCO_3^-(aq) + HCl(aq)$
$\rightarrow H_2CO_3(aq) + Cl^-(aq)$

이에 대한 설명으로 옳은 것만을 <보기>에서
있는 대로 고른 것은?

―――― <보 기> ――――

ㄱ. (가)에서 HCl는 수소 이온(H^+)을 내어
놓는다.
ㄴ. ㉠은 OH^-이다.
ㄷ. (나)와 (다)에서 HCO_3^-은 모두 브뢴스테드
·로리 염기이다.

04 21학년도 10월 4번

다음은 산 염기 반응 (가)~(다)의 화학 반응식
이다.

(가) $HCl(g) + H_2O(l)$
$\rightarrow Cl^-(aq) + ㉠(aq)$
(나) $NH_3(g) + H_2O(l)$
$\rightarrow NH_4^+(aq) + OH^-(aq)$
(다) $NH_4^+(aq) + H_2O(l)$
$\rightarrow NH_3(aq) + H_3O^+(aq)$

이에 대한 옳은 설명만을 <보기>에서 있는 대로
고른 것은?

―――― <보 기> ――――

ㄱ. ㉠은 H_3O^+이다.
ㄴ. $NH_3(g)$를 물에 녹인 수용액은 염기성이다.
ㄷ. (다)에서 H_2O은 브뢴스테드·로리 염기이다.

▎중화 반응을 푸는 과정에서의 루틴

물론 이러한 루틴들은 사람마다 다 다를 수 있고 그 다름에 대해서는 충분히 존중합니다. 다만, 저는 제가 경험을 통해 습득했던 가장 효율적인 풀이방식을 소개할 뿐이니 읽어 보신 후 따라 해주신다면 감사하겠지만, 본인만의 방법이 더 좋다고 생각하시면 취사 선택해주시길 바랍니다.

보통 중화를 풀 때의 방식은, 문제에 주어진 자료들을 어느 정도 파악한 후, 그 자료들을 바탕으로 식을 세워 풀것이냐 혹은 표를 그려서 풀것이냐 로 갈린다고 생각합니다. 우선 저는 표를 그려서 푸는 것을 선호합니다. 몇 가지 이유를 들어 제가 표를 그리는 풀이를 선호하는 이유를 말씀드리겠습니다. 우선 식을 적게 된다면 어느정도의 공식 암기가 필수적인데, 저는 '어중간하게 알고 있는 공식'은 차라리 모르는게 낫다고 생각합니다. 실제 수능장에서 사용할 수 있는 풀이는 '어중간하게 알고 있는 공식'이 아니라 오로직 '내가 확실하게 이해, 숙지하고 있는 공식'만 사용할 수 있습니다. (실제 수능을 경험해보신 분들은 어떤 느낌인지 아실 것입니다.) 풀다가 보면 공식이 갑자기 막 헷갈릴 때도 있고 뒤죽박죽 해질 때도 있는데, 그런 상황을 최대한 사전에 없애기 위해서 가시적인 표를 그려서 푸시기를 추천드리는 것입니다.

물론, 식으로 푸는 것이 더 멋있고, 화학을 하는 이과생의 느낌이 든다는 이유로 식을 적는 풀이를 선호하시는 분도 있을 것입니다. 하지만 수험생의 입장에서 보자면 여러분들이 추구해야 하는 풀이는 '멋있는' 풀이가 아니라 '실용적'인 풀이입니다.

이렇게 이야기 하면 제가 '식풀이 하는 사람들은 모두 멋을 선호하는 비효율적인 사람들이다'라고 말하는 것처럼 오해하실 수도 있는데, 저는 식풀이 자체가 '나쁜' 풀이다라고 생각하는 것이 아니라 '어중간하게 배우면 가장 위험한 풀이' 라고 말씀드리는 것입니다. 실제, 대치동을 비롯한 많은 학원 강사분들 중 표를 그리는 풀이보다 식풀이를 선호하시는 분들도 계십니다. 그분들은 수많은 시간을 화학에 써서 마치 일반적인 수험생분들이 더하기 뺄셈 하는 듯한 느낌으로 식 풀이를 쓰시기에 편해 보이시는 것이지만, 대부분의 수험생분들은 화학 뿐만 아니라 국어, 수학 등의 공부를 골고루 하셔야 하기에 실질적으로 과학탐구에 할애할 수 있는 시간과 인지 능력은 한정적일 수 밖에 없습니다. 그러한 '수험생들의 상황'에 표로 푸는 풀이를 추천드리는 것입니다.

▌중화 반응에서의 필수 명제와 접근법

전기적 중성의 사전적 의미는 물질의 전자와 양성자의 수가 같은 상태를 의미한다.
이를 용액으로 확장시키면 **용액에서 모든 이온의 전하량 합이 0**임을 의미한다.

아래의 예시로 이해해보자.

예시1
(모든 용액은 전기적 중성이다.)

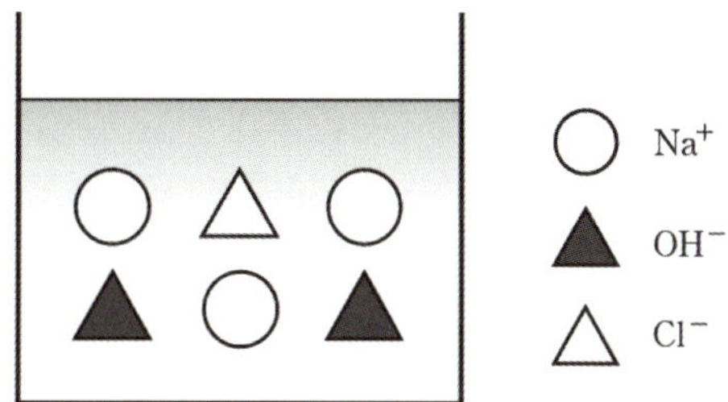

위의 용액에는 Na^+, OH^-, Cl^-가 있다. (편의상 이온 하나의 모형을 1개라 가정하겠다.)
양이온인 Na^+는 3개가 있으므로 +3의 양전하를 갖고, 음이온인 OH^-는 2개, Cl^-는 1개가 있으므로 합하여 -3의 음전하를 갖는다.
이 때 모든 전하를 더하면 0이 되므로 용액의 액성에 상관없이 **모든 이온의 전하량 합이 0**이다.

예시2
(모든 용액은 전기적 중성이다.)

위의 용액에는 Na^+, SO_4^{2-}, K^+가 있다. (편의상 이온 하나의 모형을 1개라 가정하겠다.)
양이온인 Na^+는 3개, K^+는 1개가 있으므로 +4의 양전하를 갖고, 음이온인 SO_4^{2-}는 2개가 있다.
이 때 SO_4^{2-}는 2가 이온이므로 **이온의 개수에 가수를 곱한 -4의 음전하**를 갖는다.
이 때 모든 전하를 더하면 0이 되므로 용액의 액성에 상관없이 **모든 이온의 전하량 합이 0**이다.

그림 (가)~(다)는 강산 HA 수용액 20mL에 강염기 BOH 수용액을 10mL씩 2번 넣었을 때, 수용액 속의 이온을 모형으로 나타낸 것이다.

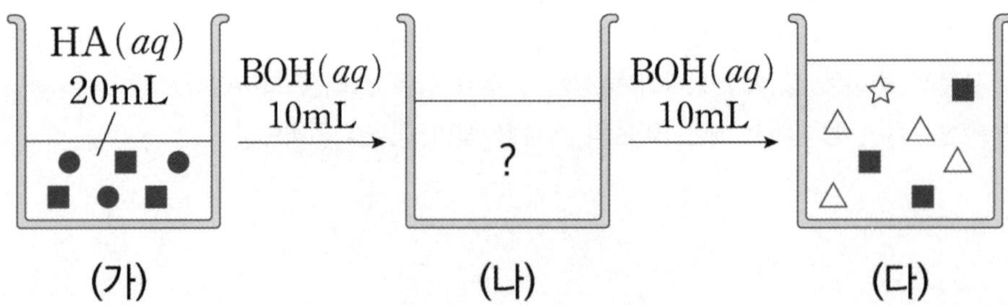

이에 대한 옳은 설명만을 <보기>에서 있는 대로 고른 것은?

〈보 기〉

ㄱ. ●는 H^+이다.

ㄴ. (나)에서 △의 개수는 2개이다.

ㄷ. (나)에서 수용액은 산성이다.

0. 문제 상황 파악하기

(가)~(다)에서 일부의 이온의 개수와 종류가 조건으로 제시되어 있다. 이온의 개수가 변하지 않는 구경꾼이온을 먼저 찾고 용액은 전기적 중성임을 이용하여 이온의 종류를 확정지어 줘야한다.

1-1. 구경꾼 이온 찾아내기

(가)에는 ●와 ■가 각각 3개씩 있으며 (다)에는 ●는 없고 ■가 3개 있다.

따라서 ■가 구경꾼 이온인 A^-이고, ●가 H^+이다.

1-2. 이온들의 비를 통해 이온의 종류 확정하기

(다)는 이온의 종류가 3개인데, H^+이 없으므로 B^+, A^-, OH^-이 들어있다.

A^-는 3개 들어 있고 나머지 이온의 개수는 4개, 1개이다.

용액이 전기적으로 중성임을 만족하는 경우는 B^+가 4개, OH^-가 1개 들어 있는 경우이다.

따라서 B^+는 △, OH^-는 ☆이고, $BOH(aq)$ 10mL에 △가 2개 들어 있다.

(총 $BOH(aq)$ 20mL를 넣었을 때 구경꾼 이온인 △가 4개 있기 때문이다.)

1-3. 선지 판단

ㄱ. ●는 H^+이다. (참)

ㄴ. (나)에서 △의 개수는 2개이다. (참)

ㄷ. (나)에서 수용액은 산성이다. (참)

※ (나)에 들어 있는 이온의 종류와 개수는 $B^+ : H^+ : A^- = 2 : 1 : 3$이다.

중화반응 관련 문제는 산 염기 용액을 혼합하는 과정에서 발생하는 일들에 대한 조건을 주고 관련된 답을 찾아내는 문제이다.

다양한 용액을 혼합하는 경우 문제가 복잡해지며 찾아야 하는 조건들도 많아지게 된다.

조건이 복잡해지는 경우 문제 해석이 어려워지며 실수를 하게 되는데, 중화 반응 표를 그리면 도움이 될 수 있다.

(1) 모든 이온의 종류와 부피를 작성한다 + 가장 밑에는 V_t(총부피)를 작성한다.

문제 조건이나 답을 구할 때 어떤 이온을 이용하게 될지 모르므로 모든 이온을 좌측에 작성하고, 각 과정의 총 부피는 하단에 작성한다.

1M $NaOH(aq)$ 10mL가 들어 있는 비커에 1M $HCl(aq)$ 20mL를 조금씩 넣어주는 반응을 넣어주는 $HCl(aq)$의 부피를 5mL 기준으로 관찰하는 예시로 들겠다.

이 경우 Na^+, H^+, OH^-, Cl^- 총 4개의 이온을 좌측에 적고 하단에 용액의 총 부피인 10mL, 15mL, 20mL, 25mL, 30mL를 작성한다.

H^+					
Na^+					
Cl^-					
OH^-					
총 부피	10mL	15mL	20mL	25mL	30mL

(2) 양이온과 음이온의 경계에 선을 긋는다.

앞서 배운 명제인 "모든 용액은 전기적으로 중성이다."를 빠르게 이용하기 위해서 위 표처럼 양이온과 음이온을 같이 배치한다. (필자는 상단에 양이온을 몰아주는 편이다.)

이 때 알짜 이온인 H+와 OH−는 서로 양 끝에 두어서 액성의 판단을 용이하게 만든다.

중화 반응 표를 작성하는 문제인 경우, **물의 자동이온화를 무시하는 문제이므로 H$^+$ 나 OH$^-$ 중 하나는 반드시 0**이기 때문에 이를 시각적으로 더 잘 파악하기 위해 알짜 이온을 양 끝에 배치하는 것이다.

H^+					
Na^+					
Cl^-					
OH^-					
총 부피	10mL	15mL	20mL	25mL	30mL

(3) 표 내부는 이온들의 몰 수를 작성하는데 이 때 단위는 mmol로 생각한다.

대부분 부피의 단위를 mL로 제시하므로 표 내부의 단위도 mmol로 작성하면 단위 환산하는 과정 없이 바로 몰 농도(M)를 구할 수 있다.

처음 비커에 1M $NaOH(aq)$ 10mL가 있으므로 Na^+와 OH^-는 각각 10mmol 있다.

이후 1M $HCl(aq)$을 넣어줄 때 Cl^-는 구경꾼 이온이므로 꾸준히 증가하고, H^+는 OH^-가 모두 없어진 후에 증가한다.

이를 바탕으로 중화 반응 표를 채우면 아래와 같다.

H^+	0	0	0	5	10
Na^+	10	10	10	10	10
Cl^-	0	5	10	15	20
OH^-	10	5	0	0	0
총 부피	10mL	15mL	20mL	25mL	30mL

위의 경우 이온들이 모두 1가 이온이므로 선을 기준으로 **양이온 수의 합과 음이온 수의 합이 같고**, H^+와 OH^- **중 하나는 반드시 0임**을 확인할 수 있다.

다음은 $HCl(aq)$과 $NaOH(aq)$을 부피를 달리하여 반응시켰을 때 혼합 용액의 액성과 용액 속의 전체 양이온 수를 나타낸 것이다.

실험	$HCl(aq)$의 부피(mL)	$NaOH(aq)$의 부피(mL)	혼합 용액의 액성
(가)	20	100	염기성
(나)	40	80	–
(다)	80	40	산성

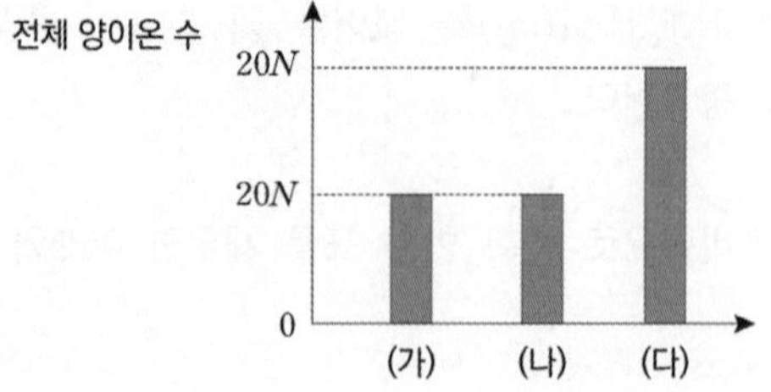

이에 대한 옳은 설명만을 <보기>에서 있는 대로 고른 것은?

─────────── 〈보 기〉 ───────────

ㄱ. 단위 부피당 전체 이온 수비는 $\dfrac{NaOH(aq)}{HCl(aq)} = \dfrac{2}{5}$이다.

ㄴ. 생성된 물의 양은 (가)와 (다)가 같다.

ㄷ. (나)에서 혼합 용액의 액성은 중성이다.

0. 문제 상황 파악하기

실험 (가)~(다)과정에서 조건을 주었으므로 중화반응 표를 그려 해결한다.

1-1. 문제의 조건에 맞게 중화반응 표 그리기

문제에 제시된 이온은 Na^+, H^+, OH^-, Cl^-이며, 실험 (가)~(다)의 총 부피는 모두 120mL이다. 이를 바탕으로 중화반응 표를 그리면 아래와 같다.

H^+			
Na^+			
Cl^-			
OH^-			
총 부피	120mL	120mL	120mL

1-2. 이온의 몰 수 찾기

실험 (가)의 용액의 액성은 염기성이고, 실험 (다)의 용액의 액성은 산성이다.

따라서 실험 (가)의 용액에 양이온은 Na^+만 있고, 실험 (다)의 음이온은 Cl^-만 있다.

이를 바탕으로 중화반응 표를 그리면 아래와 같다.

H^+	0		
Na^+	$10N$		
Cl^-			$20N$
OH^-			0
총 부피	120mL	120mL	120mL

1-3. 용액의 몰 농도(M) 찾기

실험 (가)를 통해 $NaOH(aq)$의 몰 농도(M)는 $\dfrac{10N}{100mL}$이고,

실험 (다)를 통해 $HCl(aq)$의 몰 농도(M)는 $\dfrac{20N}{80mL}$임을 알 수 있다.

이를 바탕으로 중화반응 표를 완성하면 아래와 같다.

H^+	0	$2N$	$16N$
Na^+	$10N$	$8N$	$4N$
Cl^-	$5N$	$10N$	$20N$
OH^-	$5N$	0	0
총 부피	120mL	120mL	120mL

1-4. 선지 판단

ㄱ. 단위 부피당 전체 이온 수비는 $\dfrac{NaOH(aq)}{HCl(aq)} = \dfrac{2}{5}$이다. (참)

ㄴ. 생성된 물의 양은 (가)와 (다)가 같다. (거짓)

ㄷ. (나)에서 혼합 용액의 액성은 중성이다. (거짓)

※ 생성된 물의 양은 (가) : (다) = 5 : 4이다.

중화 반응과 양적 관계

▶ **주입형 문제** : 조금씩 해당 용액을 기존 용액에 첨가하는 상황을 **주입형 유형**이라 한다.

(1) 1가 산 + 1가 염기

HCl(aq)에 NaOH(aq)를 첨가하는 상황

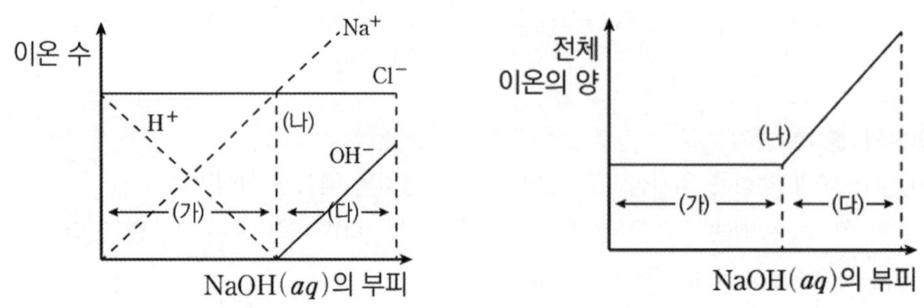

(가) 구간에서 비커에 있던 H^+이 가하는 용액에 있는 OH^-과 반응하여 H^+수가 감소하는 구간으로 반응하여 없어지는 H^+ 수만큼 Na^+이 공급되기 때문에 **전체 이온 수는 (가) 구간에서 일정하게 유지된다.**

(나) 지점에서 비커에 들어있던 H^+의 수와 같은 수의 OH^-를 가한 지점으로, 이때 H^+의 수와 같은 수의 OH^-이 공급되었으므로 **Cl⁻ 수와 Na⁺ 수는 같다.**

(다) 구간은 H^+이 모두 반응하였고, 계속하여 OH^-이 가해지는 구간으로 더 이상 반응이 일어나지 않으므로 **Na⁺ 수, OH⁻ 수, 전체 이온 수는 계속 증가한다.**

▶ **생성된 H_2O 분자 수 해석** : 중화점 이전에는 넣어준 NaOH(aq)의 **부피에 비례하여 생성된 H_2O 분자 수가 증가한다.** 중화점 이후에는 생성된 H2O의 양은 변하지 않는다.

혼합 용액의 액성은 (가) 구간에서 산성, (나)에서 중성, (다) 구간에서 염기성이다.

※ 암기 사항은 아니지만 최근 몰 농도 자료가 종종 나오므로 몰 농도 그래프도 눈에 익혀두는 것이 좋다.

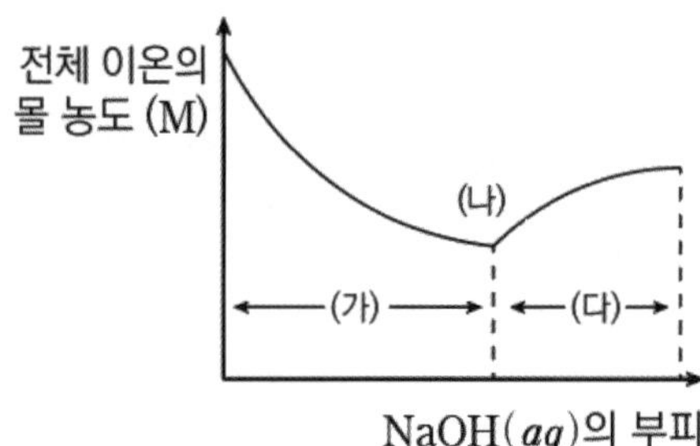

❶ 1가 반응에서 알면 좋은 생각들

1가 + 1가 반응에서 **액성이 산성의 경우, 산성 수용액이 전체 이온수를 결정**하고, **액성이 염기성의 경우 염기 수용액이 전체 이온수를 결정**한다.

1가 + 1가 반응에서 **액성이 산성의 경우, 염기 수용액이 생성된 물 분자 수를 결정**하고, **액성이 염기성의 경우 산성 수용액이 생성된 물 분자 수를 결정**한다.

❷ 이온의 몰 농도(M)

기출 문제를 분석하다보면 굉장히 자주 마주치는 표현이니 사전에 표현에 대한 이해를 확실히 해두도록 하자. 단위 부피당 이온수와 개념이 같기도 하다.

또한, 중화반응을 풀이함에 있어 실질적으로 필요한 자료들은 '이온수' 개념이므로 다른 자료들이 나왔을 때 적절하게 변형, 해석을 통하여 '이온 수' 자료로 바꾸어 주어야한다는 목적성을 가지고 자료를 바라보자.

$$\text{용액에서의 이온 A의 몰농도(M)} = \frac{\text{A의 양}(\mathrm{mol})}{\text{용액의 부피}(\mathrm{L})}$$

대체로 해석할 때는 유의미한 자료로 전환해 주기 위해서 이온의 몰농도 값에 전체 용액의 부피를 곱하여 전체 용액 안에 있는 이온 수 자료를 구해 이를 바탕으로 자료를 해석하는 방식으로 문제를 해결한다.

그러나 가끔 몰농도와 이온 수 자료를 주고 용액의 부피를 유추하는 형태의 자료도 있으니 위 관계식을 유연하게 활용하여 문제마다 색깔에 맞게 대처하면 될 것입니다.

(2) 1가 산 + 2가 염기

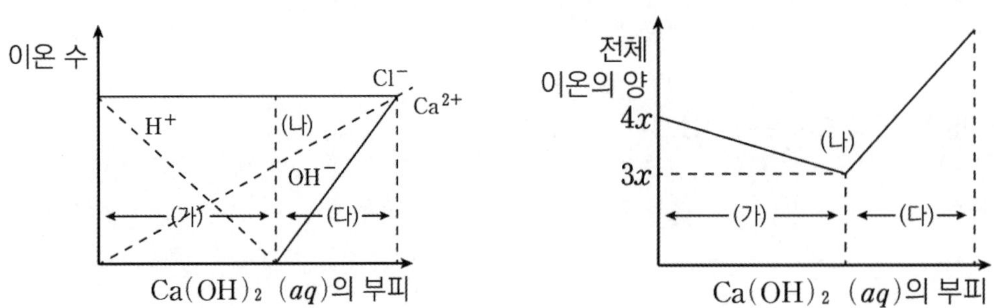

(가) 구간에서 비커에 있던 H$^+$이 가하는 용액에 있는 OH$^-$과 반응하여 H$^+$수가 감소하는 구간으로 반응하여 없어지는 H$^+$ 수의 절반만큼 Ca^{2+}이 공급되기 때문에 **전체 이온 수는 (가) 구간에서 감소한다.** 이 때 초기의 전체 이온의 양과 중화점에서의 전체 이온의 양의 비는 4:3인데 **이는 중화점에서 남은 양이온이 2가 양이온만 있으므로 나타나는 현상이다.**

(나) 지점에서 비커에 들어있던 H$^+$의 수와 같은 수의 OH$^-$를 가한 지점으로, 이때 H$^+$의 수와 같은 수의 OH$^-$이 공급되었으므로 **Cl$^-$ 수는 Ca^{2+} 수의 2배이다.**

(다) 구간은 H$^+$이 모두 반응하였고, 계속하여 OH$^-$이 가해지는 구간으로 더 이상 반응이 일어나지 않으므로 **Ca^{2+} 수, OH$^-$ 수, 전체 이온 수는 계속 증가한다.**

▶ **생성된 H$_2$O 분자 수 해석** : 중화점 이전에는 넣어준 NaOH(aq)의 **부피에 비례하여 생성된 H$_2$O 분자 수가 증가한다. 중화점 이후에는 생성된 H$_2$O의 양은 변하지 않는다.**

혼합 용액의 액성은 (가) 구간에서 산성, (나)에서 중성, (다) 구간에서 염기성이다.

※ 암기 사항은 아니지만 최근 몰 농도 자료가 종종 나오므로 몰 농도 그래프도 눈에 익혀두는 것이 좋다.

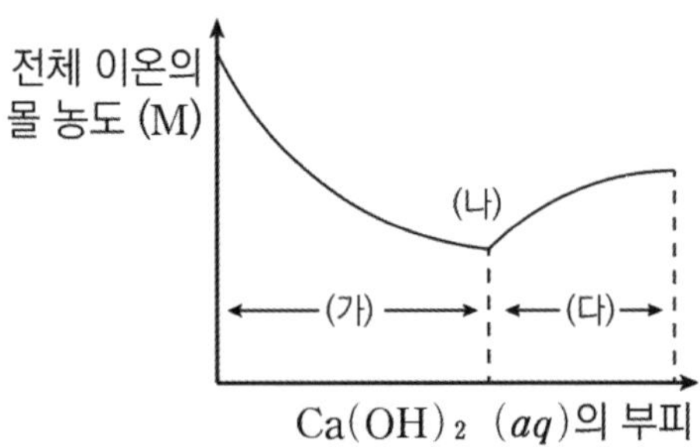

혼합형 문제 : 한꺼번에 용액을 부워서 여러 용액을 섞는 상황을 혼합형 유형이라고 부른다.

(1) 1가 산 + 1가 염기

❶ 생성된 H_2O 분자 수

혼합 용액의 액성이 **산성인 경우 혼합 전 염기의 구경꾼 이온 수가** 혼합 용액에서 **생성된 H2O 분자 수와 같다.**

혼합 용액의 액성이 염기성인 경우 혼합 전 산의 구경꾼 이온 수가 혼합 용액에서 **생성된 H2O 분자 수와 같다.**

❷ 이온 수와 몰 농도

혼합 용액의 액성이 **산성인 경우 혼합 전 산의 이온 수가 혼합 용액의 이온 수와 같다.**

혼합 용액의 액성이 **염기성인 경우 혼합 전 염기의 이온 수가 혼합 용액의 이온 수와 같다.**

처음에 들어 있는 산이나 염기가 중화 될 때 $[H^+]$or$[OH^-]$의 농도는 **반드시 중화점까지 감소한다.**

중화점 이후에는 다른 알짜 이온의 농도가 높아진다.

(2) 1가 산/염기 + 2가 염기/산

2가 산 염기 중화 반응에서 1가+1가 논리가 어느 정도는 사용되지만 똑같이 적용되는 것은 아니기에 둘 사이의 차이점을 명확히 인지해주시길 바랍니다.

[1]. 2가 산을 포함한 용액이 산성이라면 혼합 용액의 이온 수는 혼합 전 모든 산의 이온 수의 합과 같다.
위 논리를 한번 더 해석하자면 2가 산에 1가 염기를 첨가할 때 액성이 변할 때까지 양이온 수와 음이온 수는 각각 변하지 않는다로 해석할 수 있다.

[2]. 2가 산을 포함한 용액이 염기성이라면 전체 양이온 수는 혼합 전 모든 염기의 양이온 수의 합과 같지만, 전체 음이온 수는 '모든 염기의 음이온 수 합에서 2가 산의 음이온 수를 뺀' 값이다.

H^+	8	7	$\cdots$	0	0	0 $\cdots$
Na^+	0	1	$\cdots$	8	9	10 $\cdots$
SO_4^{2-}	4	4	$\cdots$	4	4	4 $\cdots$
OH^-	0	0	$\cdots$	0	1	2 $\cdots$
n_t	12	12	$\cdots$	12	14	16 $\cdots$

위 두가지 논리에서 산 염기를 서로 바꾸면 2가 염기를 포함한 용액에 대한 논리로 전환된다.

01 20학년도 3월 19번

표는 $HCl(aq)$과 $NaOH(aq)$을 부피를 달리하여 반응시켰을 때 혼합 용액 (가)~(다)에 대한 자료이다.

혼합 용액	혼합 전 용액의 부피(mL)		용액의 액성	전체 음이온 수
	$HCl(aq)$	$NaOH(aq)$		
(가)	80	30	산성	$2N$
(나)	30	20	염기성	N
(다)	40	10	㉠	N

이에 대한 옳은 설명만을 <보기>에서 있는 대로 고른 것은? (단, 온도는 일정하고, 물의 자동 이온화는 무시한다.)

────── <보 기> ──────

ㄱ. ㉠은 중성이다.

ㄴ. 혼합 전 용액의 몰 농도(M)는 $NaOH(aq)$ 이 $HCl(aq)$의 2배이다.

ㄷ. 생성된 물 분자 수는 (가)가 (다)의 1.5배이다.

02 20학년도 4월 20번

다음은 25℃에서 $H_nA(aq)$과 $NaOH(aq)$의 중화 반응 실험이다.

[실험 과정]

(가) 비커 Ⅰ~Ⅲ에 각각 a M $NaOH(aq)$ 20mL를 넣는다.

(나) (가)의 Ⅰ~Ⅲ에 1M $H_nA(aq)$을 각각 4mL, y mL, 20mL를 넣어 혼합 용액을 만든다.

[실험 결과]

○ 혼합 용액 속 이온 X의 몰 농도와 혼합 용액 의 전체 부피

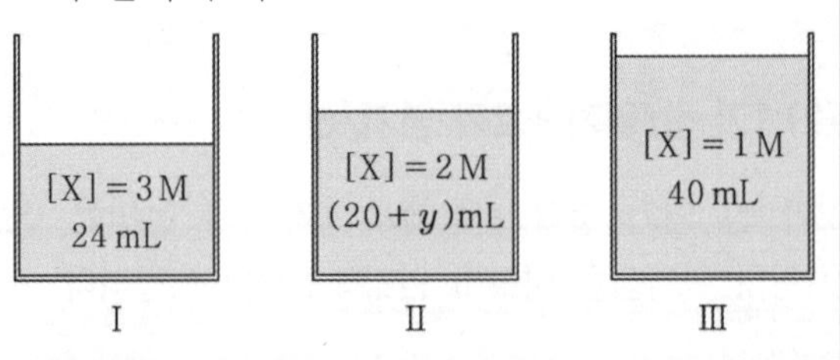

이에 대한 설명으로 옳은 것만을 <보기>에서 있는 대로 고른 것은? (단, H_nA는 수용액에서 완전히 이온화하고, Na^+과 A^{n-}은 반응에 참여하지 않으며 물의 자동 이온화는 무시한다.)

────── <보 기> ──────

ㄱ. X는 Na^+이다.

ㄴ. a는 4이다.

ㄷ. y는 10이다.

03 21학년도 6월 20번

다음은 중화 반응 실험이다. 표는 $0.2M$ $H_2A(aq)$ xmL와 yM 수산화 나트륨 수용액 ($NaOH(aq)$)의 부피를 달리하여 혼합한 용액 (가)~(다)에 대한 자료이다.

용액	(가)	(나)	(다)
$H_2A(aq)$의 부피(mL)	x	x	x
$NaOH(aq)$의 부피(mL)	20	30	60
pH		1	
용액에 존재하는 모든 이온의 몰 농도(M) 비			

(다)에서 ㉠에 해당하는 이온의 몰 농도(M)는? (단, 혼합 용액의 부피는 혼합 전 각 용액의 부피의 합과 같고, 혼합 전과 후의 온도 변화는 없다. H_2A는 수용액에서 H^+과 A^{2-}으로 모두 이온화되고, 물의 자동 이온화는 무시한다.)

04 20학년도 7월 18번

표는 $HCl(aq)$, $H_2SO_4(aq)$, $NaOH(aq)$의 부피를 달리하여 혼합한 용액 (가)~(다)에 존재하는 음이온 수의 비율을 이온의 종류에 관계없이 나타낸 것이다.

혼합 용액	(가)	(나)	(다)
$HCl(aq)$ 부피(mL)	10	5	10
$H_2SO_4(aq)$ 부피(mL)	10	20	y
$NaOH(aq)$ 부피(mL)	10	x	20
음이온 수의 비율			

이에 대한 설명으로 옳은 것만을 <보기>에서 있는 대로 고른 것은? (단, 온도는 일정하고, 혼합 용액의 부피는 혼합 전 각 용액의 부피의 합과 같다.)

―――――― <보 기> ――――――

ㄱ. $x : y = 3 : 4$이다.

ㄴ. 용액의 pH는 (나)가 (다)보다 크다.

ㄷ. (다)를 완전히 중화시키기 위해 필요한 $HCl(aq)$의 부피는 10mL이다.

다음은 중화 반응에 대한 실험이다.

[자료]

○ ⊙과 ⓒ은 각각 $HA(aq)$과 $H_2B(aq)$ 중 하나이다.

○ 수용액에서 HA는 H^+과 A^-으로, H_2B는 H^+과 B^{2-}으로 모두 이온화된다.

[실험 과정]

(가) $NaOH(aq)$, $HA(aq)$, $H_2B(aq)$을 각각 준비한다.

(나) $NaOH(aq)$ 10mL에 xM ⊙을 조금씩 첨가한다.

(다) $NaOH(aq)$ 10mL에 xM ⓒ을 조금씩 첨가한다.

[실험 결과]

○ (나)와 (다)에서 첨가한 산 수용액의 부피에 따른 혼합 용액에 대한 자료

첨가한 산 수용액의 부피(mL)		0	V	$2V$	$3V$
혼합 용액에 존재하는 모든 이온의 몰 농도(M)의 합	(나)	1	$\dfrac{1}{2}$		$\dfrac{1}{2}$
	(다)	1	$\dfrac{3}{5}$	a	y

○ $a < \dfrac{3}{5}$ 이다.

y는? (단, 혼합 용액의 부피는 혼합 전 용액의 부피의 합과 같고, 물의 자동 이온화는 무시한다.)

표는 혼합 용액 (가)~(다)에 대한 자료이다.

혼합 용액		(가)	(나)	(다)
혼합 전 수용액의 부피(mL)	$HCl(aq)$	30	0	10
	$HBr(aq)$	0	15	10
	$NaOH(aq)$	20	10	x
혼합 용액의 액성		중성	산성	염기성
$[Na^+]+[H^+]$ (상댓값)		3	6	5

이에 대한 옳은 설명만을 <보기>에서 있는 대로 고른 것은? (단, 온도는 일정하고, 혼합 용액의 부피는 혼합 전 각 용액의 부피의 합과 같으며, 물의 자동 이온화는 무시한다.)

<보 기>

ㄱ. 몰 농도 비는 $HBr(aq):NaOH(aq)=4:3$ 이다.

ㄴ. $x=40$이다.

ㄷ. 생성된 물의 양(mol)은 (가)와 (다)에서 같다.

---

07   21학년도 수능 19번

다음은 중화 반응에 대한 실험이다.

> **[자료]**
>
> ○ 수용액에서 H_2A는 H^+과 A^{2-}으로, HB는 H^+과 B^-으로 모두 이온화된다.
>
> **[실험 과정]**
>
> (가) x M $NaOH(aq)$, y M $H_2A(aq)$, y M $HB(aq)$을 각각 준비한다.
>
> (나) 3개의 비커에 각각 $NaOH(aq)$ 20mL를 넣는다.
>
> (다) (나)의 3개의 비커에 각각 $H_2A(aq)$ VmL, $HB(aq)$ VmL, $HB(aq)$ 30mL를 첨가하여 혼합 용액 I~III을 만든다.
>
> 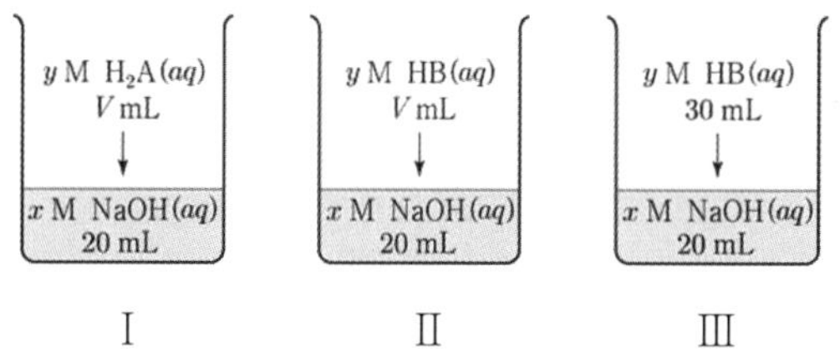
>
>
> **[실험 결과]**
>
> ○ 혼합 용액 I~III에 존재하는 이온의 종류와 이온의 몰 농도(M)
>
> | 이온의 종류 | | W | X | Y | Z |
> |---|---|---|---|---|---|
> | 이온의 몰 농도(M) | I | $2a$ | 0 | $2a$ | $2a$ |
> | | II | $2a$ | $2a$ | 0 | 0 |
> | | III | a | b | 0 | 0.2 |

$\dfrac{b}{a} \times (x+y)$는? (단, 혼합 용액의 부피는 혼합 전 각 용액의 부피의 합과 같고, 물의 자동 이온화는 무시한다.)

08   21학년도 3월 19번

다음은 중화 반응과 관련된 실험이다.

> **[실험 과정]**
>
> (가) a M $HCl(aq)$, b M $NaOH(aq)$, c M $KOH(aq)$을 준비한다.
>
> (나) $HCl(aq)$ 20mL, $NaOH(aq)$ 30mL, $KOH(aq)$ 10mL를 혼합하여 용액 I을 만든다.
>
> (다) 용액 I에 $KOH(aq)$ VmL를 첨가하여 용액 II를 만든다.
>
> **[실험 결과]**
>
> ○ 용액 I에서 H_3O^+의 몰 농도는 $\dfrac{1}{12}a$ M 이다.
>
> ○ 용액 I과 II에 들어 있는 이온의 몰비
>
> 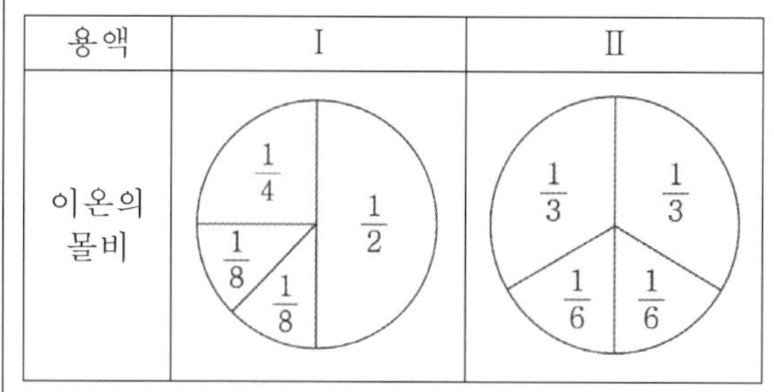
>

$V \times \dfrac{b}{c}$는? (단, 온도는 일정하고, 혼합한 용액의 부피는 혼합 전 각 용액의 부피의 합과 같으며, 물의 자동 이온화는 무시한다.)

표는 2M $BOH(aq)$ 10mL에 x M $H_2A(aq)$의 부피를 달리하여 혼합한 용액 (가)~(다)에 대한 자료이다.

혼합 용액		(가)	(나)	(다)
혼합 전 용액의 부피(mL)	2M $BOH(aq)$	10	10	10
	x M $H_2A(aq)$	V	3V	5V
모든 이온의 수		7n	9n	
모든 이온의 몰 농도(M) 합			$\dfrac{9}{5}$	$\dfrac{15}{7}$

$\dfrac{x}{V}$는? (단, 혼합 용액의 부피는 혼합 전 각 용액의 부피의 합과 같고, 물의 자동 이온화는 무시한다. H_2A와 BOH는 수용액에서 완전히 이온화하고, A^{2-}, B^+은 반응에 참여하지 않는다.)

다음은 중화 반응에 대한 실험이다.

[자료]

○ 수용액 A와 B는 각각 0.4M $YOH(aq)$과 a M $Z(OH)_2(aq)$ 중 하나이다.

○ 수용액에서 H_2X는 H^+과 X^{2-}으로, YOH는 Y^+과 OH^-으로, $Z(OH)_2$는 Z^{2+}과 OH^-으로 모두 이온화된다.

[실험 과정]

(가) 0.3M $H_2X(aq)$ VmL가 담긴 비커에 수용액 A 5mL를 첨가하여 혼합 용액 I을 만든다.

(나) I에 수용액 B 15mL를 첨가하여 혼합 용액 II를 만든다.

(다) II에 수용액 B x mL를 첨가하여 혼합 용액 III을 만든다.

[실험 결과]

○ III은 중성이다.

○ I과 II에 대한 자료

혼합 용액	I	II
혼합 용액에 존재하는 모든 이온의 몰 농도의 합(상댓값)	8	5
혼합 용액에서 $\dfrac{음이온\ 수}{양이온\ 수}$	$\dfrac{3}{5}$	$\dfrac{3}{5}$

$\dfrac{x}{V} \times a$는? (단, 혼합 용액의 부피는 혼합 전 각 용액의 부피의 합과 같고, 물의 자동 이온화는 무시하며, X^{2-}, Y^+, Z^{2+}은 반응하지 않는다.)

11 21학년도 7월 20번

다음은 중화 반응에 대한 실험이다.

[자료]

○ ㉠과 ㉡은 x M HA(aq)과 y M H$_2$B(aq) 중 하나이다.

○ 수용액에서 HA는 H$^+$과 A$^-$으로, H$_2$B는 H$^+$과 B^{2-}으로 모두 이온화된다.

[실험 과정]

(가) NaOH(aq), HA(aq), H$_2$B(aq)을 각각 준비한다.

(나) NaOH(aq) VmL에 ㉠ 10mL를 조금씩 첨가한다.

(다) (나)의 혼합 용액에 ㉡ 20mL를 조금씩 첨가한다.

[실험 결과]

○ 첨가한 용액의 부피(mL)에 따른 혼합 용액에 존재하는 모든 이온의 몰 농도(M)의 합

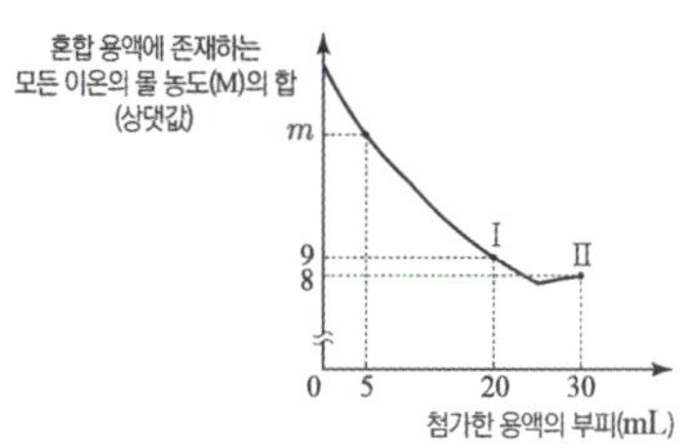

○ 혼합 용액 Ⅰ과 Ⅱ에 존재하는 모든 음이온 수의 비

혼합 용액	Ⅰ	Ⅱ
음이온 수의 비	1 : 1 : 2	1 : 1

○ V<30이다.

이에 대한 설명으로 옳은 것만을 <보기>에서 있는 대로 고른 것은? (단, 혼합 용액의 부피는 혼합 전 각 용액의 부피의 합과 같으며, 물의 자동 이온화는 무시한다.)

———— <보 기> ————

ㄱ. V=10이다.

ㄴ. $x : y$ =2 : 1이다.

ㄷ. $m = 16$ 이다.

12 22학년도 9월 20번

다음은 중화 반응에 대한 실험이다.

[자료]

○ 수용액 A와 B는 각각 0.25M HY(aq)과 0.75M H$_2$Z(aq) 중 하나이다.

○ 수용액에서 X(OH)$_2$ 는 X^{2+}과 OH$^-$으로, HY는 H$^+$과 Y$^-$으로, H$_2$Z는 H$^+$과 Z^{2-}으로 모두 이온화된다.

[실험 과정]

(가) a M X(OH)$_2(aq)$ 10mL에 수용액 A VmL를 첨가하여 혼합 용액 Ⅰ을 만든다.

(나) Ⅰ에 수용액 B 4VmL를 첨가하여 혼합 용액 Ⅱ를 만든다.

(다) a M X(OH)$_2(aq)$ 10mL에 수용액 A 4VmL와 수용액 B VmL를 첨가하여 혼합 용액 Ⅲ을 만든다.

[실험 결과]

○ Ⅱ에 존재하는 모든 이온의 몰비는 $3 : 4 : 5$ 이다.

○ $\dfrac{\text{Ⅰ에 존재하는 모든 양이온의 몰 농도의 합}}{\text{Ⅲ에 존재하는 모든 양이온의 몰 농도의 합}} = \dfrac{15}{28}$ 이다.

a+V는? (단, 혼합 용액의 부피는 혼합 전 각 용액의 부피의 합과 같고, 물의 자동 이온화는 무시하며, X^{2+}, Y$^-$, Z^{2-}은 반응하지 않는다.)

13 21학년도 10월 19번

다음은 중화 반응 실험이다.

[자료]

○ 수용액에서 $X(OH)_2$는 X^{2+}과 OH^-으로 모두 이온화된다.

[실험 과정]

(가) a M $X(OH)_2(aq)$ VmL와 b M $HCl(aq)$ 50mL를 혼합하여 용액 I 을 만든다.

(나) 용액 I 에 c M $NaOH(aq)$ 20mL를 혼합하여 용액 II를 만든다.

[실험 결과]

○ 용액 I 과 II에 대한 자료

용액	I	II
$\dfrac{\text{음이온의 양(mol)}}{\text{양이온의 양(mol)}}$	$\dfrac{5}{3}$	$\dfrac{3}{2}$
모든 이온의 몰 농도의 합 (상댓값)	1	1

$\dfrac{c}{a+b}$ 는? (단, X는 임의의 원소 기호이고, 혼합 용액의 부피는 혼합 전 각 용액의 부피의 합과 같으며, 물의 자동 이온화는 무시한다.)

14 22학년도 수능 20번

다음은 x M $H_2X(aq)$, 0.2M $YOH(aq)$, 0.3M $Z(OH)_2(aq)$의 부피를 달리하여 혼합한 용액 I ~ III에 대한 자료이다.

○ 수용액에서 H_2X는 H^+과 X^{2-}으로, YOH는 Y^+과 OH^-으로, $Z(OH)_2$는 Z^{2+}과 OH^-으로 모두 이온화된다.

혼합 용액	혼합 전 수용액의 부피(mL)			모든 음이온의 몰 농도(M) 합 (상댓값)
	x M $H_2X(aq)$	0.2M $YOH(aq)$	0.3M $Z(OH)_2(aq)$	
I	V	20	0	5
II	$2V$	$4a$	$2a$	4
III	$2V$	a	$5a$	b

○ I 은 산성이다.

○ II에서 $\dfrac{\text{모든 양이온의 양(mol)}}{\text{모든 음이온의 양(mol)}} = \dfrac{3}{2}$ 이다.

○ II와 III의 부피는 각각 100mL이다.

$x \times b$ 는? (단, 혼합 용액의 부피는 혼합 전 각 용액의 부피의 합과 같으며, 물의 자동 이온화는 무시하며, X^{2-}, Y^+, Z^{2+}은 반응하지 않는다.)

15 22학년도 3월 20번

표는 0.8M HX(aq), 0.1M YOH(aq), aM Z(OH)$_2(aq)$을 부피를 달리하여 혼합한 용액 Ⅰ~Ⅲ에 대한 자료이다. 수용액에서 HX는 H$^+$과 X$^-$으로, YOH는 Y$^+$과 OH$^-$으로, Z(OH)$_2$는 Z^{2+}과 OH$^-$으로 모두 이온화된다.

혼합 용액		Ⅰ	Ⅱ	Ⅲ
혼합 전 수용액의 부피(mL)	0.8M HX(aq)	5	1	4
	0.1M YOH(aq)	0	4	6
	aM Z(OH)$_2(aq)$	5	5	6
모든 음이온의 몰 농도(M) 합(상댓값)		5	3	x

$a \times x$는? (단, 혼합 용액의 부피는 혼합 전 각 용액의 부피의 합과 같고, 물의 자동 이온화는 무시하며, X$^-$, Y$^+$, Z^{2+}은 반응하지 않는다.)

① $\dfrac{1}{3}$　　　② $\dfrac{1}{2}$　　　③ 1

④ $\dfrac{3}{2}$　　　⑤ $\dfrac{5}{2}$

16 22학년도 4월 19번

다음은 H$_2$X(aq), Y(OH)$_2(aq)$, ZOH(aq)의 부피를 달리하여 혼합한 용액 (가), (나)에 대한 자료이다.

○ 수용액에서 H$_2$X는 H$^+$과 X^{2-}으로, Y(OH)$_2$는 Y^{2+}과 OH$^-$으로, ZOH는 Z$^+$과 OH$^-$으로 모두 이온화된다.

혼합 용액		(가)	(나)
혼합 전 수용액의 부피(mL)	0.5M H$_2$X(aq)	30	30
	aM Y(OH)$_2(aq)$	10	15
	bM ZOH(aq)	0	15
H$^+$ 또는 OH$^-$의 몰 농도(M)		$\dfrac{1}{4}$	x

○ (가)에서 $\dfrac{\text{모든 음이온의 몰 농도(M)합}}{\text{모든 양이온의 몰 농도(M)합}} > 1$이다.

○ 모든 양이온의 양(mol)은 (가):(나) = 4:9 이다.

x는? (단, 혼합 용액의 부피는 혼합 전 각 용액의 부피의 합과 같고, 물의 자동 이온화는 무시하며, X^{2-}, Y^{2+}, Z$^+$은 반응하지 않는다.)

① $\dfrac{1}{4}$　　　② $\dfrac{3}{4}$　　　③ $\dfrac{5}{6}$

④ $\dfrac{7}{6}$　　　⑤ $\dfrac{4}{3}$

표는 xM $H_2A(aq)$과 yM $NaOH(aq)$의 부피를 달리하여 혼합한 용액 (가)~(라)에 대한 자료이다.

혼합 용액		(가)	(나)	(다)	(라)
혼합 전 용액의 부피 (mL)	$H_2A(aq)$	10	10	20	$2V$
	$NaOH(aq)$	30	40	V	30
모든 음이온의 몰 농도(M) 합 (상댓값)		3	4	8	

(라)에 존재하는 이온 수의 비율로 가장 적절한 것은? (단, 혼합 용액의 부피는 혼합 전 각 용액의 부피의 합과 같고, H_2A는 수용액에서 H^+과 A^{2-}으로 모두 이온화되며, 물의 자동 이온화는 무시한다.)

① 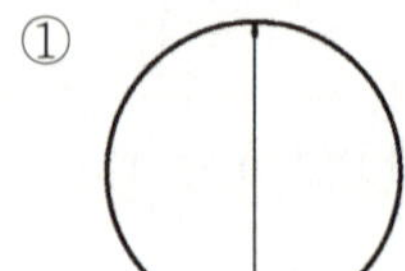

② 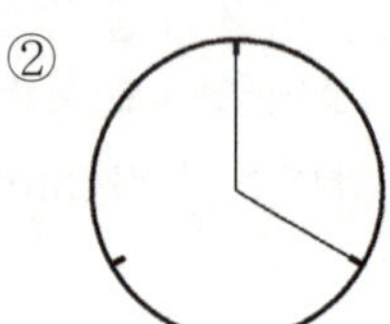

③ 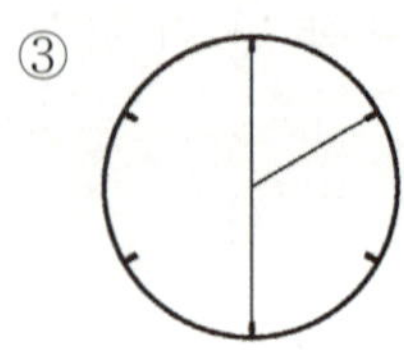

④ 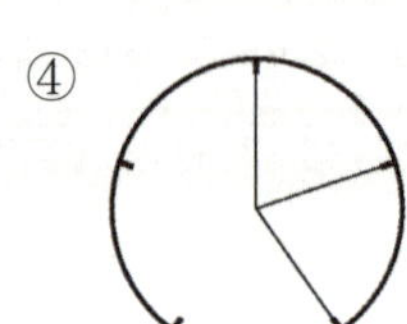

⑤ 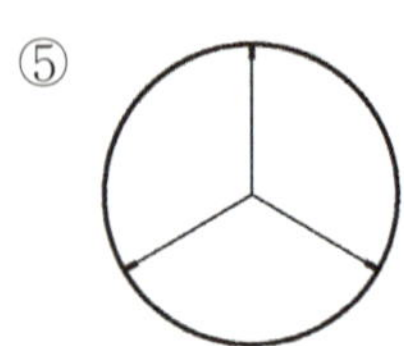

다음은 중화 반응에 대한 실험이다.

[자료]
○ 수용액에서 AOH는 A^+과 OH^-으로, H_2B는 H^+과 B^{2-}으로, HC는 H^+과 C^-으로 모두 이온화된다.

[실험 과정]
(가) aM $AOH(aq)$ 20mL에 bM $H_2B(aq)$ 5mL를 첨가하여 혼합 용액 I 을 만든다.
(나) I 에 cM $HC(aq)$ VmL를 첨가하여 혼합 용액 II를 만든다.
(다) II에 cM $HC(aq)$ 10mL를 첨가하여 혼합 용액 III을 만든다.

[실험 결과]

혼합 용액	II	III
$\dfrac{\text{음이온의 양(mol)}}{\text{양이온의 양(mol)}}$	$\dfrac{2}{3}$	$\dfrac{4}{5}$

○ 모든 음이온의 몰 농도(M)의 합은 I 과 II가 같다.

$\dfrac{c}{a+b} \times V$는? (단, 혼합 용액의 부피는 혼합 전 각 용액의 부피의 합과 같고, 물의 자동 이온화는 무시하며, A^+, B^{2-}, C^-은 반응하지 않는다.)

① 3   ② 5   ③ 6
④ 12   ⑤ 15

19 23학년도 9월 19번

다음은 a M HCl(aq), b M NaOH(aq), c M A(aq)의 부피를 달리하여 혼합한 용액 (가)~(다)에 대한 자료이다. A는 HBr 또는 KOH 중 하나이다.

> ○ 수용액에서 HBr은 H$^+$과 Br$^-$으로, KOH은 K$^+$과 OH$^-$으로 모두 이온화된다.
>
> | 혼합 용액 | 혼합 전 용액의 부피 (mL) | | | 혼합 용액에 존재하는 모든 이온의 몰 농도(M) 비 |
> |---|---|---|---|---|
> | | HCl (aq) | NaOH (aq) | A (aq) | |
> | (가) | 10 | 10 | 0 | 1:1:2 |
> | (나) | 10 | 5 | 10 | 1:1:4:4 |
> | (다) | 15 | 10 | 5 | 1:1:1:3 |
>
> ○ (가)는 산성이다.

(나) 5mL와 (다) 5mL를 혼합한 용액의 $\dfrac{\text{H}^+\text{의 몰 농도(M)}}{\text{Na}^+\text{의 몰 농도(M)}}$는? (단, 혼합 용액의 부피는 혼합 전 각 용액의 부피의 합과 같고, 물의 자동 이온화는 무시한다.)

① $\dfrac{1}{8}$ ② $\dfrac{1}{4}$ ③ $\dfrac{2}{7}$

④ $\dfrac{1}{3}$ ⑤ $\dfrac{5}{8}$

20 22학년도 10월 20번

표는 a M X(OH)$_2$$(aq)$, b M HY(aq), c M H$_2$Z(aq)의 부피를 달리하여 혼합한 용액 I~III에 대한 자료이다. ㉠, ㉡은 각각 b M HY(aq), c M H$_2$Z(aq) 중 하나이고, 수용액에서 X(OH)$_2$는 X^{2+}과 OH$^-$으로, HY는 H$^+$과 Y$^-$으로, H$_2$Z는 H$^+$과 Z$^-$으로 모두 이온화된다.

혼합 용액		I	II	III
혼합 전 수용액의 부피(mL)	a M X(OH)$_2$$(aq)$	V	V	V
	㉠	10	0	10
	㉡	0	20	20
$\dfrac{\text{음이온의 양(mol)}}{\text{양이온의 양(mol)}}$		$\dfrac{5}{4}$		$\dfrac{7}{6}$
Y$^-$과 Z^{2-}의 몰 농도(M)의 합(상댓값)			5	7

$V \times \dfrac{b+c}{a}$는? (단, 혼합 용액의 부피는 혼합 전 각 용액의 부피의 합과 같고, 물의 자동 이온화는 무시하며, X^{2+}, Y$^-$, Z^{2+}은 반응하지 않는다.)

① $\dfrac{20}{3}$ ② 10   ③ $\dfrac{40}{3}$

④ 50   ⑤ 80

21 23학년도 수능 19번

다음은 a M HA(aq), b M H₂B(aq), $\dfrac{5}{2}a$ M NaOH(aq)의 부피를 달리하여 혼합한 수용액 (가)~(다)에 대한 자료이다.

> ○ 수용액에서 HA는 H^+과 A^-으로, H₂B는 H^+과 B^{2-}으로 모두 이온화된다.
>
> | 혼합 수용액 | 혼합 전 수용액의 부피 (mL) | | | 모든 양이온의 몰 농도(M) 합(상댓값) |
> |---|---|---|---|---|
> | | HA (aq) | H₂B (aq) | NaOH (aq) | |
> | (가) | $3V$ | V | $2V$ | 5 |
> | (나) | V | xV | $2xV$ | 9 |
> | (다) | xV | xV | $3V$ | y |
>
> ○ (가)는 중성이다.

$\dfrac{y}{x}$는? (단, 혼합 수용액의 부피는 혼합 전 각 수용액의 부피의 합과 같고, 물의 자동 이온화는 무시한다.)

① 1 ② 2 ③ 3
④ 4 ⑤ 5

22 24학년도 6월 19번

다음은 x M NaOH(aq), y M H₂A(aq), z M HCl(aq)의 부피를 달리하여 혼합한 수용액 (가)~(다)에 대한 자료이다.

> ○ 수용액에서 H₂A는 H^+과 A^{2-}으로 모두 이온화된다.
>
> | 혼합 수용액 | | (가) | (나) | (다) |
> |---|---|---|---|---|
> | 혼합 전 수용액의 부피(mL) | x M NaOH(aq) | a | a | a |
> | | y M H₂A(aq) | 20 | 20 | 20 |
> | | z M HCl(aq) | 0 | 20 | 40 |
> | 모든 음이온의 몰 농도(M) 합 | | $\dfrac{2}{7}$ | | b |
>
> ○ (가)~(다)의 액성은 모두 다르며, 각각 산성, 중성, 염기성 중 하나이다.
>
> ○ (가)에 존재하는 모든 음이온의 양은 0.02 mol이다.
>
> ○ (나)에 존재하는 모든 양이온의 양은 0.03 mol이다.

a×b는? (단, 혼합 수용액의 부피는 혼합 전 각 수용액의 부피의 합과 같고, 물의 자동 이온화는 무시한다.)

① 10 ② 20 ③ 30
④ 40 ⑤ 50

표는 a M HCl(aq), b M NaOH(aq), c M KOH(aq)의 부피를 달리하여 혼합한 용액 (가)~(다)에 대한 자료이다. (가)의 액성은 중성이다.

혼합 용액	혼합 용액	(가)	(나)	(다)
혼합 전 용액의 부피 (mL)	HCl(aq)	10	x	x
	NaOH(aq)	10	20	
	KOH(aq)	10	30	y
혼합 용액에 존재하는 양이온 수의 비율		$\frac{2}{3}$, $\frac{1}{3}$	$\frac{1}{6}$, $\frac{1}{3}$, $\frac{1}{2}$	$\frac{1}{3}$, $\frac{1}{3}$, $\frac{1}{3}$

$\dfrac{x}{y}$ 는? (단, 물의 자동 이온화는 무시한다.)

① 2 ② $\dfrac{3}{2}$ ③ 1

④ $\dfrac{1}{2}$ ⑤ $\dfrac{1}{3}$

다음은 중화 반응 실험이다.

[자료]

○ 수용액에서 H_2A 는 H^+과 A^{2-}으로 모두 이온화된다.

[실험 과정]

(가) x M H_2A(aq)과 y M NaOH(aq)을 준비한다.

(나) 3개의 비커에 (가)의 2가지 수용액의 부피를 달리하여 혼합한 용액 Ⅰ~Ⅲ을 만든다.

[실험 결과]

○ Ⅰ~Ⅲ의 액성은 모두 다르며, 각각 산성, 중성, 염기성 중 하나이다.

○ 혼합 용액 Ⅰ~Ⅲ에 대한 자료

혼합 용액	혼합 전 수용액의 부피(mL)		모든 양이온의 몰 농도(M) 합
	x M H_2A(aq)	y M NaOH(aq)	
Ⅰ	V	10	2
Ⅱ	V	20	2
Ⅲ	3V	40	㉠

㉠ $\times \dfrac{x}{y}$ 는? (단, 혼합 용액의 부피는 혼합 전 각 용액의 부피의 합과 같고, 물의 자동 이온화는 무시한다.)

① $\dfrac{4}{7}$ ② $\dfrac{8}{7}$ ③ $\dfrac{12}{7}$

④ $\dfrac{15}{7}$ ⑤ $\dfrac{18}{7}$

25 23년 3월 20번

다음은 0.1M HA(aq), aM XOH(aq), $3a$M Y(OH)$_2$(aq)을 혼합한 용액 (가)와 (나)에 대한 자료이다.

- 수용액에서 HA는 H$^+$과 A$^-$으로, XOH는 X$^+$과 OH$^-$으로, Y(OH)$_2$는 Y^{2+}과 OH$^-$으로 모두 이온화된다.
- ㉠과 ㉡은 각각 a M XOH(aq), $3a$ M Y(OH)$_2$(aq) 중 하나이다.

혼합 용액		(가)	(나)
혼합 전 수용액의 부피(mL)	0.1M HA(aq)	50	50
	㉠	20	V
	㉡	30	20
$\dfrac{[\mathrm{X}^+]+[\mathrm{Y}^{2+}]}{[\mathrm{A}^-]}$ (상댓값)		18	7

- (나)는 중성이다.

$\dfrac{V}{a}$는? (단, 혼합 용액의 부피는 혼합 전 각 수용액의 부피의 합과 같고, X$^+$, Y^{2+}, A$^-$은 반응하지 않는다.)

① 30　　② 40　　③ 50
④ 100　　⑤ 300

26 23년 4월 20번

표는 X(OH)$_2$(aq), HY(aq), H$_2$Z(aq)의 부피를 달리하여 혼합한 용액 (가)와 (나)에 대한 자료이다.

혼합 용액		(가)	(나)
혼합 전 수용액의 부피(mL)	a M X(OH)$_2$(aq)	V	2V
	$2a$ M HY(aq)	15	㉠
	b M H$_2$Z(aq)	15	
모든 이온 수의 비		1 : 2 : 2	1 : 1 : 2 : 3
모든 양이온의 양(mol)		N	2N

$\dfrac{b}{a}\times$㉠은? (단, 수용액에서 X(OH)$_2$는 X^{2+}과 OH$^-$으로, HY는 H$^+$과 Y$^-$으로, H$_2$Z는 H$^+$과 Z^{2-}으로 모두 이온화하고, 물의 자동 이온화는 무시하며, X^{2+}, Y$^-$, Z^{2-}은 반응하지 않는다.)

① 5　　② 10　　③ 15
④ 20　　⑤ 30

27 23년 7월 20번

표는 $NaOH(aq)$, $HA(aq)$, $H_2B(aq)$의 부피를 달리하여 혼합한 용액 (가)~(다)에 대한 자료이다. 수용액에서 HA는 H^+과 A^-으로, H_2B는 H^+과 B^{2-}으로 모두 이온화된다.

혼합용액		(가)	(나)	(다)
혼합 전 수용액의 부피(mL)	$NaOH(aq)$	30	10	20
	$HA(aq)$	20	x	15
	$H_2B(aq)$	10	y	5
음이온 수의 비		3 : 2 : 2	1 : 1	5 : 3 : 2
모든 양이온의 몰 농도(M) 합(상댓값)		1	1	

$x+y$는? (단, 혼합 용액의 부피는 혼합 전 각 용액의 부피의 합과 같고, 물의 자동 이온화는 무시한다.)

① 15 ② 20 ③ 25

④ 30 ⑤ 35

28 23년 10월 19번

표는 a M $H_2X(aq)$, b M $HCl(aq)$, $2b$ M $NaOH(aq)$의 부피를 달리하여 혼합한 수용액 (가)~(다)에 대한 자료이다. 수용액에서 H_2X는 H^+과 X^{2-}으로 모두 이온화된다.

혼합 수용액		(가)	(나)	(다)
혼합 전 수용액의 부피(mL)	a M $H_2X(aq)$	10	20	20
	b M $HCl(aq)$	20	10	20
	$2b$ M $NaOH(aq)$	10	10	40
모든 양이온의 몰 농도(M) 합(상댓값)		3	3	㉠

$\dfrac{a}{b} \times ㉠$은? (단, 혼합 수용액의 부피는 혼합 전 각 수용액의 부피의 합과 같고, 물의 자동 이온화는 무시한다.)

① $\dfrac{4}{3}$ ② $\dfrac{3}{2}$ ③ 2

④ $\dfrac{5}{2}$ ⑤ 4

▎중화 적정

1. 중화 적정

농도를 모르는 산이나 염기의 농도를 중화 반응의 양적 관계 $(nMV = n'M'V')$ 를 통해 알아내는 실험 방법이다. 이때 농도를 정확히 알고 있는 산이나 염기 수용액이 사용되는데, 이를 **표준 용액**이라고 한다.

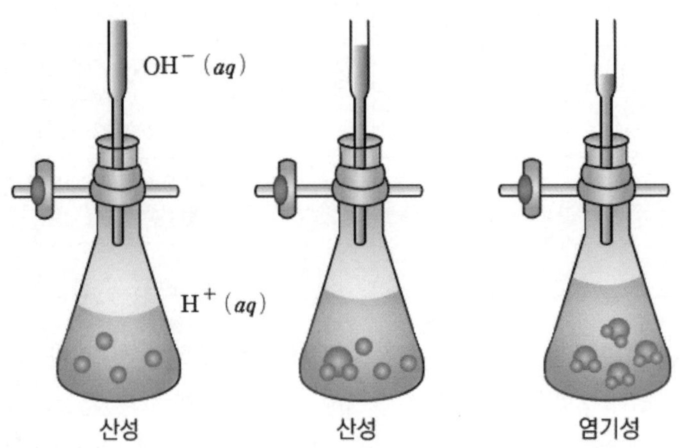

(1) 중화 적정에 사용되는 실험 기구

▶ **피펫** : 액체의 부피를 정확히 취하여 옮길 때 사용한다.

▶ **뷰렛** : 넣어주는 표준 용액의 부피를 측정할 때 사용한다.

▶ **삼각 플라스크** : 농도를 측정하고자 하는 수용액을 담는 데 사용한다.

▶ **페놀프탈레인 용액** : 산성과 중성에서는 무색, 염기성에서는 붉은색을 띠는 지시약

Caution

중화적정 유형에서 한가지 우려되는 점은, 많은 문제들이 1가 와 1가의 중화적정을 출제하기 때문에 무의식적으로 수험생분들이 가수를 고려하지 않으시고 부피와 몰농도만을 곱하시는게 몸에 익숙해지시는 경우가 있으신데, 2가와 1가의 중화적정 역시 출제될 수 있는 요소이므로, 중화적정의 양적관계$(nMV = n'M'V')$를 사용하심에 있어서 n, n'의 가수를 항상 생각해야 한다.

농도를 모르는 염산(HCl) 의 몰 농도 알아내기

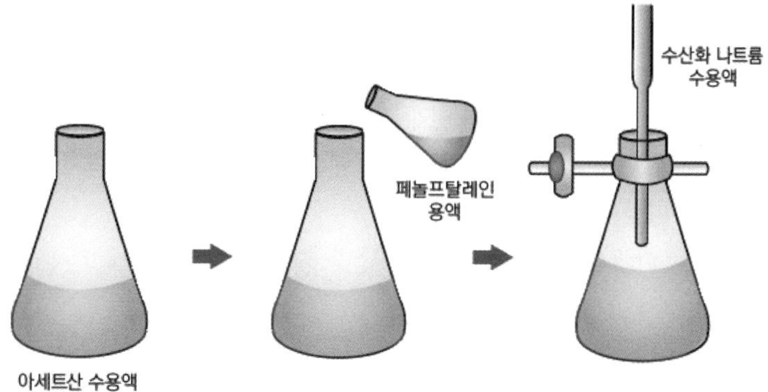

1) 피펫으로 $HCl(aq)$ 100mL 를 취하여 삼각 플라스크에 넣고, 페놀프탈레인 용액을 2~3방울 떨어뜨린다. 깔때기를 이용해 뷰렛이 0.1M $NaOH$ 표준 용액을 넣고 꼭지를 열어 표준 용액을 흘려주어 뷰렛 끝까지 표준 용액을 채운 후 뷰렛의 눈금을 읽는다.

2) 그림과 같이 장치한 후 뷰렛 꼭지를 열어 0.1M $NaOH$ 표준 용액을 삼각플라스크에 조금씩 떨어뜨린다.

3) 붉은색이 나타나면 삼각 플라스크를 흔들어 주면서 한 방울씩 떨어뜨리고 붉은색이 사라지지 않을 때 꼭지를 잠근 후 뷰렛의 눈금을 읽는다. ex) 눈금의 차이가 50mL 라고 해보자.

4) 반응한 염산(HCl)이 내놓은 H^+의 양과 반응한 $NaOH$가 내놓은 OH^-의 양은 같으므로
   HCl의 농도를 aM 이라고 하면 $1 \times a\,M \times 0.1L = 1 \times 0.1M \times 0.05L$ 에서 HCl의 몰 농도는 $0.05M$ 이다.

(1) 식초 속 아세트산의 함량 구하기

1) 전자저울 위에 삼각 플라스크를 올려놓고 영점 조정을 한 다음, 삼각 플라스크에 식초 10mL 를 넣고 질량을 측정한다.
2) 과정 1의 삼각 플라스크에 증류수 100mL 를 넣은 다음, 페놀프탈레인 용액을 2~3 방울 떨어뜨린다.
3) 0.1M 수산화 나트륨 ($NaOH$) 수용액을 뷰렛에 채운 다음 뷰렛의 눈금을 기록한다.
4) 과정 2의 삼각 플라스크에 자석을 넣고 자석 젓개 위에 올려놓은 다음 자석 젓개를 작동시킨다.
5) 0.1M 수산화 나트륨 수용액을 조금씩 가하면서 옅은 분홍색을 띠면 뷰렛 꼭지를 잠근 후, 그때까지 가한 수산화 나트륨 수용액의 부피를 구한다.

example

식초 10mL에 0.1M 수산화 나트륨 수용액을 완전히 중화될 때까지 가하였더니 가한 수산화 나트륨 수용액의 부피가 100mL였다. 식초 속 아세트산의 함량을 구해 보자.
(단, 식초에 산은 아세트산만 있다고 가정하며, 식초의 질량은 10g, 아세트산의 분자량은 60.0이다.)

1) 중화 반응의 양적 관계를 이용하여 식초 속 아세트산의 농도(x)를 구한다.

$$1 \times x\mathrm{M} \times 0.01\mathrm{L} = 1 \times 0.1\mathrm{M} \times 0.1\mathrm{L}$$
$$x = 1.0$$

아세트산의 농도는 1.0M이다.

2) 아세트산의 질량을 구하여 식초 속 아세트산의 함량(%)을 구한다.
식초 속 아세트산의 농도는 1.0M이므로 식초 10mL에는 아세트산 0.01mol이 들어 있다.
아세트산 1mol의 질량은 60.0g이므로 아세트산 0.01mol의 질량은 0.6g이다.
식초의 질량은 10g이므로 식초 속 아세트산의 함량은 다음과 같다.

$$\frac{\text{아세트산의 질량}}{\text{식초의 질량}} \times 100 = \frac{0.6\mathrm{g}}{10\mathrm{g}} \times 100 = 6\%$$

memo

01 20학년도 3월 16번

다음은 $CH_3COOH(aq)$의 몰 농도를 구하기 위한 실험이다.

[실험 과정]

(가) $CH_3COOH(aq)$ 10mL를 삼각 플라스크에 넣고 페놀프탈레인 용액을 2~3방울 떨어뜨린다.

(나) 0.1M $NaOH(aq)$을 ㉠에 넣은 다음 꼭지를 열어 수용액을 약간 흘려보낸 후 꼭지를 닫고 눈금(mL)을 읽는다.

(다) ㉠의 꼭지를 열어 (가)의 용액에 $NaOH(aq)$을 조금씩 가하다가 플라스크를 흔들어도 혼합 용액의 붉은색이 사라지지 않으면 꼭지를 닫고 눈금(mL)을 읽는다.

[실험 결과]

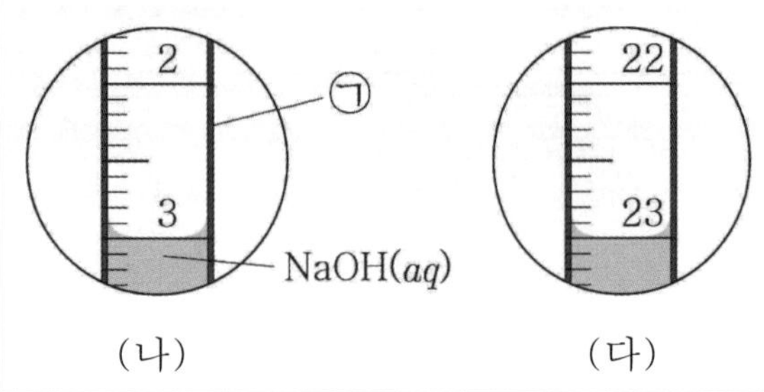

이에 대한 옳은 설명만을 <보기>에서 있는 대로 고른 것은?

<보 기>

ㄱ. ㉠은 피펫이다.

ㄴ. $CH_3COOH(aq)$의 몰 농도는 0.2M이다.

ㄷ. (다)에서 생성된 물의 양(mol)은 0.002몰이다.

02 21학년도 9월 9번

다음은 아세트산(CH_3COOH) 수용액의 몰 농도(M)를 알아보기 위한 중화 적정 실험이다.

[실험 과정]

(가) $CH_3COOH(aq)$을 준비한다.

(나) (가)의 수용액 10mL에 물을 넣어 100mL 수용액을 만든다.

(다) (나)에서 만든 수용액 ㉠ mL를 삼각 플라스크에 넣고 페놀프탈레인 용액을 몇 방울 떨어뜨린다. 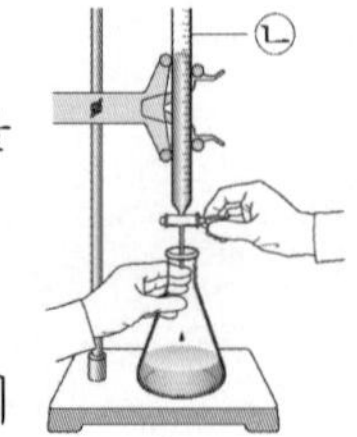

(라) 그림과 같이 ㉡ A에 들어 있는 0.2M $NaOH(aq)$을 (다)의 삼각 플라스크에 한 방울씩 떨어뜨리면서 삼각 플라스크를 흔들어준다.

(마) (라)의 삼각 플라스크 속 수용액 전체가 붉은색으로 변하는 순간 적정을 멈추고 적정에 사용된 $NaOH(aq)$의 부피(V)를 측정한다.

[실험 결과]

○ V : 10mL

○ (가)에서 $CH_3COOH(aq)$의 몰 농도 : 1.0M

다음 중 ㉠과 ㉡으로 가장 적절한 것은? (단, 온도는 25℃로 일정하다.)

03 20학년도 10월 4번

다음은 식초 속 아세트산의 함량을 구하기 위해 학생 A가 수행한 실험 과정이다.

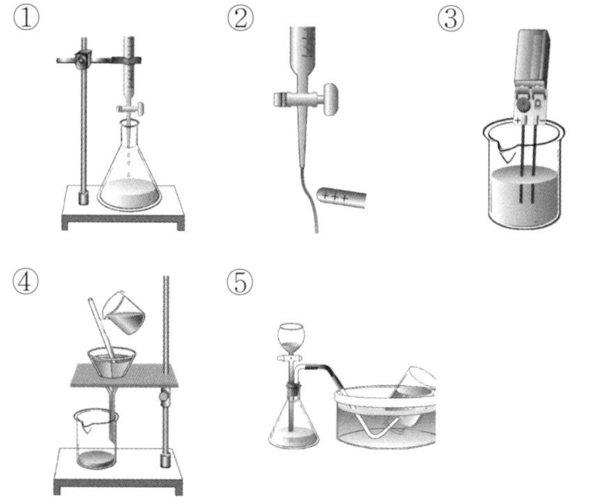

[실험 과정]

(가) 표준 용액으로 0.1M NaOH(aq)을 준비한다.

(나) 식초 w g 을 완전히 중화시키는 데 필요한 NaOH(aq)의 부피를 구한다.

학생 A가 사용한 실험 장치로 가장 적절한 것은?

04 21학년도 수능 11번

다음은 아세트산 수용액(CH₃COOH(aq))의 중화 적정 실험이다.

[실험 과정]

(가) CH₃COOH(aq)을 준비한다.

(나) (가)의 수용액 x mL에 물을 넣어 50mL 수용액을 만든다.

(다) (나)에서 만든 수용액 30mL를 삼각 플라스크에 넣고 페놀프탈레인 용액을 2~3방울 떨어뜨린다.

(라) (다)의 삼각 플라스크에 0.1M NaOH(aq)을 한 방울씩 떨어뜨리면서 삼각 플라스크를 흔들어 준다.

(마) (라)의 삼각 플라스크 속 수용액 전체가 붉은색으로 변하는 순간 적정을 멈추고 적정에 사용된 NaOH(aq)의 부피(V)를 측정한다.

[실험 결과]

○ V : y mL

○ (가)에서 CH₃COOH(aq)의 몰 농도 : a M

x와 y로 a를 나타내면?
(단, 온도는 25℃로 일정하다.)

다음은 3가지 실험 기구 A~C와 아세트산 (CH_3COOH) 수용액의 중화 적정 실험이다. ㉠은 A~C 중 하나이다.

[실험 기구]

A. 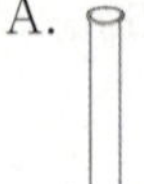   B.    C. 

[실험 과정]

(가) 삼각 플라스크에 x M $CH_3COOH(aq)$ 20mL를 넣고 페놀프탈레인 용액을 2~3방울 떨어뜨린다.

(나) ㉠ 에 들어 있는 0.5M $NaOH(aq)$을 (가)의 삼각 플라스크에 한 방울씩 떨어뜨리면서 섞는다.

(다) (나)의 삼각 플라스크 속 용액 전체가 붉은색으로 변하는 순간까지 넣어 준 $NaOH(aq)$의 부피를 측정한다.

[실험 결과]

○ 중화점까지 넣어 준 $NaOH(aq)$의 부피 : 40mL

이에 대한 설명으로 옳은 것만을 <보기>에서 있는 대로 고른 것은? (단, 온도는 일정하다.)

──── <보 기> ────

ㄱ. ㉠은 B이다.

ㄴ. 중화점까지 넣어 준 NaOH의 양은 0.02mol이다.

ㄷ. $x = 0.25$ 이다.

다음은 중화 적정 실험이다.

[실험 과정]

(가) x M $CH_3COOH(aq)$ 25mL에 물을 넣어 100mL 수용액을 만든다.

(나) 삼각 플라스크에 (가)에서 만든 수용액 40mL를 넣고, 페놀프탈레인 용액을 2~3 방울 떨어뜨린다.

(다) 0.2M $NaOH(aq)$을 뷰렛에 넣고 (나)의 삼각 플라스크에 한 방울씩 떨어뜨리면서 삼각 플라스크를 흔들어 준다.

(라) (다)의 삼각 플라스크 속 수용액 전체가 붉게 변하는 순간 적정을 멈추고, 적정에 사용된 $NaOH(aq)$의 부피(V_1)를 측정한다.

(마) 0.2M $NaOH(aq)$ 대신 y M $NaOH(aq)$을 사용해서 과정 (나)~(라)를 반복하여 적정에 사용된 $NaOH(aq)$의 부피 (V_2)를 측정한다.

[실험 결과]

○ V_1 : 40mL

○ V_2 : 16mL

$x + y$ 는? (단, 온도는 25℃로 일정하다.)

22학년도 수능 13번

다음은 중화 적정 실험이다.

[실험 과정]

(가) a M $CH_3COOH(aq)$ 10mL와 0.5M
   $CH_3COOH(aq)$ 15mL를 혼합한 후,
   물을 넣어 50mL 수용액을 만든다.

(나) 삼각 플라스크에 (가)에서 만든 수용액
   20mL를 넣고 페놀프탈레인 용액을
   2~3 방울 떨어뜨린다.

(다) 0.1M $NaOH(aq)$을 뷰렛에 넣고 (나)의
   삼각 플라스크에 한 방울씩 떨어뜨리면
   서 삼각 플라스크를 흔들어 준다.

(라) (다)의 삼각 플라스크 속 수용액 전체가
   붉은색으로 변하는 순간 적정을 멈추고
   적정에 사용된 $NaOH(aq)$의 부피를 측정
   한다.

[실험 결과]

○ 적정에 사용된 $NaOH(aq)$의 부피 : 38mL

---

a는? (단, 온도는 25℃로 일정하다.)

22학년도 3월 16번

다음은 $CH_3COOH(aq)$의 몰 농도를 구하기 위한
실험이다.

[실험 과정]

(가) 0.1M $NaOH(aq)$을 뷰렛에 넣은 다음,
   꼭지를 잠시 열었다 닫고 처음 눈금을
   읽는다.

(나) 피펫을 이용해 $CH_3COOH(aq)$ 10mL를
   삼각 플라스크에 넣고 페놀프탈레인
   용액을 몇 방울 떨어뜨린다.

(다) 뷰렛의 꼭지를 열어 (나)의 삼각 플라스
   크에 $NaOH(aq)$을 조금씩 가하면서
   삼각 플라스크를 잘 흔들어 주고, 혼합
   용액 전체가 붉은색으로 변하는 순간
   뷰렛의 꼭지를 닫고 나중 눈금을 읽는다.

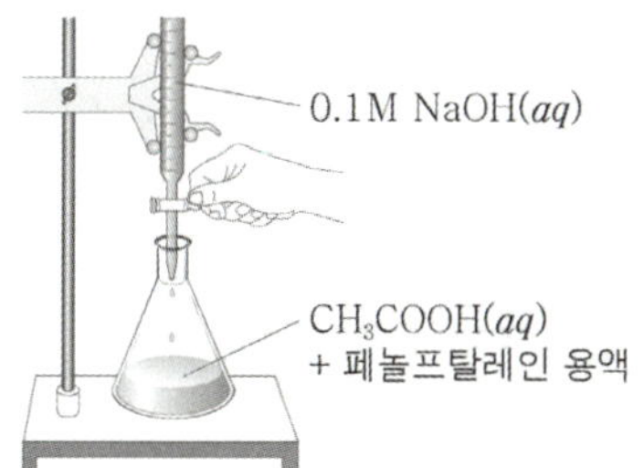

[실험 결과]

○ (가)에서 뷰렛의 처음 눈금 : 8.3mL

○ (다)에서 뷰렛의 나중 눈금 : 28.3mL

○ $CH_3COOH(aq)$의 몰 농도 : aM

이에 대한 옳은 설명만을 <보기>에서 있는 대
로 고른 것은? (단, 온도는 25℃로 일정하고, 물
의 자동 이온화는 무시한다.)

<보 기>

ㄱ. (다)에서 삼각 플라스크 속 용액의 pH는
   증가한다.

ㄴ. a=0.05이다.

ㄷ. (다)에서 생성된 H_2O의 양은 0.002mol이다.

---

① ㄱ   ② ㄴ   ③ ㄱ, ㄷ

④ ㄴ, ㄷ   ⑤ ㄱ, ㄴ, ㄷ

09 22학년도 4월 10번

다음은 중화 적정에 관한 탐구 활동지의 일부와 탐구 활동 후 선생님과 학생의 대화이다.

탐구 활동지

[탐구 주제]

중화 적정으로 $CH_3COOH(aq)$의 몰 농도(M) 구하기

[탐구 과정]

(가) 삼각 플라스크에 $CH_3COOH(aq)$ 10mL를 넣고, 페놀프탈레인 용액 2~3방울을 떨어뜨린다.

(나) (가)의 삼각 플라스크에 0.5M $NaOH(aq)$을 떨어뜨리면서 수용액 전체가 붉은색으로 변하는 순간 적정을 멈추고, 적정에 사용된 $NaOH(aq)$의 부피(V)를 측정한다.

[탐구 결과]

V=22mL

선생님 : 탐구 활동으로부터 구한

　　　　$CH_3COOH(aq)$의 몰 농도를 말해 볼까요?

학　생 : ⬚ ㉠ ⬚ M입니다.

선생님 : 탐구 결과로부터 구한 값은 맞아요. 하지만 탐구 과정에서 사용한 $CH_3COOH(aq)$의 실제 몰 농도는 1M입니다. 탐구 과정에서 한 가지만 잘못하여 오차가 발생했다고 가정할 때, 오차가 발생한 원인에는 무엇이 있을까요?

학　생 : 적정을 중화점 ⬚ ㉡ ⬚ 에 멈추어서 오차가 발생한 것 같습니다.

학생의 의견이 타당할 때, ㉠과 ㉡으로 가장 적절한 것은?

	㉠	㉡		㉠	㉡
①	0.9	전	②	0.9	후
③	1.1	전	④	1.1	후
⑤	1.5	전			

10 23학년도 6월 15번

다음은 $CH_3COOH(aq)$에 대한 실험이다.

[실험 목적]

⬚ ㉠ ⬚ 실험으로 $CH_3COOH(aq)$의 몰 농도를 구한다.

[실험 과정]

(가) $CH_3COOH(aq)$을 준비한다.

(나) (가)의 수용액 10mL에 물을 넣어 100mL 수용액을 만든다.

(다) (나)에서 만든 수용액 20mL를 삼각 플라스크에 넣고 페놀프탈레인 용액을 2~3방울 떨어뜨린다.

(라) (다)의 삼각 플라스크 속 수용액 전체가 붉게 변하는 순간까지 0.2M $KOH(aq)$ $KOH(aq)$을 넣는다.

(마) (라)의 삼각 플라스크에 넣어 준 $KOH(aq)$의 부피(V)를 측정한다.

[실험 결과]

○ V : xmL

○ (가)에서 $CH_3COOH(aq)$의 몰 농도 : aM

다음 중 ㉠과 a로 가장 적절한 것은? (단, 온도는 일정하다.)

	㉠	a		㉠	a
①	중화 적정	x	②	산화 환원	$\dfrac{x}{10}$
③	중화 적정	$\dfrac{x}{10}$	④	산화 환원	$\dfrac{x}{100}$
⑤	중화 적정	$\dfrac{x}{100}$			

11 22학년도 7월 14번

다음은 중화 적정 실험이다.

[실험 과정]

(가) aM $CH_3COOH(aq)$ 20mL를 준비한다.

(나) (가)의 용액 xmL를 취하여 용액 I을 준비한다.

(다) (나)에서 사용하고 남은 (가)의 용액에 물을 넣어 bM $CH_3COOH(aq)$ 25mL 용액 II를 만든다.

(라) 삼각 플라스크에 용액 I을 모두 넣고 페놀프탈레인 용액을 2~3방울 떨어뜨린다.

(마) (라)의 용액에 0.1M $NaOH(aq)$을 한 방울씩 떨어뜨리고, 용액 전체가 붉게 변하는 순간 적정을 멈춘 후 적정에 사용된 $NaOH(aq)$의 부피(V_1)를 측정한다.

(바) I 대신 II를 사용해서 과정 (라)와 (마)를 반복하여 적정에 사용된 $NaOH(aq)$의 부피(V_2)를 측정한다.

[실험 결과]

○ V_1 : 25mL

○ V_2 : 75mL

$\dfrac{b}{a} \times x$는? (단, 온도는 25℃로 일정하다.)

① $\dfrac{1}{5}$　　　② $\dfrac{1}{3}$　　　③ 1

④ 3　　　⑤ 5

12 23학년도 9월 17번

다음은 중화 적정을 이용하여 식초 1g에 들어 있는 아세트산(CH_3COOH)의 질량을 알아보기 위한 실험이다.

[실험 과정]

(가) 25℃에서 밀도가 dg/mL인 식초를 준비한다.

(나) (가)의 식초 10mL에 물을 넣어 100mL 수용액을 만든다.

(다) (나)에서 만든 수용액 20mL를 삼각 플라스크에 넣고 페놀프탈레인 용액을 2~3방울 떨어뜨린다.

(라) (다)의 삼각 플라스크에 0.25M $NaOH(aq)$을 한 방울씩 떨어뜨리면서 삼각 플라스크를 흔들어 준다.

(마) (라)의 삼각 플라스크 속 수용액 전체가 붉은색으로 변하는순간 적정을 멈추고 적정에 사용된 $NaOH(aq)$의 부피(V)를 측정한다.

[실험 결과]

○ V : amL

○ (가)에서 식초 1g에 들어 있는 CH_3COOH의 질량 : xg

x는? (단, CH_3COOH의 분자량은 60이고, 온도는 25℃로 일정하며, 중화 적정 과정에서 식초에 포함된 물질 중 CH_3COOH만 $NaOH$과 반응한다.)

① $\dfrac{3a}{40d}$　　　② $\dfrac{3a}{80d}$　　　③ $\dfrac{3a}{200d}$

④ $\dfrac{3a}{400d}$　　　⑤ $\dfrac{3a}{2000d}$

13 22학년도 10월 11번

다음은 중화 적정 실험이다. NaOH의 화학식량은 40이다.

[실험 과정]

(가) $NaOH(s)$ wg을 모두 물에 녹여 $NaOH(aq)$ 500mL를 만든다.

(나) (가)에서 만든 $NaOH(aq)$을 뷰렛에 넣은 다음, 꼭지를 잠시 열었다 닫고 처음 눈금을 읽는다.

(다) 삼각 플라스크에 aM $CH_3COOH(aq)$ 20mL를 넣고, 페놀프탈레인 용액을 2~3 방울 떨어뜨린다.

(라) 뷰렛의 꼭지를 열어 (다)의 삼각 플라스크에 $NaOH(aq)$을 조금씩 가하면서 삼각 플라스크를 잘 흔들어 준다.

(마) (라)의 삼각 플라스크 속 수용액 전체가 붉게 변하는 순간 뷰렛의 꼭지를 닫고 나중 눈금을 읽는다.

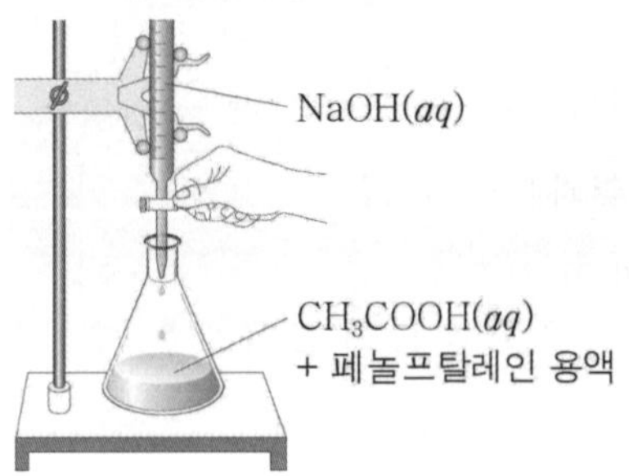

[실험 결과]

○ (나)에서 뷰렛의 처음 눈금 : 2.5mL

○ (마)에서 뷰렛의 나중 눈금 : 17.5mL

a는? (단, 온도는 일정하다.)

① $\dfrac{3}{80}w$ ② $\dfrac{1}{15}w$ ③ $\dfrac{3}{40}w$

④ $\dfrac{4}{3}w$ ⑤ $6w$

14 23학년도 수능 17번

다음은 25℃에서 식초 A 1g에 들어 있는 아세트산(CH_3COOH)의 질량을 알아보기 위한 중화 적정 실험이다.

[자료]

○ 25℃에서 식초 A의 밀도 : dg/mL

○ CH_3COOH의 분자량 : 60

[실험 과정 및 결과]

(가) 식초 A 10mL에 물을 넣어 수용액 50mL를 만들었다.

(나) (가)의 수용액 20mL에 페놀프탈레인 용액을 2~3방울 넣고 aM $KOH(aq)$으로 적정하였을 때, 수용액 전체가 붉게 변하는 순간까지 넣어 준 $KOH(aq)$의 부피는 30mL이었다.

(다) (나)의 적정 결과로부터 구한 식초 A 1g에 들어 있는 CH_3COOH의 질량은 0.05g이었다.

a는? (단, 온도는 25℃로 일정하고, 중화 적정 과정에서 식초 A에 포함된 물질 중 CH_3COOH만 KOH과 반응한다.)

① $\dfrac{d}{9}$ ② $\dfrac{d}{6}$ ③ $\dfrac{5d}{18}$

④ $\dfrac{d}{3}$ ⑤ $\dfrac{5d}{9}$

15 24학년도 6월 16번

다음은 25℃에서 식초 A, B 각 1g에 들어 있는 아세트산(CH_3COOH)의 질량을 알아보기 위한 중화 적정 실험이다.

[자료]
- CH_3COOH 의 분자량은 60이다.
- 25℃에서 식초 A, B의 밀도(g/mL)는 각각 d_A, d_B 이다.

[실험 과정]
(가) 식초 A, B를 준비한다.
(나) (가)의 A, B 각 10mL에 물을 넣어 각각 50mL 수용액 Ⅰ, Ⅱ를 만든다.
(다) x mL의 Ⅰ에 페놀프탈레인 용액을 2~3방울 넣고 0.1M NaOH(aq)으로 적정하였을 때, 수용액 전체가 붉게 변하는 순간까지 넣어 준 NaOH(aq)의 부피(V)를 측정한다.
(라) x mL의 Ⅰ 대신 y mL의 Ⅱ를 이용하여 (다)를 반복한다.

[실험 결과]
- (다)에서 V : $4a$ mL
- (라)에서 V : $5a$ mL
- (가)에서 식초 1g에 들어 있는 CH_3COOH의 질량

식초	A	B
CH_3COOH의 질량(g)	$16w$	$15w$

$\dfrac{x}{y}$ 는? (단, 온도는 25℃로 일정하고, 중화 적정 과정에서 식초 A, B에 포함된 물질 중 CH_3COOH만 NaOH과 반응한다.)

① $\dfrac{4d_B}{3d_A}$ ② $\dfrac{6d_B}{5d_A}$ ③ $\dfrac{5d_B}{6d_A}$

④ $\dfrac{3d_B}{4d_A}$ ⑤ $\dfrac{d_B}{2d_A}$

16 24학년도 9월 15번

다음은 25℃에서 식초 1g에 들어 있는 아세트산(CH_3COOH)의 질량을 알아보기 위한 중화 적정 실험이다.

[실험 과정]
(가) 식초 10g을 준비한다.
(나) (가)의 식초에 물을 넣어 25℃에서 밀도가 dg/mL인 수용액 50g을 만든다.
(다) (나)에서 만든 수용액 20mL에 페놀프탈레인 용액을 2~3방울 넣고 x M NaOH(aq)으로 적정한다.
(라) (다)의 수용액 전체가 붉게 변하는 순간까지 넣어준 NaOH(aq)의 부피(V)를 측정한다.

[실험 결과]
- V : 50mL
- (가)에서 식초 1g에 들어 있는 CH_3COOH의 질량 : a g

x는? (단, CH_3COOH의 분자량은 60이고, 온도는 25℃로 일정하며, 중화 적정 과정에서 식초에 포함된 물질 중 CH_3COOH만 NaOH과 반응한다.)

① $\dfrac{ad}{3}$ ② $\dfrac{2ad}{3}$ ③ ad

④ $\dfrac{4ad}{3}$ ⑤ $\dfrac{5ad}{3}$

17 24학년도 수능 16번

다음은 25℃에서 식초에 들어 있는 아세트산(CH_3COOH)의 질량을 알아보기 위한 중화 적정 실험이다.

[자료]

○ 25℃에서 식초 A, B의 밀도(g/mL)는 각각 d_A, d_B이다.

[실험 과정]

(가) 식초 A, B를 준비한다.

(나) A 20mL에 물을 넣어 수용액 I 100mL를 만든다.

(다) 50mL의 I 에 페놀프탈레인 용액을 2~3 방울 넣고 a M NaOH(aq)으로 적정하였을 때, 수용액 전체가 붉게 변하는 순간까지 넣어준 NaOH(aq)의 부피(V)를 측정한다.

(라) B 20mL에 물을 넣어 수용액 II 100g을 만든다.

(마) 50mL의 I 대신 50g의 II를 이용하여 (다)를 반복한다.

[실험 결과]

○ (다)에서 V : 10mL

○ (마)에서 V : 25mL

○ 식초 A, B 각 1g에 들어 있는 CH_3COOH의 질량

식초	A	B
CH_3COOH의 질량(g)	0.02	x

---

x는? (단, 온도는 25℃로 일정하고, 중화 적정 과정에서 식초 A, B에 포함된 물질 중 CH_3COOH만 NaOH과 반응한다.)

① $\dfrac{d_A}{20d_B}$ ② $\dfrac{d_A}{10d_B}$ ③ $\dfrac{d_B}{50d_A}$

④ $\dfrac{d_B}{20d_A}$ ⑤ $\dfrac{d_B}{10d_A}$

18 23년 3월 14번

다음은 $CH_3COOH(aq)$에 대한 중화 적정 실험이다.

[실험 과정]

(가) 밀도가 dg/mL인 $CH_3COOH(aq)$을 준비한다.

(나) (가)의 $CH_3COOH(aq)$ 20mL를 취하여 삼각 플라스크에 넣고 페놀프탈레인 용액을 2~3방울 떨어뜨린다.

(다) (나)의 삼각 플라스크 속 용액 전체가 붉은색으로 변하는 순간까지 aM NaOH(aq)을 가하고, 적정에 사용된 NaOH(aq)의 부피를 구한다.

[실험 결과]

○ 적정에 사용된 NaOH(aq)의 부피 : VmL

(가)의 $CH_3COOH(aq)$ 100g에 포함된 CH_3COOH의 질량(g)은? (단, CH_3COOH의 분자량은 60이고, 온도는 일정하다.)

① $\dfrac{aV}{5d}$ ② $\dfrac{3aV}{10d}$ ③ $\dfrac{5aV}{3d}$

④ $\dfrac{5d}{3aV}$ ⑤ $\dfrac{60d}{aV}$

19 23년 4월 10번

표는 25℃에서 중화 적정을 이용하여
$CH_3COOH(aq)$ 의 몰 농도(M)를 구하는 실험
Ⅰ, Ⅱ에 대한 자료이다. 25℃에서 x M
$CH_3COOH(aq)$의 밀도는 dg/mL이다.

실험	중화 적정한 xM $CH_3COOH(aq)$의 양	중화점까지 넣어 준 0.1M $NaOH(aq)$의 부피
Ⅰ	5mL	10mL
Ⅱ	w g	20mL

$\dfrac{w}{x}$ 는? (단, 온도는 25℃로 일정하다.)

① $\dfrac{1}{50d}$ ② $\dfrac{1}{20d}$ ③ 5d

④ 10d ⑤ 50d

20 23년 7월 9번

다음은 중화 적정 실험이다.

[실험 과정]

(가) x M $CH_3COOH(aq)$을 준비한다.

(나) (가)의 수용액 50mL에 물을 넣어
 200mL를 만든다.

(다) (나)에서 만든 수용액 40mL를 삼각
 플라스크에 넣고 페놀프탈레인 용액을
 2~3방울 떨어뜨린다.

(라) (다)의 삼각 플라스크에 0.1M
 $NaOH(aq)$을 한 방울씩 떨어뜨리고,
 용액 전체가 붉게 변하는 순간 적정을
 멈춘 후 적정에 사용된 $NaOH(aq)$의
 부피(V)를 측정한다.

[실험 결과]

○ V : 20mL

x는? (단, 온도는 일정하다.)

① 0.05 ② 0.2 ③ 0.25

④ 0.4 ⑤ 0.8

Chapter 11

산화 환원 반응

11 산화 환원 반응

▎들어가기

위 단원 역시 크게 변별력을 갖는 문제는 출제되기 힘든 상황입니다. 이미 오랜 기출이 쌓여 있으며 과거의 기출에서 크게 다르지 않은 형식과 내용으로 출제되기 때문에 개념을 탄탄히 쌓고 기출을 제대로 분석한다면 수능날을 포함하여 수험기간에서 이 단원 때문에 스트레스 받을 일은 없을 것입니다. 다만 다소 헷갈릴 수도 있는 개념이나, 자주 미스하는 부분들은 개념을 설명하며 추가적으로 소개할 테니 그 부분들이 출제되었을 때만 조금 조심해주신다면 문제 없이 정답을 해결할 수 있을 것입니다.

기본적인 산화 환원 반응의 개념을 여러 가지 기준을 통해 익히고, 산화제/환원제를 제대로 구별할 줄 알며, 산화 환원 반응 역시 화학반응이기에 그에 해당하는 반응식이 있으니 산화 환원 반응의 반응식을 끝으로 위 단원을 공부하게 될 것입니다.

또한 산화, 환원 반응을 구별하는 방법을 크게 3가지 정도 배우게 될텐데, 이중에 왠만하면 산화수법으로 꾸준히 밀고 나가는 것이 가장 효율적이라고 생각하며 그를 추천하는 바입니다, 소개하는 몇가지 산화 환원 관련들을 암기해놓을 경우, '해당 반응이 산화 환원인지 물어보는 유형'을 접했을 때 빠르게 치고 나갈 수 있으므로 유명 반응들을 암기해 놓으시기를 추천합니다.

특히나 구조식을 제시한 후 해당원자의 산화수를 계산하게 하는 문제가 종종 출제되곤 하는데, 이런 경우 가장 기본적인 원론으로 돌아가서, 산화수의 개념을 전기음성도와 연결지어 해결해야 한다는 점을 인지하시길 바랍니다.

산화 환원과 산화수

1. 산화 환원 반응

(1) 산소의 이동에 따른 산화 환원 반응

▶ 산화 : 산소를 얻는 반응이다.
▶ 환원 : 산소를 잃는 반응이다

(2) 전자의 이동에 따른 산화 환원 반응

▶ 산화 : 전자를 잃는 반응이다.
▶ 환원 : 전자를 얻는 반응이다.

(3) 산화 환원의 동시성

한 물질이 전자를 잃고 산화될 때 다른 물질이 그 전자를 얻어서 환원 되므로, **산화와 환원은 항상 동시에 일어난다.** (이후 뒤에서 자세히 정리하겠다.)

$$\text{전자를 잃음(산화)}$$
$$Zn + Cu^{2+} \longrightarrow Zn^{2+} + Cu$$
$$\text{전자를 얻음(환원)}$$

산화되는 물질이 **잃은 전자 수**와 환원되는 물질이 **얻은 전자 수는 같다.**

[예] Cu와 Ag 이 반응할 때
산화 반응: $Cu \longrightarrow Cu^{2+} + 2e^-$
환원 반응: $2Ag^+ + 2e^- \longrightarrow 2Ag$
전체 반응: $Cu + 2Ag^+ \longrightarrow Cu^{2+} + 2Ag$

➡ Cu 1mol이 산화될 때 2mol의 전자를 잃고, Ag^+ 2mol이 환원될 때 2mol의 전자를 얻는다.

(1) 산화수

산화수는 물질을 구성하는 원자가 **산화되거나 환원된 정도를 나타내기 위한 값**으로, 산소가 관여하거나 전자의 이동이 분명한 반응에서부터 전자가 원자 사이에 공유되어 공유 결합 물질이 생성되는 반응에 이르기까지 **여러 가지 산화 환원 반응을 모두 설명하기 위해** 산화수를 사용한다.

▶ **이온 결합 물질에서의 산화수** : 양이온과 음이온이 결합된 이온 결합 물질에서 **양이온은 원자가 전자를 잃고, 음이온은 원자가 전자를 얻어** 형성된 것이다. 따라서 **각 이온의 전하가 그 이온의 산화수이다.**

▶ **공유 결합 물질에서의 산화수** : 전기 음성도가 큰 원자가 공유 전자쌍을 모두 가진다고 가정할 때, **각 구성 원자의 전하가 그 원자의 산화수이다.**

(2) 산화수 규칙

원자들의 전기 음성도를 토대로 산화수를 구할 수 있는데, 몇몇 원자들은 여러 화합물 내에서 일정한 산화수를 나타낸다. 이를 이용하여 산화수를 쉽게 구하기 위한 방법이 산화수 규칙이다.

기본 규칙을 먼저 적용한 후 보조 규칙을 적용한다.

❶ **기본 규칙**

1. 원소를 이루는 **원자의 산화수는 0이다.**

    ex Cu, O_2, F_2 에서 Cu, O, F 의 산화수는 모두 0이다.

2. **단원자 이온의 산화수는 그 이온의 전하와 같다.**

    ex Mg^{2+}에서 Mg의 산화수는 $+2$이고, F^-에서 F의 산화수는 -1이다.

3. 화합물에서 각 원자의 **산화수의 총합은 0이다.**

    ex OF_2에서 (O의 산화수$\times 1$) + (F의 산화수$\times 2$) = 0

4. **다원자 이온에서 각 원자의 산화수의 총합은 그 이온의 전하와 같다.**

    ex OH^-에서 (O의 산화수(-2)) + (H의 산화수($+1$)) = -1

❷ **보조 규칙**

1. 화합물에서 **1족 금속 원자의 산화수는 +1, 2족 금속 원자의 산화수는 +2이다.**

2. 화합물에서 **F의 산화수는 -1이다.**

3. 화합물에서 **H의 산화수는 +1이다.** (단, 금속의 수소 화합물에서는 -1이다.)

    ex H_2O, NH_3에서는 H의 산화수가 $+1$이지만 NaH, CaH_2에서의 H산화수는 -1이다.

4. 화합물에서 **O의 산화수는 -2이다.**

    (단, H_2O_2(과산화물)에서는 -1이며, 플루오린 화합물에서는 $+1$ 또는 $+2$이다.)

    ex H_2O, CO_2 에서 O의 산화수는 -2이지만,

    H_2O_2에서는 -1, O_2F_2에서는 $+1$, OF_2에서는 $+2$를 가진다.

※ **홑원소물질**이 포함된 화학반응식이며 해당 **홑원소물질이 좌, 우변 형태가 다르면** 무조건 **산화 환원 반응**임을 인지해놓자!

(3) 산화수의 주기성

화합물을 형성할 때 원자는 **비활성 기체와 같은 전자 배치를 이루려는 경향(옥텟 규칙)**이 있다.
산화수는 원자가 전자를 잃거나 얻으려는 성질과 관련되어 있고 **원자의 전자 배치와 관계 있으므로 주기성**을 나타낸다.

어떤 원자에 결합된 상대 원자의 전기 음성도에 따라 그 원자가 전자를 잃거나 얻을 수 있기 때문에 **같은 종류의 원자**라도 화합물에 따라서 **여러 가지 산화수를 가질 수 있다.**

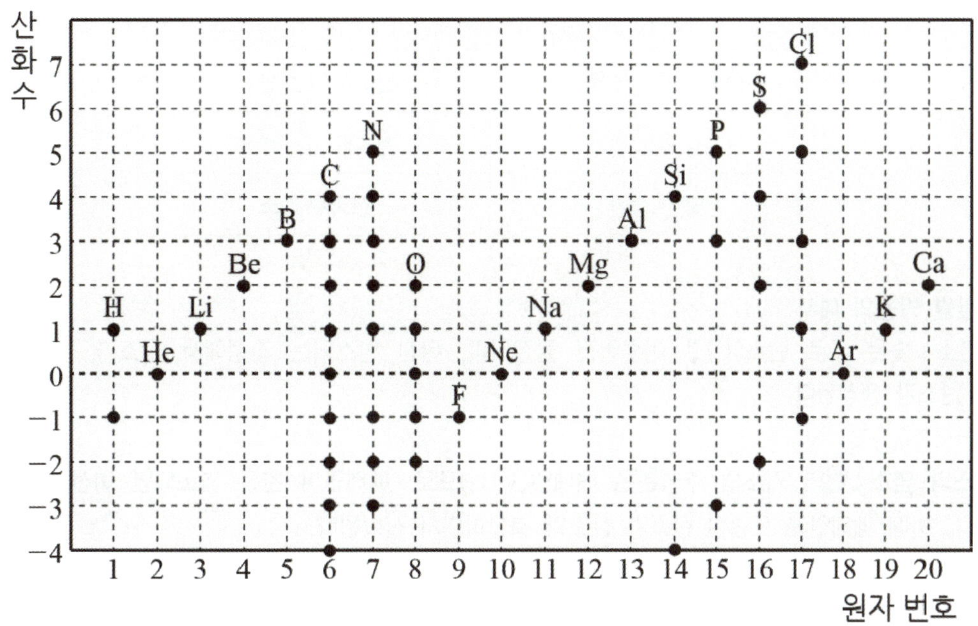

같은 원자라 하더라도 결합하는 원자들의 전기음성도에 따라 전자를 얻는 경우도 있고 잃는 경우도 있으므로 한 원자가 여러 가지 산화수를 가질 수 있다.

ex CO_2에서 C의 산화수는 $+4$이지만, CH_4에서 C의 산화수는 -4이다.

(4) 산화수와 산화 환원

▶ **산화** : **산화수가 증가하는 반응**이다. 원자가 전자를 잃으면 산화수는 $+$ 값이 되므로 산화수가 증가하는 것은 전자를 잃는 것과 같아서 **산화**에 해당한다.

▶ **환원** : **산화수가 감소하는 반응**이다. 원자가 전자를 얻으면 산화수는 $-$ 값이 되므로 산화수가 감소하는 것은 전자를 얻는 것과 같아서 **환원**에 해당한다.

$$\text{산화}$$

$$\underset{0}{Zn(s)} + \underset{+2}{CuSO_4(aq)} \longrightarrow \underset{+2}{ZnSO_4(aq)} + \underset{0}{Cu(s)}$$

$$\text{환원}$$

❶ 산화 환원의 동시성

산화 환원에서 한 원자의 산화수가 증가하면 다른 원자의 산화수가 감소하므로, **산화와 환원은 항상 동시에 일어난다.**

산화되는 물질에서 **증가한 산화수의 합**은 환원되는 물질에서 **감소한 산화수의 합과 같다.**

산화 환원 반응 여부의 판단은 화학 반응 전과 후에 산화수가 변하는 원자가 있으면 산화 환원 반응이고, 산화수가 변하는 원자가 없으면 산화 환원 반응이 아니라고 판단한다.

산화	환원
산소를 얻는 반응	산소를 잃는 반응
전자를 잃는 반응	전자를 얻는 반응
산화수 증가	산화수 감소

❷ 산화 환원 반응의 예시

▶ **숯의 연소** : 숯은 주로 탄소(C)로 이루어진 물질이며, 완전 연소되는 과정에서 탄소가 산소와 결합하여 이산화 탄소가 생성된다.

▶ **천연가스의 연소** : 천연 가스의 주성분은 메테인(CH_4)으로, 메테인이 완전 연소되면 이산화 탄소와 물이 생성된다. 이때 메테인에 포함된 탄소가 산소와 결합하면서 산화된다.

▶ **철의 제련** : 산화 철(Fe_2O_3)이 주성분인 철광석에서 순수한 철 (Fe)을 얻는 방법으로, 산화 철이 철로 환원된다.

━━━━ [용광로에서의 철의 제련] ━━━━

- 용광로에 철광석, 탄소(C)가 주성분인 **코크스**, 석회석을 넣고 뜨거운 공기를 불어넣는다.
- 탄소(C)가 불완전 연소되어 일산화 탄소(CO)가 된다.

$$2C(s) + O_2(g) \longrightarrow 2CO(g)$$
산화 ↑

- 일산화 탄소에 의해 산화 철 ($\rm{III}$)(Fe_2O_3)이 산소를 잃고 환원되어 용융 상태의 철(Fe)이 된다.

산화
$$Fe_2O_3(s) + 3CO(g) \longrightarrow 2Fe(l) + 3CO_2(g)$$
환원

- 용광로에서 석회석($CaCO_3$)이 열분해되어 생성된 산화 칼슘(CaO)이 철광석에 포함된 불순물인 이산화 규소(SiO_2)와 반응하여 슬래그 ($CaSiO_3$)가 됨으로써 생성된 철과 분리된다.

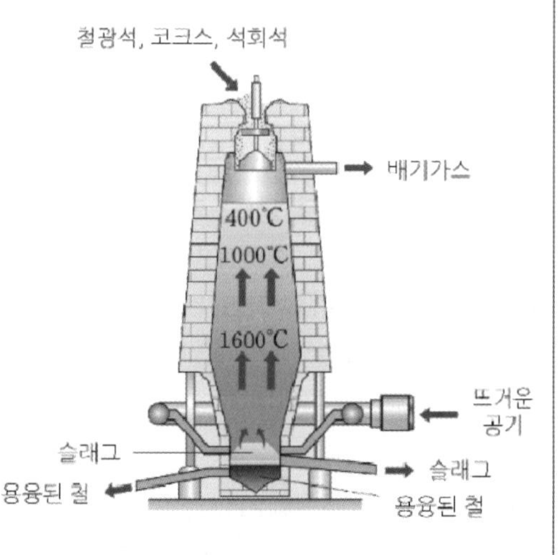

용광로에 철광석과 탄소(C)가 주성분인 코크스를 넣고 뜨거운 공기를 불어넣으면 탄소(C)가 불완전 연소되어 일산화 탄소(CO)가 되고, CO에 의해 Fe_2O_3이 산소를 잃고 환원되어 Fe가 된다.

❸ 금속과 비금속의 반응

금속은 산화되어 양이온이 되고, **비금속은 환원되어 음이온**이 된다.

나트륨(Na)을 염소(Cl_2) 기체가 들어 있는 용기에 넣고 반응시키면 불꽃을 내며 격렬히 반응한다.

금속인 나트륨은 전자를 잃고 산화되어 양이온이 되고,

비금속인 염소는 전자를 얻고 환원되어 음이온이 되므로 이온 결합 물질인 염화 나트륨($NaCl$)이 생성된다.

$$2Na(s) + Cl_2(g) \longrightarrow 2NaCl(s)$$

산화 반응: $2Na \longrightarrow 2Na^+ + 2e^-$

환원 반응: $Cl_2 + 2e^- \longrightarrow 2Cl^-$

공기 중에서 마그네슘(Mg) 리본에 불을 붙이면 격렬히 연소된다.

금속인 마그네슘은 전자를 잃고 산화되어 양이온이 되고, 비금속인 산소는 전자를 얻고 환원되어 음이온이 되므로 이온 결합 물질인 산화 마그네슘(MgO)이 생성된다.

$$2Mg(s) + O_2(g) \longrightarrow 2MgO(s)$$

산화 반응 : $2Mg \longrightarrow 2Mg^{2+} + 4e^-$

환원 반응 : $O_2 + 4e^- \longrightarrow 2O^{2-}$

3. 산화 환원 반응식

(1) 산화제와 환원제

▶ **산화제** : 다른 물질을 산화시키고 **자신은 환원**되는 물질이다.

▶ **환원제** : 다른 물질을 환원시키고 **자신은 산화**되는 물질이다.

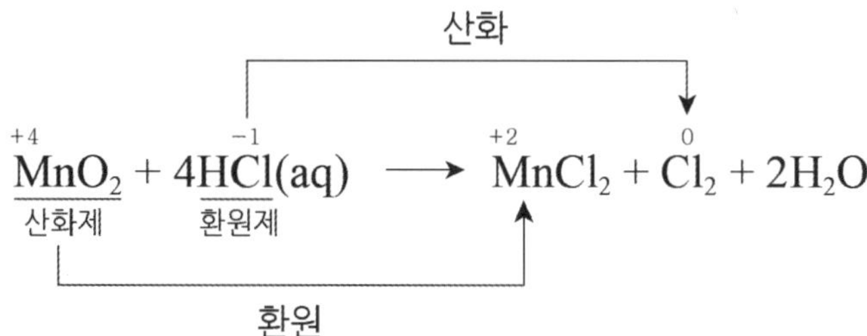

(2) 산화제와 환원제의 상대적 세기

같은 물질이라고 해도 어떤 물질과 반응하는가에 따라 산화되기도 하고 환원되기도 한다.

산화 환원 반응에서 전자를 잃거나 얻으려는 경향은 서로 상대적이므로 어떤 반응에서 산화제로 작용하는 물질이 다른 물질과 반응할 때는 환원제로 작용할 수 있다.

ex 이산화 황(SO_2) 이황화 수소(H_2S)와 반응할 때에는 SO_2이 환원되면서 H_2S를 산화시키는 산화제로 작용하고, 이산화 황(SO_2)이 상대적으로 더 강한 산화제인 염소(Cl_2)와 반응할 때에는 SO_2이 산화되면서 Cl_2를 환원시키는 환원제로 작용한다.

$$SO_2 + 2H_2S \rightarrow 3S + 2H_2O \quad (SO_2는\ 산화제)$$
$$SO_2 + 2H_2O + Cl_2 \rightarrow H_2SO_4 + 2HCl \quad (SO_2는\ 환원제)$$

한 반응물이 산화제이자 동시에 환원제일 수 있다.

(3) 산화수법으로 산화 환원 반응식 완성 시키기

산화 환원 반응에서 증가한 산화수와 감소한 산화수는 항상 같으므로 반응물과 생성물의 원자 수와 산화수 변화를 맞추어 화학 반응식을 완성할 수 있다.

[1단계] 각 원자의 산화수를 구한다.
[2단계] 반응 전후의 산화수 변화를 확인한다.
[3단계] 증가한 산화수와 감소한 산화수가 같도록 계수를 맞춘다.
[4단계] 산화수의 변화가 없는 원자들의 수가 같도록 계수를 맞추어 산화 환원 반응식을 완성한다.

* 개념적으로는 위의 설명처럼 진행하면 전혀 문제가 없지만 실전적이지 못한 설명이기에 조금 첨언하도록 하겠습니다. 모든 원자의 산화수를 구하기 보다는 반응 전,후에 산화수가 변하는 원자들만 산화수를 구해주시길 바랍니다. 반응식에서 미지수가 여러개 나와 전체 반응식에서 변화한 산화수 값을 모를 경우, 산화수가 변화하는 원자들의 산화수 변화량을 고려하여 수를 설정해주시면 됩니다.

* 원자수 보존법칙이 아닌 전하량 보존법칙으로도 산화수법 계산을 진행할 수 있다. (속도 차이가 거의 없긴 하지만 굳이 저만의 기준을 세우자면, 저는 계수를 구하지 못한 물질이 이온일 경우, 전하량 보존 법칙으로 진행하고 계수를 구하지 못한 물질이 중성 물질이면 원자수 보존법칙을 사용합니다.) -〉 애초에 전하량 보존 법칙 자체가 반응전, 반응후 이온들의 전하량 합이 일정하다는 논리이므로 구하지 못한 계수가 중성 물질의 계수일 경우 전하량 보존 논리 사용이 무의미해진다.

 기출에서 출제된 반응식을 통해 예를 들어보겠다.

$$* \; aCl_2O_7 + bH_2O_2 + cOH^- \rightarrow cClO_2^- + bO_2 + dH_2O$$

1) Cl의 산화수는 반응전에 $+7$에서 반응후 $+3$으로 -4만큼 변화하였다.

   O의 산화수는 반응전에 H_2O_2에서 -1이고, 반응후에 O에서 0으로 $+1$만큼 변화하였다.

   (Cl_2O_7, OH^-, H_2O의 산화수는 -2로 반응전, 후 변화가 없으므로 생략한다.)

2) 전체 반응에서 변화한 산화수를 8이라고 하면, $a=1$, $c=2$ 이다.

   O 원자 하나당 $+1$만큼 변화하므로 산화수가 증가하는 O원자는 8개 필요한데,

   H_2O_2 한분자당 O 원자가 2개이므로 $b=4$ 이다.

   (이 과정에서 H(수소)의 산화수는 반응전과 반응후 모두 $+1$로 변화하지 않았으므로 따로 조사하지는 않는다.)

3) H의 원자수 보존을 통해 $8+c=2d$ 에서 $c=2$ 임을 앞서 구했기 때문에 $d=5$ 이다.

$$* \; aMnO_4^- + bH_2S + cH^+ \rightarrow aMn^{2+} + bS + dH_2O$$

1) Mn의 산화수는 반응전 $+7$에서 반응후 $+2$로 -5만큼 변화한다.

   S의 산화수는 반응전 -2에서 0으로 $+2$ 만큼 변화한다.

2) $a=1$이라고 생각하면 $1\times(-5)$와 $b\times(+2)$의 변화량이 같아야 하므로 $b=2.5$가 나오는데 계수들은 자연수여야 하므로 각각 2를 곱해주어 $a=2$, $b=5$라고 가정을 수정하자.

3) O(산소) 원자수 보존에 의해 $d=8$이고,

   H(수소) 원자수 보존에 의해 $10+c=16$이고 $c=6$임을 구할 수 있다.

* 원자수 보존을 우선적으로 사용해서 문제풀이를 한다면 d값을 구한뒤, c 값을 도출하는 구조이지만, 여기서 위에 서술한 전하량 보존법칙을 적용해보겠다.

$(-1\times2)+(+1\times c)=(+2\times2)$라는 수식을 도출하여 $-2+c=4$를 통해 $c=6$임을 구한후 원자수 보존법칙으로 $d=8$을 구한다.

(4) 산화 환원 반응의 양적 관계

화학 반응식에서 계수 비는 반응 몰 비이므로 산화 환원 반응식을 완성하면 반응하는 산화제와 환원제의 양적 관계를 구할 수 있다.

$Fe_2O_3 + 3CO \rightarrow 2Fe + 3CO_2$

1. 1몰의 Fe_2O_3가 반응할 때 이동한 전자의 몰수는?
2. 1몰의 Fe가 생성될 때 이동한 전자의 몰수는?
3. 1몰의 CO_2가 생성될 때 이동한 전자의 몰수는?

⟨sol⟩

1. 1mol의 $Fe_2O_3$0가 반응 할 때 Fe의 산화수는 $+3$에서 0으로 3만큼 감소하며, Fe의 원자수는 2이므로 (3×2) = 6mol의 전자가 이동한다.
2. 2mol의 Fe가 생성될 때 6mol의 전자가 이동하므로 1mol의 Fe가 생성될 때는 3mol의 전자가 이동한다.
3. 3mol의 CO_2가 생성될 때 6mol의 전자가 이동하므로 1mol의 CO_2가 생성될 때는 2mol의 전자가 이동한다.

(5) 금속 이온의 산화 환원 신유형 – (전하량 총합 일정)

2023학년도 6월 평가원 모의고사에 처음 등장하여, 9월 평가원, 대수능까지 계속해서 출제가 된 신유형이 있다. 금속 이온이 존재하는 수용액을 제시하고, 이 수용액 내부에 존재하는 금속 이온의 가수와 몰수를 이용해 문제 출제를 하는 유형이다. 과거(이전 교육과정)에는 금속의 반응성 단원이 존재하여 이를 이용한 문제들이 상당한 난이도의 킬러 유형으로 출제 되었으나, 교육과정이 개편된 이후 이와 관련된 내용이 대폭 삭제되어 출제가 안되고 있었다. 하지만 만약 금속의 종류를 미지의 금속으로 바꾸고 이를 가수와 몰수만 제시한 상태로 출제하면 교육 과정에 위배 되지 않고, 금속의 산화 환원 또한 매우 중요한 내용이기에 평가원이 간과해선 안된다고 생각하여 출제한 것으로 예상된다.

이러한 유형은 과거와는 다르게 다소 평이한 난이도로 출제되며, 이러한 문제를 풀이하는 방법은 **"전하량 총합이 일정하다"**는 사실을 이용하는 것으로 매우 간단하게 풀이가 전개 된다. 간단한 예시를 들며 풀이 방법을 적립해보자.

표는 금속이온 $X^{2+}(aq)$이 들어있는 비커 (가)와 (나)에 각각 금속 $Y(s)$와 $Z(s)$를 넣어 반응을 완결 시켰을 때, 반응전과 후 수용액에 존재하는 양이온의 종류와 양을 나타낸 것이다.

비커	반응 전	반응 후
(가)	X^{2+}: $a\,mol$	Y^{3+}: $2N\,mol$, X^{2+}: $2N\,mol$
(나)	X^{2+}: $4N\,mol$	Z^{m+}: $6N\,mol$, X^{2+}: $N\,mol$

이에 대한 설명으로 옳은 것만을 <보기>에서 있는 대로 고른 것은? (단, $X \sim Z$는 임의의 원소 기호이고, $X \sim Z$는 물과 반응하지 않으며, 음이온은 반응에 참여하지 않는다.)

<보 기>

ㄱ. $a=4N$ 이다.

ㄴ. $m=1$이다.

ㄷ. (나)에서 $Z(s)$는 산화제로 작용한다.

위의 상황에서 비커 (가)를 살펴보자,

반응 전의 전하량은 $(2+) \times a$mol

반응 후의 전하량은 $(3+) \times 2$Nmol + $(2+) \times 2$Nmol이다.

이 둘의 값이 동일하다고 놓고 계산을 진행하면 $a=5N$이라는 사실을 알 수 있다.
따라서 ㄱ선지는 옳지 않다. 같은 방식으로 비커 (나)를 살펴보자

반응 전의 전하량은 $(2+) \times 4$Nmol

반응 후의 전하량은 $(m+) \times 6$Nmol + $(2+) \times N$mol이다.

이 둘의 값이 동일하다고 놓고 계산을 진행하면 m의 값이 1이라는 사실을 알 수 있다.
따라서 ㄴ선지는 옳다. 또한 비커 (나)에서는 $Z(s)$를 넣었고 이 $Z(s)$가 반응 후에 Z^{1+}로 양이온이 되어 자기 자신이 산화 되었으므로 산화제가 아닌 환원제라는 사실을 알 수 있고, 이에 따라 ㄷ선지는 옳지 않다.

따라서 답은 ㄴ이다.

01 22학년도 수능 16번

다음은 산화 환원 반응 (가)~(다)의 화학 반응식이다.

> (가) $CO + 2H_2 \rightarrow CH_3OH$
>
> (나) $CO + H_2O \rightarrow CO_2 + H_2$
>
> (다) $aMnO_4^- + bSO_3^{2-} + H_2O \rightarrow$
>
> $\quad aMnO_2 + bSO_4^{2-} + cOH^-$
>
> ($a{\sim}c$는 반응 계수)

이에 대한 설명으로 옳은 것만을 <보기>에서 있는 대로 고른 것은?

> ─── <보 기> ───
>
> ㄱ. (가)에서 CO는 환원된다.
>
> ㄴ. (나)에서 CO는 산화제이다.
>
> ㄷ. (다)에서 $a+b+c=4$이다.

02 21학년도 10월 11번

다음은 산화 환원 반응 (가)~(다)의 화학 반응식이다.

> (가) $2Na + 2H_2O \rightarrow 2NaOH + H_2$
>
> (나) $Fe_2O_3 + 3CO \rightarrow 2Fe + 3CO_2$
>
> (다) $aSn^{2+} + 2MnO_4^- + bH^+ \rightarrow$
>
> $\quad cSn^{4+} + 2Mn^{2+} + dH_2O$
>
> ($a{\sim}d$는 반응 계수)

이에 대한 옳은 설명만을 <보기>에서 있는 대로 고른 것은?

> ─── <보 기> ───
>
> ㄱ. (가)에서 Na의 산화수는 증가한다.
>
> ㄴ. (나)에서 CO는 산화제이다.
>
> ㄷ. (다)에서 $\dfrac{c+d}{a+b} > \dfrac{2}{3}$이다.

03 22학년도 9월 10번

다음은 산화 환원 반응 (가)~(다)의 화학 반응식
이다.

(가) $2H_2 + O_2 \rightarrow \underline{2H_2O}$
　　　　　　　　　　$\underline{\text{㉠}}$

(나) $\underline{O_2} + F_2 \rightarrow \underline{O_2F_2}$
　　$\underline{\text{㉡}}$　　　　$\underline{\text{㉢}}$

(다) $\underline{5H_2O_2} + 2MnO_4^- + 6H^+$
　　　$\underline{\text{㉣}}$

　　　$\rightarrow 2Mn^{2+} + 5O_2 + 8H_2O$

이에 대한 설명으로 옳은 것만을 <보기>에서
있는 대로 고른 것은?

<보　기>

ㄱ. (가)에서 O_2는 산화제이다.

ㄴ. (다)에서 Mn의 산화수는 감소한다.

ㄷ. ㉠~㉣에서 O의 산화수 중 가장 큰 값은
　　$+1$이다.

---

04 21학년도 7월 15번

다음은 산화 환원 반응의 화학 반응식이다.

$$a\,Cl_2O_7(g) + b\,H_2O_2(aq) + c\,OH^-(aq) \rightarrow$$
$$c\,ClO_2^-(aq) + b\,O_2(g) + d\,H_2O(l)$$
$$(a \sim d는\ 반응\ 계수)$$

이에 대한 설명으로 옳은 것만을 <보기>에서
있는 대로 고른 것은?

<보　기>

ㄱ. H_2O_2는 환원제이다.

ㄴ. Cl의 산화수는 4만큼 감소한다.

ㄷ. $a+d=b+c$이다.

---

05 22학년도 6월 15번

다음은 산화 환원 반응 (가)~(다)의 화학 반응식이다.

> (가) $SO_2 + 2H_2O + Cl_2 \rightarrow H_2SO_4 + 2HCl$
>
> (나) $2F_2 + 2H_2O \rightarrow O_2 + 4HF$
>
> (다) $a\,MnO_4^- + b\,H^+ + c\,Fe^{2+} \rightarrow$
> $\qquad Mn^{2+} + c\,Fe^{3+} + d\,H_2O$
> $\qquad (a{\sim}d$는 반응 계수$)$

이에 대한 설명으로 옳은 것만을 <보기>에서 있는 대로 고른 것은?

> ──── <보 기> ────
>
> ㄱ. (가)에서 S의 산화수는 증가한다.
>
> ㄴ. (나)에서 H_2O은 환원제이다.
>
> ㄷ. $\dfrac{b}{a+c+d} < 1$이다.

06 21학년도 4월 18번

다음은 산화 환원 반응의 화학 반응식이다.

> $a\,MnO_4^- + b\,H_2S + c\,H^+ \rightarrow$
> $a\,Mn^{2+} + b\,S + d\,H_2O \ (a{\sim}d$는 반응 계수$)$

이에 대한 설명으로 옳은 것만을 <보기>에서 있는 대로 고른 것은?

> ──── <보 기> ────
>
> ㄱ. H_2S는 산화제이다.
>
> ㄴ. MnO_4^- 1mol이 반응할 때 이동한 전자의 양은 5mol이다.
>
> ㄷ. $\dfrac{c+d}{a+b} = 5$이다.

07 21학년도 3월 15번

다음은 2가지 산화 환원 반응의 화학 반응식이다.

> (가) $Cu + 2Ag^+ \rightarrow Cu^{2+} + 2Ag$
>
> (나) $a\,H_2O_2 + b\,I^- + c\,H^+ \rightarrow$
> $\qquad d\,I_2 + e\,H_2O$ ($a{\sim}e$는 반응 계수)

이에 대한 옳은 설명만을 <보기>에서 있는 대로 고른 것은?

> ──────── <보 기> ────────
>
> ㄱ. (가)에서 Cu는 산화된다.
>
> ㄴ. (나)에서 H_2O_2는 환원제이다.
>
> ㄷ. (나)에서 $\dfrac{d+e}{a+b+c} = \dfrac{4}{7}$ 이다.

08 21학년도 수능 16번

다음은 산화 환원 반응 (가)와 (나)의 화학 반응식이다.

> (가) $O_2 + 2F_2 \rightarrow 2OF_2$
>
> (나) $BrO_3^- + a\,I^- + b\,H^+$
> $\qquad \rightarrow Br^- + c\,I_2 + d\,H_2O$
> $\qquad\quad$ ($a{\sim}d$는 반응 계수)

이에 대한 설명으로 옳은 것만을 <보기>에서 있는 대로 고른 것은?

> ──────── <보 기> ────────
>
> ㄱ. (가)에서 O의 산화수는 증가한다.
>
> ㄴ. (나)에서 I^-은 산화제로 작용한다.
>
> ㄷ. $a+b+c+d = 12$이다.

09 20학년도 10월 9번

다음은 산화 환원 반응의 화학 반응식이다.

$$a\,Fe^{2+} + b\,H_2O_2 + c\,H^+ \rightarrow$$
$$a\,Fe^{3+} + d\,H_2O \quad (a{\sim}d는 반응 계수)$$

이 반응에 대한 옳은 설명만을 <보기>에서 있는 대로 고른 것은?

<보 기>

ㄱ. H의 산화수는 변하지 않는다.

ㄴ. H_2O_2는 환원제이다.

ㄷ. $\dfrac{b+c}{a+d} = \dfrac{3}{4}$ 이다.

10 21학년도 9월 15번

다음은 산화 환원 반응의 화학 반응식이다.

$$a\,CuS + b\,NO_3^- + c\,H^+ \rightarrow$$
$$3Cu^{2+} + a\,SO_4^{2-} + b\,NO + d\,H_2O$$
$$(a{\sim}d는 반응 계수)$$

이에 대한 설명으로 옳은 것만을 <보기>에서 있는 대로 고른 것은?

<보 기>

ㄱ. CuS는 환원제이다.

ㄴ. $c + d > a + b$ 이다.

ㄷ. NO_3^- 2mol이 반응하면 SO_4^{2-} 1mol이 생성된다.

11 20학년도 7월 17번

다음은 어떤 산화 환원 반응의 화학 반응식이다.

$$a\,Cl^- + b\,Cr_2O_7^{2-} + c\,H^+$$
$$\to d\,Cl_2 + e\,Cr^{3+} + f\,H_2O$$
$$(a\sim f : \text{반응 계수})$$

이에 대한 설명으로 옳은 것만을 <보기>에서 있는 대로 고른 것은?

― <보 기> ―

ㄱ. $a+b+c > d+e+f$ 이다.

ㄴ. Cl^- 은 산화제이다.

ㄷ. H_2O 1몰이 생성될 때 이동한 전자의 양(몰)은 $\dfrac{12}{7}$ 몰이다.

12 21학년도 6월 11번

다음은 산화 환원 반응 (가)~(다)의 화학 반응식 이다.

(가) $Fe_2O_3 + 2Al \to 2Fe + Al_2O_3$

(나) $Mg + 2HCl \to MgCl_2 + H_2$

(다) $Cu + a\,NO_3^- + b\,H_3O^+ \to$
   $Cu^{2+} + c\,NO_2 + d\,H_2O$
   $(a\sim d\text{는 반응 계수})$

이에 대한 설명으로 옳은 것만을 <보기>에서 있는 대로 고른 것은?

― <보 기> ―

ㄱ. (가)에서 Al은 산화된다.

ㄴ. (나)에서 Mg은 산화제이다.

ㄷ. (다)에서 $a+b+c+d = 7$ 이다.

13 20학년도 4월 18번

다음은 산화 환원 반응의 화학 반응식이다.

$$6\text{Fe}^{2+}(aq) + a\text{Cr}_2\text{O}_7^{2-}(aq) + b\text{H}^+(aq) \rightarrow$$
$$6\text{Fe}^{3+}(aq) + c\text{Cr}^{3+}(aq) + d\text{H}_2\text{O}(l)$$
$$(a\sim d\text{는 반응 계수})$$

이에 대한 설명으로 옳은 것만을 <보기>에서 있는 대로 고른 것은?

───── <보 기> ─────

ㄱ. Fe^{2+}은 산화된다.

ㄴ. $\text{Cr}_2\text{O}_7^{2-}$에서 Cr의 산화수는 $+7$이다.

ㄷ. $a+b=15$이다.

14 20학년도 3월 13번

다음은 황(S)을 다이크로뮴산 칼륨($\text{K}_2\text{Cr}_2\text{O}_7$) 수용액에 넣었을 때 일어나는 산화 환원 반응의 화학 반응식이다.

$$a\text{K}_2\text{Cr}_2\text{O}_7 + b\text{H}_2\text{O} + 3\text{S} \rightarrow$$
$$c\text{KOH} + d\text{Cr}_2\text{O}_3 + 3\text{SO}_2 \quad (a\sim d\text{는 반응 계수})$$

이에 대한 옳은 설명만을 <보기>에서 있는 대로 고른 것은?

───── <보 기> ─────

ㄱ. S의 산화수는 0에서 $+4$로 증가한다.

ㄴ. $a+b+c+d=16$이다.

ㄷ. $\text{K}_2\text{Cr}_2\text{O}_7$은 환원제로 작용한다.

15

다음은 산화 환원 반응 (가)~(다)의 화학 반응식이다.

(가) $CuO + H_2 \rightarrow Cu + H_2O$

(나) $Fe_2O_3 + 3CO \rightarrow 2Fe + 3CO_2$

(다) $MnO_2 + 4HCl \rightarrow$
$\qquad MnCl_2 + 2H_2O + Cl_2$

이에 대한 설명으로 옳은 것만을 <보기>에서 있는 대로 고른 것은?

———— <보 기> ————

ㄱ. (가)에서 H_2는 산화된다.

ㄴ. (나)에서 CO는 산화제이다.

ㄷ. (다)에서 Mn의 산화수는 증가한다.

16

다음은 3가지 화학 반응식이다.

(가) $2Ca(s) + O_2(g) \rightarrow 2CaO(s)$

(나) $CaCO_3(s) \rightarrow CaO(s) + CO_2(g)$

(다) $Mg(s) + H_2O(l) \rightarrow MgO(s) + H_2(g)$

(가)~(다)에 대한 설명으로 옳은 것만을 <보기>에서 있는 대로 고른 것은?

———— <보 기> ————

ㄱ. (가)에서 Ca은 산화된다.

ㄴ. (나)에서 $CaCO_3$은 산화된다.

ㄷ. (다)에서 H_2O은 환원제이다

17 20학년도 6월 1번

다음은 2가지 반응의 화학 반응식이다.

> ○ $4Al + 3O_2 \rightarrow 2Al_2O_3$
>
> ○ $2Mg + CO_2 \rightarrow 2MgO + C$

두 반응에서 환원되는 물질만을 있는 대로 고른 것은?

① Al, Mg   ② O_2, CO_2

③ Al, CO_2 ④ O_2

⑤ CO_2

18 19학년도 수능 7번

다음은 3가지 화합물의 화학식과 이에 대한 학생과 선생님의 대화이다.

> 학 생 : 제시된 모든 화합물에서 산소(O)의 산화수는 -2입니다. 따라서 O가 포함된 화합물에서 O는 항상 -2의 산화수를 가진다고 생각합니다.
>
> 선생님 : 꼭 그렇지는 않아요. 예를 들어 ㉠ 에서 O의 산화수는 -2가 아닙니다.
>
> $$H_2O, \ Li_2O, \ CaCO_3$$

㉠에 들어갈 화합물로 적절한 것만을 <보기>에서 있는 대로 고른 것은?

> ─── <보 기> ───
>
> ㄱ. H_2O_2 ㄴ. O_2F_2 ㄷ. CaO

19 19학년도 9월 3번

다음은 2가지 반응의 화학 반응식과 이에 대한 세 학생의 대화이다.

$$(가)\ 2Mg(s)+O_2(g)\ \longrightarrow\ 2MgO(s)$$
$$(나)\ 2CuO(s)+C(s)\ \longrightarrow\ 2Cu(s)+CO_2(g)$$

제시한 내용이 옳은 학생만을 있는 대로 고른 것은?

20 19학년도 6월 6번

그림은 2주기 원소 X~Z로 이루어진 3가지 분자의 구조식을 나타낸 것이고, ㉠~㉢은 밑줄 친 각 원자의 산화수이다.

$$Y=\underset{㉠}{\underline{X}}-Z \qquad Z-\underset{㉡}{\underline{X}}-X-Z \qquad Z-\underset{㉢}{\underline{Y}}-Z$$

(위 두 번째 구조식의 X 위에는 각각 Z가 결합되어 있다.)

전기음성도가 X < Y < Z일 때, ㉠+㉡+㉢은? (단, X~Z는 임의의 원소 기호이며, 분자 내에서 옥텟 규칙을 만족한다.)

다음은 금속과 관련된 2가지 반응의 화학 반응식이다.

> (가) $2Mg + O_2 \rightarrow 2MgO$
>
> (나) $Fe_2O_3 + 3CO \rightarrow 2Fe + 3CO_2$

이에 대한 설명으로 옳은 것만을 <보기>에서 있는 대로 고른 것은?

> ─── <보 기> ───
>
> ㄱ. (가)에서 Mg은 산화된다.
>
> ㄴ. (나)에서 CO는 산화제이다.
>
> ㄷ. (나)에서 Fe의 산화수는 증가한다.

다음은 분자 (가)~(다)의 루이스 구조식과 자료이다.

$$H-\overset{\overset{\displaystyle H}{|}}{\underset{\underset{\displaystyle H}{|}}{X}}-H \qquad H-\overset{\overset{\displaystyle H}{|}}{X}=\ddot{\overset{..}{Y}} \qquad H-\overset{\overset{\displaystyle H}{|}}{\underset{\underset{\displaystyle H}{|}}{X}}-\ddot{Y}-\ddot{\overset{..}{Z}}$$

(가)   (나)   (다)

> ○ X~Z는 2, 3주기 원소이다.
>
> ○ X의 산화수는 (나)에서가 (가)에서 보다 크다.
>
> ○ Y의 산화수는 (나)에서와 (다)에서 같다.

이에 대한 설명으로 옳은 것만을 <보기>에서 있는 대로 고른 것은? (단, X~Z는 임의의 원소 기호이다.)

> ─── <보 기> ───
>
> ㄱ. (나)에서 X의 산화수는 0이다.
>
> ㄴ. 전기음성도는 Z가 Y보다 크다.
>
> ㄷ. Y의 산화수는 H_2Y_2에서와 (나)에서 같다.

23 18학년도 6월 3번

다음은 구리를 사용한 실험이다.

[실험 과정 및 결과]

(가) 붉은색 구리를 산소와 반응시켰더니
검은색 산화 구리(Ⅱ)가 생성되었다.

(나) (가)에서 생성된 산화 구리(Ⅱ)를 탄소
가루와 반응시켰더니 다시 붉은색 구리
로 변하였다.

(가)와 (나)에서 환원되는 물질만을 있는 대로
고른 것은?

① Cu

② CuO

③ Cu, C

④ O_2, CuO

⑤ O_2, C

24 22학년도 3월 7번

다음은 산화 환원 반응 (가)와 (나)의 화학 반응
식이다.

(가) $2CH_3OH + 3O_2 \rightarrow 2CO_2 + 4H_2O$

(나) $a\,Sn^{2+} + b\,MnO_4^- + 16H^+$
$\rightarrow a\,Sn^{4+} + b\,Mn^{2+} + 8H_2O$
(a, b는 반응 계수)

이에 대한 옳은 설명만을 <보기>에서 있는 대로
고른 것은?

— <보 기> —

ㄱ. (가)에서 O_2는 환원제이다.

ㄴ. (나)에서 Mn의 산화수는 감소한다.

ㄷ. $a+b=3$이다.

① ㄴ
② ㄷ
③ ㄱ, ㄴ

④ ㄱ, ㄷ
⑤ ㄴ, ㄷ

다음은 어떤 산화 환원 반응에 대한 자료이다.

○ 화학 반응식 : $a\,MnO_4^- + b\,Cl^- + c\,H^+$
  → $a\,Mn^{n+} + 5Cl_2 + d\,H_2O$
    ($a{\sim}d$는 반응 계수)
○ Mn의 산화수는 5만큼 감소한다.

이에 대한 설명으로 옳은 것만을 <보기>에서 있는 대로 고른 것은?

            <보 기>

ㄱ. n은 2이다.
ㄴ. Cl의 산화수는 2만큼 증가한다.
ㄷ. $a+c = b+d$이다.

---

① ㄱ   ② ㄴ   ③ ㄱ, ㄷ
④ ㄴ, ㄷ   ⑤ ㄱ, ㄴ, ㄷ

다음은 금속 X와 Y의 산화 환원 반응 실험이다.

[화학 반응식]

$a\,X^{m+}(aq) + b\,Y(s)$
→ $a\,X(s) + b\,Y^+(aq)$ (a, b는 반응 계수)

[실험 과정 및 결과]
X^{m+} N mol이 들어 있는 수용액에 충분한 양의 Y(s)를 넣어 반응을 완결시켰을 때, Y^+ $2N$ mol이 생성되었다.

이에 대한 설명으로 옳은 것만을 <보기>에서 있는 대로 고른 것은? (단, X와 Y는 임의의 원소 기호이고, X와 Y는 물과 반응하지 않으며, 음이온은 반응에 참여하지 않는다.)

            <보 기>

ㄱ. X의 산화수는 증가한다.
ㄴ. Y(s)는 환원제이다.
ㄷ. $m = 2$이다.

---

① ㄱ   ② ㄴ   ③ ㄱ, ㄷ
④ ㄴ, ㄷ   ⑤ ㄱ, ㄴ, ㄷ

27 23학년도 6월 13번

다음은 금속 M과 관련된 산화 환원 반응의 화학 반응식과 이에 대한 자료이다.

○ 화학 반응식 : $2MO_4^- + aH_2C_2O_4 + bH^+$
　　$\rightarrow 2M^{n+} + cCO_2 + dH_2O$
　　　$(a \sim d$는 반응 계수$)$

○ MO_4^- 1mol이 반응할 때 생성된 H_2O의 양은 2nmol이다.

$a+b$는? (단, M은 임의의 원소 기호이다.)

① 11　　　② 12　　　③ 13

④ 14　　　⑤ 15

28 22학년도 7월 16번

다음은 산화 환원 반응의 화학 반응식이다.

$(가)\ N_2 + 3H_2 \rightarrow 2NH_3$

$(나)\ 2H_2 + 2NO \rightarrow 2H_2O + N_2$

$(다)\ aHNO_3 + bCO$
　　$\rightarrow aNO + bCO_2 + cH_2O$
　　　$(a \sim c$는 반응 계수$)$

이에 대한 설명으로 옳은 것만을 <보기>에서 있는 대로 고른 것은?

——— <보 기> ———

ㄱ. (가)에서 N의 산화수는 증가한다.

ㄴ. (나)에서 H_2는 환원제이다.

ㄷ. (다)에서 $\dfrac{b}{a+c} = 1$이다.

① ㄱ　　　② ㄴ　　　③ ㄱ, ㄷ

④ ㄴ, ㄷ　　　⑤ ㄱ, ㄴ, ㄷ

29 23학년도 9월 9번

그림 (가)와 (나)는 2가지 금속 이온 $X^{2+}(aq)$과 $Y^{m+}(aq)$이 각각 들어 있는 비커에 금속 $Z(s)$를 넣어 반응을 완결시켰을 때, 반응전과 후 수용액에 존재하는 양이온의 종류와 양을 나타낸 것이다.

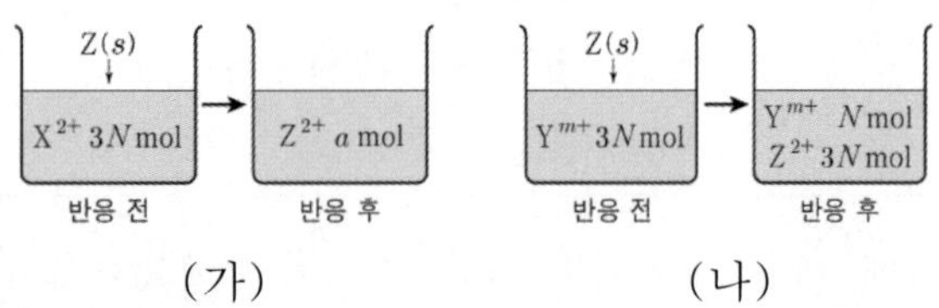

이에 대한 설명으로 옳은 것만을 <보기>에서 있는 대로 고른 것은? (단, X~Z는 임의의 원소 기호이고, X~Z는 물과 반응하지 않으며, 음이온은 반응에 참여하지 않는다.)

<보 기>

ㄱ. $a = 3N$이다.

ㄴ. $m = 1$이다.

ㄷ. (가)와 (나)에서 모두 $Z(s)$는 산화제로 작용한다.

---

① ㄱ 　　② ㄴ 　　③ ㄱ, ㄷ

④ ㄴ, ㄷ 　　⑤ ㄱ, ㄴ, ㄷ

30 23학년도 9월 13번

다음은 금속 M과 관련된 산화 환원 반응에 대한 자료이다.

○ 화학 반응식 : $a\mathrm{M} + b\mathrm{NO_3^-} + c\mathrm{H^+}$
$\quad\quad\quad\quad\quad\quad ㉠ \quad\quad ㉡ \quad\quad ㉢$
$\quad\quad\quad \to a\mathrm{M}^{x+} + b\mathrm{NO_2} + d\mathrm{H_2O}$
$\quad\quad\quad\quad\quad\quad$ (a~d는 반응 계수)

○ ㉠~㉢ 중 산화제와 환원제는 2:1의 몰비로 반응한다.

○ $\mathrm{NO_3^-}$ 1mol이 반응할 때 생성된 $\mathrm{H_2O}$의 양은 $y$mol이다.

$x + y$는? (단, M은 임의의 원소 기호이다.)

① $\dfrac{3}{2}$ 　　② 2 　　③ $\dfrac{5}{2}$

④ 3 　　⑤ $\dfrac{7}{2}$

31 22학년도 10월 15번

다음은 산화 환원 반응 (가)와 (나)의 화학 반응식이다.

> (가) $Cr_2O_3 + 3Cl_2 + 3C$
>
> $\rightarrow 2Cr^{n+} + 6Cl^- + 3CO$
>
> (나) $aCr_2O_7^{2-} + bFe^{2+} + cH^+$
>
> $\rightarrow dCr^{n+} + bFe^{3+} + eH_2O$
>
> (a~e는 반응 계수)

이에 대한 옳은 설명만을 <보기>에서 있는 대로 고른 것은?

> ─── <보 기> ───
>
> ㄱ. (가)에서 Cl_2는 산화제이다.
>
> ㄴ. $n = 3$이다.
>
> ㄷ. $\dfrac{d+e}{a+b+c} = \dfrac{9}{20}$ 이다.

① ㄱ ② ㄷ ③ ㄱ, ㄴ

④ ㄴ, ㄷ ⑤ ㄱ, ㄴ, ㄷ

32 23학년도 수능 5번

다음은 금속 A~C의 산화 환원 반응 실험이다.

> **[실험 과정 및 결과]**
>
> (가) A^{2+} $3N$mol이 들어 있는 수용액을 준비한다.
>
> (나) (가)의 수용액에 충분한 양의 $B(s)$를 넣어 반응을 완결시켰더니 B^{m+} $2N$mol이 생성되었다.
>
> (다) (나)의 수용액에 충분한 양의 $C(s)$를 넣어 반응을 완결시켰더니 C^{2+} xNmol이 생성되었다.

이에 대한 설명으로 옳은 것만을 <보기>에서 있는 대로 고른 것은? (단, A~C는 임의의 원소 기호이고, A~C는 물과 반응하지 않으며, 음이온은 반응에 참여하지 않는다.)

> ─── <보 기> ───
>
> ㄱ. $m = 1$이다.
>
> ㄴ. $x = 3$이다.
>
> ㄷ. (다)에서 $C(s)$는 산화제이다.

① ㄱ ② ㄴ ③ ㄷ

④ ㄱ, ㄴ ⑤ ㄴ, ㄷ

33 23학년도 수능 14번

다음은 금속 X, Y와 관련된 산화 환원 반응에 대한 자료이다. X의 산화물에서 산소(O)의 산화수는 -2이다.

○ 화학 반응식

$$a\,X_2O_m^{2-} + b\,Y^{(n-1)+} + c\,H^+ \rightarrow d\,X^{n+}$$
$$+ b\,Y^{n+} + e\,H_2O \quad (a\sim e\text{는 반응 계수})$$

○ $Y^{(n-1)+}$ 3mol이 반응할 때 생성된 X^{n+}은 1mol이다.

○ 반응물에서 $\dfrac{\text{X의 산화수}}{\text{Y의 산화수}} = 3$이다.

$m+n$은? (단, X와 Y는 임의의 원소 기호이다.)

① 6   ② 8   ③ 10

④ 12   ⑤ 14

34 24학년도 6월 14번

다음은 금속 M과 관련된 산화 환원 반응의 화학 반응식이다. M의 산화물에서 산소(O)의 산화수는 -2이다.

$$a\,M^{3+} + b\,ClO_4^- + c\,H_2O \rightarrow d\,Cl^-$$
$$+ e\,MO^{2+} + f\,H^+ \quad (a\sim f\text{는 반응 계수})$$

$\dfrac{d+f}{a+c}$는? (단, M은 임의의 원소 기호이다.)

① $\dfrac{5}{8}$ ② $\dfrac{3}{4}$ ③ $\dfrac{8}{9}$

④ $\dfrac{9}{8}$ ⑤ $\dfrac{3}{4}$

35 24학년도 6월 7번

표는 금속 양이온 A^{3+} 5Nmol이 들어 있는 수용액에 금속 B 3Nmol을 넣고 반응을 완결시켰을 때, 석출된 금속 또는 수용액에 존재하는 양이온에 대한 자료이다. B는 모두 B^{n+}이 되었고, ⊙과 ⊙은 각각 A와 B^{n+} 중 하나이다.

금속 또는 양이온	A^{3+}	⊙	⊙
양(mol)(상댓값)	3	3	2

이에 대한 설명으로 옳은 것만을 <보기>에서 있는 대로 고른 것은? (단, A와 B는 임의의 원소 기호이고, A와 B는 물과 반응하지 않으며, 음이온은 반응에 참여하지 않는다.)

―――― <보 기> ――――

ㄱ. A^{3+}은 환원제로 작용한다.

ㄴ. ⊙은 B^{n+}이다.

ㄷ. $n = 3$이다.

① ㄱ   ② ㄴ   ③ ㄷ
④ ㄱ, ㄷ   ⑤ ㄴ, ㄷ

36 24학년도 9월 9번

다음은 금속 A~C의 산화 환원 반응 실험이다.

[실험 과정 및 결과]

(가) A^{a+} 3Nmol이 들어 있는 수용액 VmL를 비커 Ⅰ, Ⅱ에 각각 넣는다.

(나) Ⅰ과 Ⅱ에 B(s)와 C(s)를 각각 조금씩 넣어 반응시킨다.

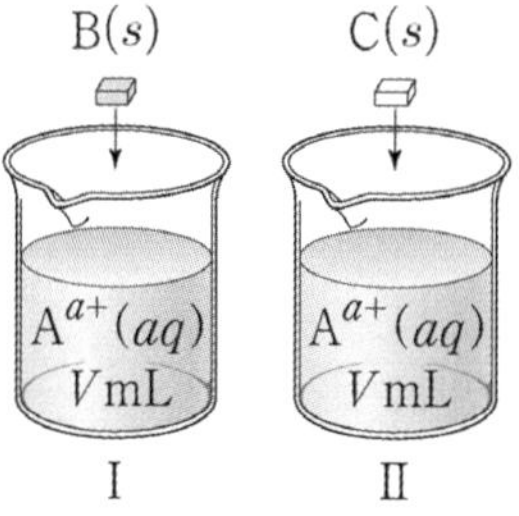

(다) (나) 과정 후 A^{a+}은 모두 A가 되었고, A^{a+}과 반응한 B와 C는 각각 B^{b+}과 C^{c+}이 되었다.

(라) (나)에서 넣어 준 금속의 양(mol)에 따른 수용액 속 전체 양이온의 양(mol)은 그림과 같았다.

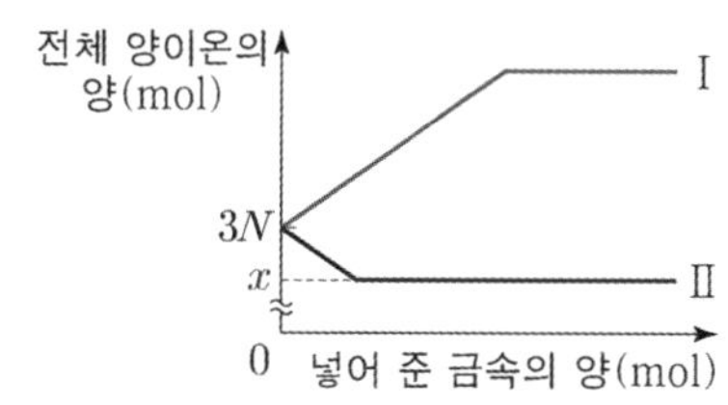

이에 대한 설명으로 옳은 것만을 <보기>에서 있는 대로 고른 것은? (단, A~C는 임의의 원소 기호이고 물과 반응하지 않으며, 음이온은 반응에 참여하지 않는다. a~c는 3 이하의 자연수이다.)

―――― <보 기> ――――

ㄱ. (나)에서 A^{a+}은 산화제로 작용한다.

ㄴ. $x = 2N$이다.

ㄷ. c>b이다.

① ㄱ   ② ㄷ   ③ ㄱ, ㄴ
④ ㄴ, ㄷ   ⑤ ㄱ, ㄴ, ㄷ

37

다음은 금속 M과 관련된 산화 환원 반응에 대한 자료이다. M의 산화물에서 산소(O)의 산화수는 -2이다.

○ 화학 반응식

(가) $MO_2 + 4HCl \rightarrow MCl_2 + 2H_2O + Cl_2$

(나) $2MO_2 + a\,I_2 + b\,OH^-$

$\qquad \rightarrow 2MO_x^- + c\,H_2O + d\,I^-$

（a~d는 반응 계수）

○ $\dfrac{\text{반응물에서 M의 산화수}}{\text{생성물에서 M의 산화수}}$ 는

(가) : (나) = 7 : 2이다.

$\dfrac{b+d}{x}$ 는? (단, M은 임의의 원소 기호이다.)

① 4　　　　② $\dfrac{7}{2}$　　　　③ $\dfrac{9}{4}$

④ $\dfrac{3}{2}$　　　　⑤ 1

38

다음은 금속 A~C의 산화 환원 반응 실험이다.

[실험 과정]

(가) $A^+(aq)$ 15Nmol이 들어 있는 수용액 VmL를 준비한다.

(나) (가)의 비커에 $B(s)$를 넣어 반응시킨다.

(다) (나)의 비커에 $C(s)$를 넣어 반응시킨다.

[실험 결과 및 자료]

○ (나) 과정 후 B는 모두 B^{2+}이 되었고,
　　(다) 과정에서 B^{2+}은 C와 반응하지 않으며,
　　(다) 과정 후 C는 C^{m+}이 되었다.

○ 각 과정 후 수용액 속에 들어 있는 양이온의 종류와 수

과정	(나)	(다)
양이온의 종류	A^+, B^{2+}	B^{2+}, C^{m+}
전체 양이온 수(mol)	$12N$	$6N$

이에 대한 설명으로 옳은 것만을 <보기>에서 있는 대로 고른 것은? (단, A~C는 임의의 원소 기호이고 물과 반응하지 않으며, 음이온은 반응에 참여하지 않는다.)

──────── <보　기> ────────

ㄱ. $m = 3$이다.

ㄴ. (나)와 (다)에서 A^+은 산화제로 작용한다.

ㄷ. (다) 과정 후 양이온 수 비는
　　$B^{2+} : C^{m+} = 1 : 1$이다.

---

① ㄱ　　　　② ㄷ　　　　③ ㄱ, ㄴ

④ ㄴ, ㄷ　⑤ ㄱ, ㄴ, ㄷ

39 24학년도 수능 12번

다음은 2가지 산화 환원 반응에 대한 자료이다. 원소 X와 Y의 산화물에서 산소(O)의 산화수는 -2이다.

○ 화학 반응식

(가) $3XO_3^{3-} + BrO_3^- \rightarrow 3XO_4^{3-} + Br^-$

(나) $a\,X_2O_3 + 4YO_4^- + b\,H^+$

$\rightarrow a\,X_2O_m + 4Y^{n+} + c\,H_2O$

($a{\sim}c$는 반응 계수)

○ $\dfrac{\text{생성물에서 X의 산화수}}{\text{반응물에서 X의 산화수}}$ 는 (가)에서와 (나)에서가 같다.

○ a는 (가)에서 각 원자의 산화수 중 가장 큰 값과 같다.

$\dfrac{m \times n}{b}$ 은?

(단, X와 Y는 임의의 원소 기호이다.)

① $\dfrac{2}{3}$ ② $\dfrac{5}{6}$ ③ 1

④ 2 ⑤ $\dfrac{5}{2}$

40 23년 3월 3번

다음은 $ANO_3(aq)$에 금속 $B(s)$를 넣었을 때 일어나는 반응의 화학 반응식이다. 금속 A의 원자량은 a이다.

$$2A^+(aq) + B(s) \rightarrow 2A(s) + B^{m+}(aq)$$

이 반응에 대한 옳은 설명만을 <보기>에서 있는 대로 고른 것은? (단, A, B는 임의의 원소 기호이다.)

<보 기>

ㄱ. $m = 2$이다.

ㄴ. $B(s)$는 산화제이다.

ㄷ. $B(s)$ 1mol이 모두 반응하였을 때 생성되는 $A(s)$의 질량은 $\dfrac{1}{2}ag$이다.

---

① ㄱ   ② ㄷ   ③ ㄱ, ㄴ

④ ㄴ, ㄷ   ⑤ ㄱ, ㄴ, ㄷ

41 23년 4월 13번

그림은 금속 이온 $X^{2+}(aq)$이 들어 있는 비커에 금속 $Y(s)$를 넣어 반응을 완결시켰을 때, 반응 전과 후 수용액에 존재하는 금속 양이온만을 모형으로 나타낸 것이다.

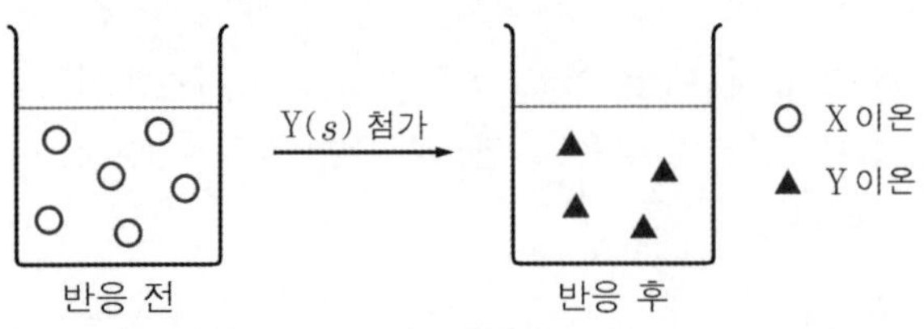

이 반응에 대한 설명으로 옳은 것만을 <보기>에서 있는 대로 고른 것은? (단, X, Y는 임의의 원소 기호이고, X, Y는 물과 반응하지 않으며, 음이온은 반응에 참여하지 않는다.)

<보 기>

ㄱ. X의 산화수는 감소한다.

ㄴ. $Y(s)$는 산화제이다.

ㄷ. Y 이온의 산화수는 +3이다.

① ㄱ   ② ㄴ   ③ ㄱ, ㄷ

④ ㄴ, ㄷ   ⑤ ㄱ, ㄴ, ㄷ

42 23년 4월 18번

다음은 금속 X, Y와 관련된 산화 환원 반응에 대한 자료이다. Y의 산화물에서 O의 산화수는 -2이다.

○ 화학 반응식 :

$$a\,X^{m+} + b\,YO_n^- + c\,H^+$$
$$\rightarrow a\,X^{(m+2)+} + b\,Y^{m+} + d\,H_2O$$
(a~d는 반응 계수)

○ Y의 산화수는 $(n+1)$만큼 감소한다.

○ 산화제와 환원제는 $2 : (2m+1)$의 몰비로 반응한다.

$m+n$은? (단, X, Y는 임의의 원소 기호이다.)

① 3   ② 4   ③ 5

④ 6   ⑤ 7

43 23년 7월 5번

다음은 금속 A ~C의 산화 환원 반응 실험이다.

[실험 Ⅰ]

○ A^{2+} 3Nmol이 들어 있는 수용액에 충분한 양의 $B(s)$를 넣어 반응을 완결시킨다.

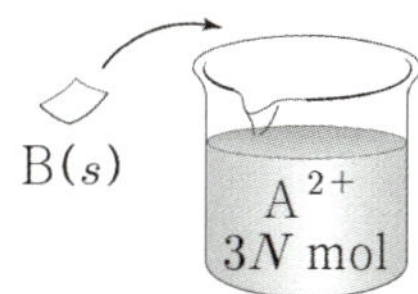

[실험 Ⅱ]

○ B^{m+} 3Nmol이 들어 있는 수용액에 충분한 양의 $C(s)$를 넣어 반응을 완결시킨다.

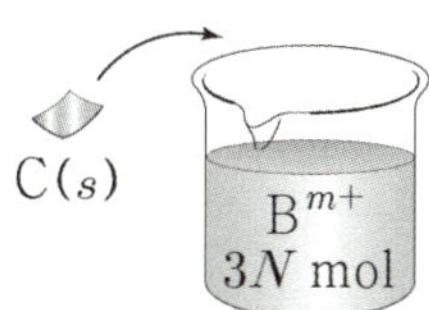

[실험 결과]

○ 반응이 완결된 후 수용액에 들어 있는 양이온의 종류와 양(mol)

실험	Ⅰ	Ⅱ
양이온의 종류	B^{m+}	C^+
양이온의 양(mol)	2N	x N

이에 대한 설명으로 옳은 것만을 <보기>에서 있는 대로 고른 것은? (단, A~C는 임의의 원소 기호이고, A~C는 물과 반응하지 않으며, 음이온은 반응에 참여하지 않는다.)

─── <보 기> ───

ㄱ. $m = 3$이다.

ㄴ. $x = 1$이다.

ㄷ. 실험 Ⅰ에서 $B(s)$는 산화제로 작용한다.

① ㄱ   ② ㄴ   ③ ㄱ, ㄷ
④ ㄴ, ㄷ   ⑤ ㄱ, ㄴ, ㄷ

44 23년 10월 9번

다음은 금속 A~C의 산화 환원 반응 실험이다.

[실험 과정]

(가) 비커에 A^+ n mol과 B^{b+} n mol이 들어 있는 수용액을 넣는다.

(나) (가)의 비커에 $C(s)$ w g을 넣어 반응을 완결시킨다.

(다) (나)의 비커에 $C(s)$ $2w$ g을 넣어 반응을 완결시킨다.

[실험 결과]

○ 각 과정 후 비커에 들어 있는 금속 양이온과 금속의 종류

과정	(나)	(다)
금속 양이온의 종류	B^{b+}, C^{2+}	C^{2+}
금속의 종류	A	A, B

이에 대한 옳은 설명만을 <보기>에서 있는 대로 고른 것은? (단, A~C는 임의의 원소 기호이고, A~C는 물과 반응하지 않으며, 음이온은 반응에 참여하지 않는다.)

─── <보 기> ───

ㄱ. (나)에서 $C(s)$는 환원제로 작용한다.

ㄴ. $b = 2$이다.

ㄷ. (다) 과정 후 수용액 속 C^{2+}의 양은 $\dfrac{3}{2}$ nmol이다.

① ㄱ   ② ㄷ   ③ ㄱ, ㄴ
④ ㄴ, ㄷ   ⑤ ㄱ, ㄴ, ㄷ

Chapter

12

화학 반응에서
출입하는 열

12 화학 반응에서 출입하는 열

▮ 들어가기

발열반응/흡열반응에 대한 개념과 예시, $Q = cm \triangle t$를 이용한 문제를 제외하고는 마땅히 출제될 문항들이 없기 때문에 전반적으로 가벼운 느낌이 드는 단원일 것입니다.
확실히 문제풀이 스킬이나 고난도 문항보다는 정말 기본적인 개념을 숙지하고 있다면 손쉽게 풀 수 있으니 개념을 탄탄하게 잡고 간다는 마인드로 위 단원을 대하시길 바랍니다.

발열반응/흡열반응을 구분하는 문제는 일반적으로 문제의 조건이나 발문에서 주위의 온도 변화를 통해서 실마리를 줄 것이니 이를 바탕으로 문제를 풀어나가시면 됩니다.
혹시나 지엽적인 선지가 출제될 수도 있으니 이를 대비하여 발열/흡열 반응의 각각의 예시들을 암기해 놓으시는 것도 좋은 방법이라고 생각합니다.

▌화학 반응에서 출입하는 열

1. 화학 반응과 열의 출입

화학 반응에서 반응물과 생성물이 가지고 있는 에너지가 다르기 때문에 화학 반응이 일어날 때 열의 출입이 있게 된다.

2. 발열 반응과 흡열 반응

(1) 발열 반응

화학 반응이 일어날 때 주위로 **열을 방출**하는 반응이다.
생성물의 에너지 합이 반응물의 에너지 합보다 작으므로 반응하면서 **열을 방출**한다.
열을 방출하므로 주위의 온도가 높아진다.

ex 연소, 금속의 산화, 금속과 산의 반응, 중화 반응, 산의 용해 등

(2) 흡열 반응

화학 반응이 일어날 때 주위에서 **열을 흡수**하는 반응이다.
생성물의 에너지 합이 반응물의 에너지 합보다 크므로 반응하면서 **열을 흡수**한다.
열을 흡수하므로 주위의 온도가 낮아진다.

ex 질산 암모늄의 용해, 열분해 등

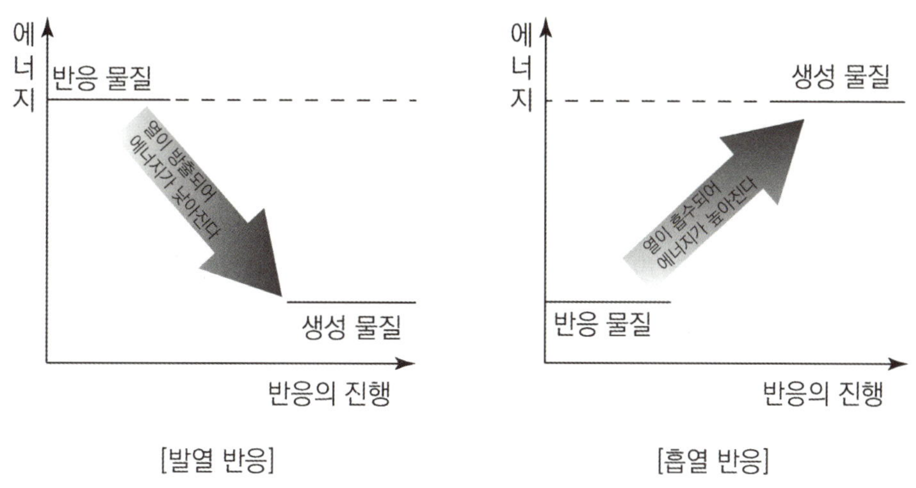

(3) 여러 가지 발열 반응과 흡열 반응

❶ 발열 반응

수증기의 액화, 물의 응고와 같은 상태 변화가 일어날 때 **열이 방출**된다.

휘발유나 천연 가스 등의 연료가 연소될 때 많은 **열이 발생**한다.

손난로 속에서 철가루가 산화되면서 **열을 방출**하여 따뜻해진다.

❷ 흡열 반응

물의 기화, 얼음의 융해와 같은 상태 변화가 일어날 때 **열이 흡수**된다.

식물이 빛을 받으면 광합성을 하여 양분을 만드는데, 광합성은 빛에너지를 흡수하는 **흡열 반응**이다.

냉각 팩 속 질산 암모늄이 물에 용해될 때 **열을 흡수**하여 팩이 시원해진다.

[실험 과정]

(가) 나무판의 중앙에 물을 조금 떨어 뜨리고, 수산화 바륨 팔수화물 $(Ba(OH)_2 \cdot 8H_2O(s))$이 담긴 삼각 플라스크를 올려놓는다.

(나) (가)의 삼각 플라스크에 질산 암모늄$(NH_4NO_3(s))$을 넣고 유리 막대로 잘 저어 녹인 다음, 몇 분 뒤 삼각 플라스크를 들어 올린다.

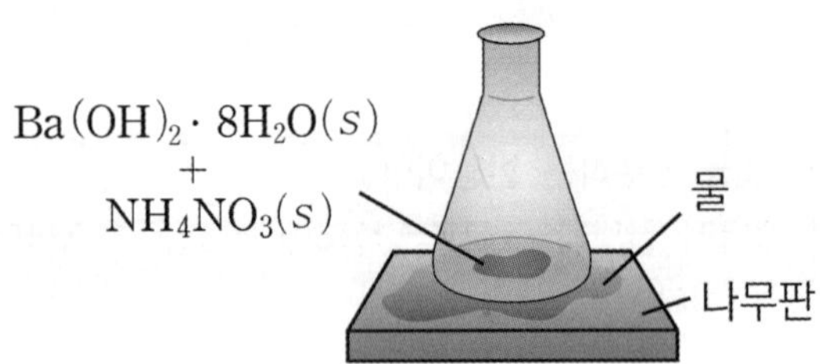

[실험 결과]

나무판 위의 물이 얼면서 나무판이 삼각 플라스크에 달라붙어 삼각 플라스크를 들어 올릴 때 나무판이 함께 들어 올려졌다.

[실험 분석]

$Ba(OH)_2 \cdot 8H_2O(s)$과 $NH_4NO_3(s)$이 반응하면서 나무판 위의 물로부터 열을 빼앗아 물이 얼게 된다.

$Ba(OH)_2 \cdot 8H_2O(s)$과 $NH_4NO_3(s)$의 반응은 열을 흡수하는 **흡열 반응**이다.

(4) 화학 반응에서 출입하는 열의 측정

▶ **열량** : 물질이 방출하거나 흡수하는 열에너지의 양
▶ **열량계** : 열량을 측정하는 장치
▶ **비열** : 물질 1g의 온도를 1℃ 높이는 데 필요한 열량으로 단위는 $J/g℃$

어떤 물질이 방출하거나 흡수하는 열량은 그 물질의 비열에 질량과 온도 변화를 곱하여 구할 수 있다.

> 용액이 얻거나 잃은 열량(J) = 용액의 비열(J/g · ℃) × 용액의 질량(g) × 용액의 온도 변화(℃)
>
> $$Q = cm \triangle t$$

[열량계를 이용한 열의 측정]

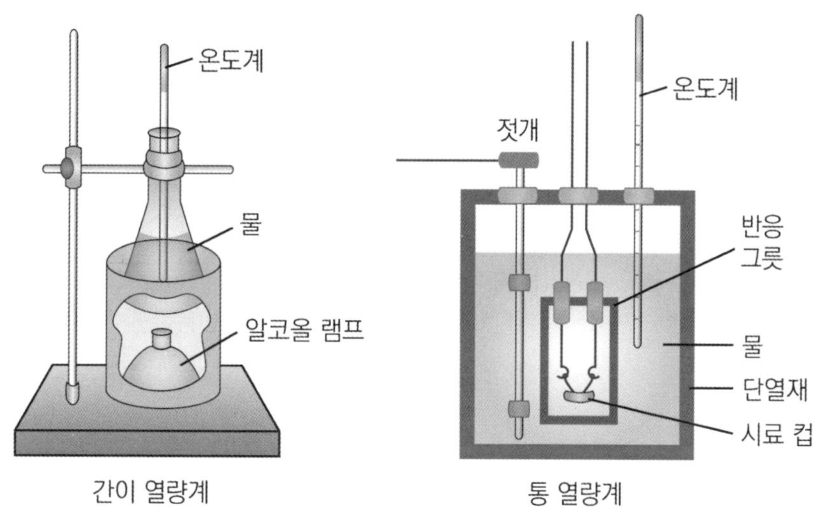

화학 반응에서 출입하는 열의 양은 열량계를 사용하여 측정할 수 있다.
출입하는 열은 **모두** 물이나 용액의 온도변화에 이용된다고 가정한다.
열량계와 외부 사이에 **열의 출입이 없다고 가정**하고 열량계 자체가 **흡수하는 열을 무시**하면 화학 반응에서 **발생한 열량은 열량계 속 용액이 얻은 열량과 같다.**

> 화학 반응에서 발생한 열량(Q_1) = 열량계 속 용액이 얻은 열량(Q_2)

이를 활용하여 문제 유형을 개발할 경우 Q_1, Q_2중 하나의 값은 문제에서 제시된 조건으로 구할 수 있게 제시한 후에, 반대편 자료들을 일부 준 후에 반대편 자료의 비열이나, 온도변화, 질량들을 물어보는 문제 유형이 출제될 것이다.

간이 열량계에 $20℃$ 의 물 $50.0g$을 넣고 산화 칼슘(CaO) $1.0g$을 모두 녹였더니 용액은 온도가 $25℃$ 가 되었다. 산화 칼슘 $1.0g$이 물에 녹을 때 방출하는 열량(J) 과 $1mol$이 물에 녹을 때 방출되는 열량(J)을 각각 구해 보자. (단, 반응에서 발생하는 열은 모두 용액의 온도 변화에 이용된다고 가정하며, 용액의 비열은 $4.2J/g℃$, 산화 칼슘의 화학식량은 56.1이다.)

1) 산화 칼슘 $1.0g$ 이 물에 녹을 때 방출하는 열량을 구한다.

    용액의 비열(c) = $4.2J/g℃$

    용액의 질량(m) = 물의 질량 + 산화 칼슘의 질량 $= 50.0g + 1.0g = 51.0g$

    온도 변화$(\triangle t)$ = 나중 온도 $-$ 처음온도 $= 25℃ - 20℃ = 5℃$

    $Q = cm\triangle t =$ $4.2J/g℃ \times 51.0g \times 5℃ = 1071J$

    따라서 산화 칼슘 $1.0g$이 물에 녹을 때 방출하는 열량은 $1071J$이다.

2) 산화 칼슘 $1mol$ 이 물에 녹을 때 방출하는 열량을 구한다.

    산화 칼슘 $1mol$ 의 질량은 56.1이다.

    따라서 산화 칼슘 $1mol$이 물에 녹을 때 방출하는 열량은 $1071J/g \times 56.1g = 60083.1J$이다.

※ 물질이 물에 용해되는 반응의 열량을 측정할 때에는 열량계 내에서 수용액의 온도가 증가하므로 물의 비열이 아닌 수용액의 비열을 이용해야 함을 주의하자.

※ 화학 반응식에서 오른쪽으로 진행되는 반응을 정반응, 왼쪽으로 진행되는 반응을 역반응이라고 한다. 정반응이 발열 반응이면 역반응은 흡열 반응이고, 정반응이 흡열 반응이면 역반응은 발열 반응이다.

01 22학년도 수능 1번

다음은 열의 출입과 관련된 현상에 대한 설명이다.

> 숯이 연소될 때 열이 발생하는 것처럼, 화학 반응이 일어날 때 주위로 열을 방출하는 반응을 (가) 반응이라 한다.

(가)로 가장 적절한 것은?

① 가역   ② 발열   ③ 분해

④ 환원   ⑤ 흡열

02 21학년도 10월 2번

다음은 화학 반응에서 출입하는 열을 이용하는 생활 속의 사례이다.

> (가) 휴대용 냉각 팩에 들어 있는 질산 암모늄이 물에 용해되면서 팩이 차가워진다.
>
> (나) 겨울철 도로에 쌓인 눈에 염화 칼슘을 뿌리면 염화 칼슘이 용해되면서 눈이 녹는다.
>
> (다) 아이스크림 상자에 드라이아이스를 넣으면 드라이아이스가 승화되면서 상자 안의 온도가 낮아진다.

이에 대한 옳은 설명만을 <보기>에서 있는 대로 고른 것은?

> ──── <보 기> ────
>
> ㄱ. (가)에서 질산 암모늄의 용해 반응은 흡열 반응이다.
>
> ㄴ. (나)에서 염화 칼슘이 용해될 때 열을 방출한다.
>
> ㄷ. (다)에서 드라이아이스의 승화는 발열 반응이다.

03 22학년도 9월 2번

다음은 열 출입 현상과 이에 대한 학생들의 대화이다.

> ○ ㉠염화 암모늄을 물에 용해시켰더니 수용액의 온도가 낮아졌다.
> ○ ㉡뷰테인을 연소시켰더니 열이 발생하였다.

제시한 내용이 옳은 학생만을 있는 대로 고른 것은?

04 22학년도 6월 3번

다음은 학생 A가 가설을 세우고 수행한 탐구 활동이다.

> **[가설]**
> ○   ㉠
>
> **[탐구 과정 및 결과]**
> ○ 25℃의 물 100g이 담긴 열량계에 25℃의 수산화 나트륨 ($NaOH(s)$) 4g을 넣어 녹인 후 수용액의 최고 온도를 측정하였다.
> ○ 수용액의 최고 온도 : 35℃
>
> **[결론]**
> ○ 가설은 옳다.

학생 A의 결론이 타당할 때, 다음 중 ㉠으로 가장 적절한 것은? (단, 열량계의 외부 온도는 25℃로 일정하다.)

① 수산화 나트륨($NaOH$)이 물에 녹는 반응은 가역 반응이다.

② 수산화 나트륨($NaOH$)이 물에 녹는 반응은 발열 반응이다.

③ 수산화 나트륨($NaOH$)을 물에 녹인 수용액은 산성을 띤다.

④ 수산화 나트륨($NaOH$)이 물에 녹는 반응은 산화 환원 반응이다.

⑤ 수산화 나트륨($NaOH$)을 물에 녹인 수용액은 전기 전도성이 있다.

05 21학년도 7월 10번

다음은 스타이로폼 컵 열량계를 이용하여 열의 출입을 측정하는 실험이다.

> **[실험 Ⅰ]**
>
> (가) 열량계에 물 48g을 넣고 온도(t_1)를 측정한다.
>
> 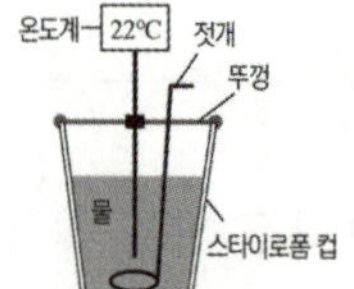
>
>
> (나) (가)에 A(s) 2g을 넣고 젓개로 저어 완전히 녹인 후 수용액의 최고 온도(t_2)를 측정한다.
>
> (다) 실험에서 출입한 열량을 계산한다.
>
> **[실험 Ⅱ]**
>
> ◦ 물의 질량을 98g으로 바꾼 후 (가)~(다)를 수행한다.
>
> **[실험 결과 및 자료]**
>
> | 실험 | 물의 질량 | t_1 | t_2 | 출입한 열량 |
> |----|-------|------|------|--------|
> | Ⅰ | 48g | 22℃ | 29℃ | aJ |
> | Ⅱ | 98g | 22℃ | x℃ | aJ |
>
> ◦ 실험 Ⅰ과 Ⅱ에서 수용액의 비열은 같다.

이에 대한 설명으로 옳은 것만을 <보기>에서 있는 대로 고른 것은? (단, 용해 반응 이외의 반응은 일어나지 않으며, 반응에서 출입하는 열은 열량계 속 수용액의 온도만을 변화시킨다.)

> ─── <보 기> ───
>
> ㄱ. A(s)가 용해되는 반응은 흡열 반응이다.
>
> ㄴ. $x < 29$이다.
>
> ㄷ. 실험 Ⅰ에서 수용액의 비열(J/g · ℃)은 $\dfrac{a}{350}$이다.

06 21학년도 4월 2번

다음은 실험 보고서의 일부이다.

> **[실험 제목]**
>
> | ㉠ |
> |---|
>
> **[실험 과정]**
>
> (가) 그림과 같이 간이 열량계에 물 100g을 넣고 온도를 측정한다.
>
> (나) 염화 칼슘 10g을 (가)의 물에 녹이고 용액의 최고 온도를 측정한다.

다음 중 ㉠으로 가장 적절한 것은?

① 가역 반응 확인하기

② 용액의 pH 측정하기

③ 물질의 전기 전도성 확인하기

④ 중화 반응에서 양적 관계 확인하기

⑤ 화학 반응에서 열의 출입 측정하기

07

다음은 2가지 반응에서 열의 출입을 알아보기 위한 실험이다.

실험	실험 실험 과정 및 결과
(가)	물이 담긴 비커에 수산화 나트륨 (NaOH) 을 넣고 녹였더니 수용액의 온도가 올라갔다.
(나)	물이 담긴 비커에 질산 암모늄 (NH_4NO_3) 을 넣고 녹였더니 수용액의 온도가 내려갔다.
에탄올 (C_2H_5OH)	㉠

이에 대한 옳은 설명만을 <보기>에서 있는 대로 고른 것은?

———— <보 기> ————

ㄱ. (가)에서 반응이 일어날 때 열이 방출된다.

ㄴ. (나)에서 일어나는 반응은 흡열 반응이다.

ㄷ. (나)에서 일어나는 반응을 이용하여 냉찜질 팩을 만들 수 있다.

08

다음은 화학 반응에서 열의 출입에 대한 학생들의 대화이다.

제시한 내용이 옳은 학생만을 있는 대로 고른 것은?

09 20학년도 10월 5번

다음은 질산 암모늄(NH_4NO_3)과 관련된 실험이다.

[실험 과정]

(가) 열량계에 20℃ 물 100g을 넣는다. 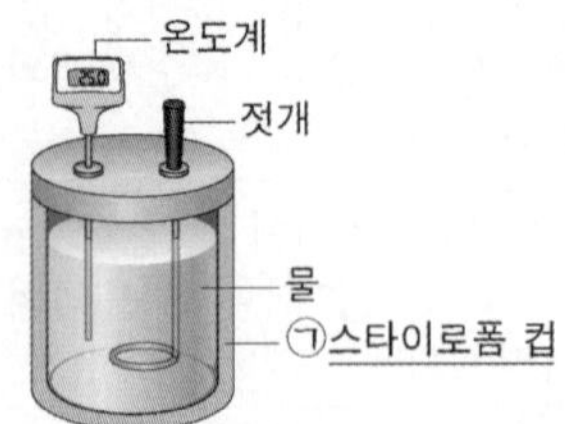

(나) (가)의 열량계에 NH_4NO_3 wg을 넣고 모두 용해시킨다.

(다) 수용액의 최저 온도를 측정한다.

(라) 20℃ 물 200g을 이용하여 (가)~(다)를 수행한다.

[실험 결과]

○ (다)에서 측정한 수용액의 최저 온도 : 18℃

○ (라)에서 측정한 수용액의 최저 온도 : t℃

이에 대한 옳은 설명만을 <보기>에서 있는 대로 고른 것은?

― <보 기> ―

ㄱ. NH_4NO_3의 용해 반응은 흡열 반응이다.

ㄴ. $t > 18$이다.

ㄷ. NH_4NO_3의 용해 반응은 냉각 팩에 이용될 수 있다.

10 21학년도 9월 3번

다음은 염화 칼슘($CaCl_2$)이 물에 용해되는 반응에 대한 실험과 이에 대한 세 학생의 대화이다.

[실험 과정]

(가) 그림과 같이 25℃의 물 100g이 담긴 열량계를 준비한다.

(나) (가)의 열량계에 25℃의 $CaCl_2(s)$ wg을 넣어 녹인 후 수용액의 최고 온도를 측정한다.

[실험 결과]

○ 수용액의 최고 온도 : 30℃

학생 A : 열량계 내부의 온도 변화로 반응에서의 열의 출입을 알 수 있어.

학생 B : $CaCl_2(s)$이 물에 용해되는 반응은 발열 반응이야.

학생 C : ㉠은 열량계 내부와 외부 사이의 열 출입을 막기 위해 사용해.

제시한 내용이 옳은 학생만을 있는 대로 고른 것은? (단, 열량계의 외부 온도는 25℃로 일정하다.)

11 20학년도 7월 19번

표는 간이 열량계에 물 100g을 넣고 고체 A, B를 각각 녹인 수용액에 대한 자료와 온도 변화를 나타낸 것이다. $t > 0$이다.

수용액	용질		온도 변화(℃)
	화학식량	질량(g)	
A(aq)	40	4	$+3.4t$
B(aq)	80	4	$-t$

이에 대한 설명으로 옳은 것만을 <보기>에서 있는 대로 고른 것은? (단, 용해 반응 이외의 반응은 일어나지 않으며, 간이 열량계의 열손실은 없다. 물과 수용액의 비열은 4.2J/g·℃ 이다.)

<보 기>

ㄱ. A의 용해 과정은 발열 반응이다.

ㄴ. 물 100g에 B(s) 10g을 녹였을 때 출입하는 열량(J)은 $4.2 \times 110 \times t$이다.

ㄷ. 고체 1몰을 각각 녹였을 때 출입하는 열량은 A가 B보다 크다.

12 21학년도 6월 5번

다음은 반응 ㉠~㉢과 관련된 현상을 나타낸 것이다.

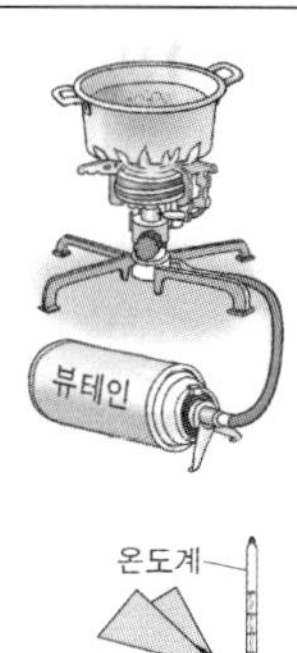

㉠ 뷰테인을 연소시켜 물을 끓였다.

㉡ 질산 암모늄을 물에 용해시켰더니 용액의 온도가 낮아졌다.

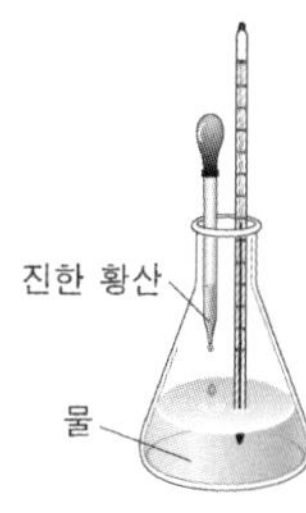

㉢ 진한 황산을 물에 용해시켰더니 용액의 온도가 높아졌다.

㉠~㉢ 중 발열 반응만을 있는 대로 고른 것은?

13 20학년도 4월 14번

다음은 고체 A~C를 각각 물에 녹일 때의 온도 변화를 알아보는 실험이다.

[실험 과정]

(가) 간이 열량계에 물 100g을 넣은 후 물의 온도(t_1)를 측정한다.

(나) (가)의 열량계에 A 5g을 넣어 녹인 후 수용액의 최종 온도(t_2)를 측정한다.

(다) A 대신 B, C로 각각 과정 (가), (나)를 반복한다.

[실험 결과]

고체	A	B	C
$t_1(℃)$	25.0	25.0	25.0
$t_2(℃)$	36.7	21.3	33.5

고체 A~C 중 물에 용해되는 반응이 발열 반응인 것만을 있는 대로 고른 것은? (단, 열량계와 주위 사이의 열 출입은 없다.)

14 20학년도 3월 1번

다음은 3가지 반응이다.

(가) 화석 연료의 연소 반응
(나) 냉각 팩에서의 질산 암모늄의 용해 반응
(다) 묽은 황산과 수산화 칼륨 수용액의 중화 반응

(가)~(다) 중 발열 반응만을 있는 대로 고른 것은?

15 22학년도 3월 3번

다음은 요소수와 관련된 설명이다.

> 경유를 연료로 사용하는 디젤 엔진에서는 대기 오염 물질인 질소 산화물이 생성된다. 디젤 엔진에 요소($(NH_2)_2CO$)와 물이 혼합된 요소수를 넣어 주면, ㉠ 연료의 연소 반응이 일어날 때 발생하는 열을 흡수하여 ㉡ 요소가 분해되면서 암모니아가 생성되는 반응이 일어난다. 이 과정에서 생성된 암모니아가 질소 산화물을 질소 기체로 변화시킨다.

이에 대한 옳은 설명만을 <보기>에서 있는 대로 고른 것은?

─── <보 기> ───

ㄱ. ㉠은 발열 반응이다.

ㄴ. ㉡은 흡열 반응이다.

ㄷ. 디젤 엔진에 요소수를 넣어 주면 대기 오염을 줄일 수 있다.

① ㄱ   ② ㄴ   ③ ㄱ, ㄷ

④ ㄴ, ㄷ   ⑤ ㄱ, ㄴ, ㄷ

16 22학년도 4월 2번

다음은 수산화 나트륨이 물에 녹을 때 발생하는 열량을 구하기 위해 학생 A가 수행한 실험 과정이다.

> **[실험 과정]**
> (가) 물 100g을 준비하고, 물의 온도를 측정한다.
> (나) 수산화 나트륨 1g을 (가)의 물에 모두 녹인 후 용액의 최고 온도를 측정한다.

다음 중 학생 A가 사용한 실험 장치로 가장 적절한 것은?

① 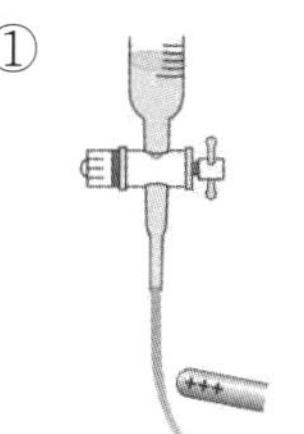

② 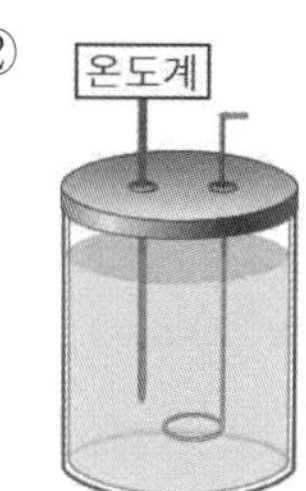

③ 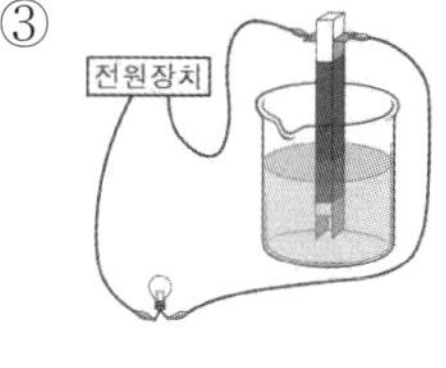

④ 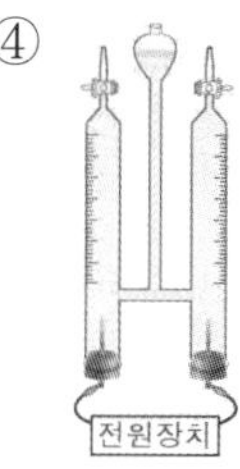

⑤ 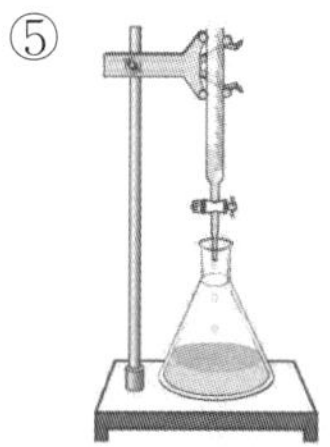

17 22학년도 7월 1번

다음은 어떤 제품의 광고와 이에 대한 학생과 선생님의 대화이다.

학 생 : 봉지 안에 찬물을 부었는데 어떻게 음식이 데워질 수 있어요?

선생님 : 봉지 안에는 산화 칼슘(CaO)이 들어 있어요. 물(H_2O)을 부으면 산화 칼슘과 물이 반응해서 열이 발생하는데, 그 열로 음식이 데워질 수 있는 거예요.

학 생 : 산화 칼슘과 물의 반응은 주위로 열을 방출하는 반응이므로 ⧠ ㉠ 반응이겠군요.

㉠으로 가장 적절한 것은?

① 발열　　② 산화　　③ 연소
④ 중화　　⑤ 흡열

18 22학년도 10월 2번

다음은 반응의 열 출입을 이용하는 사례에 대한 설명이다.

○ ㉠ 산화 칼슘(CaO)과 물(H_2O)의 반응을 이용하여 음식을 데울 수 있다.
○ ㉡ 철(Fe)의 산화 반응을 이용하여 손난로를 만들 수 있다.
○ ㉢ 질산 암모늄(NH_4NO_3)의 용해 반응을 이용하여 냉각팩을 만들 수 있다.

㉠ ~ ㉢ 중 흡열 반응만을 있는 대로 고른 것은?

① ㉠　　　② ㉢　　　③ ㉠, ㉡
④ ㉠, ㉢　　⑤ ㉡, ㉢

기출의 파급효과

과영 탐역 —— I
화학
하

해설

기출의파급효과

화학 Ⅰ (하)
해설

Chapter 7. 화학결합

문항번호	정 답	문항번호	정 답	문항번호	정 답	문항번호	정 답	문항번호	정 답
1	ㄴ, ㄷ	2	ㄱ, ㄴ	3	ㄱ,ㄴ,ㄷ	4	ㄱ, ㄷ	5	ㄱ
6	ㄱ,ㄴ,ㄷ	7	ㄱ, ㄷ	8	ㄱ, ㄷ	9	ㄱ,ㄴ,ㄷ	10	ㄱ, ㄷ
11	ㄱ, ㄷ	12	ㄱ	13	A,B,C	14	ㄱ, ㄴ	15	ㄴ
16	ㄴ, ㄷ	17	ㄱ	18	ㄴ, ㄷ	19	⑤	20	(나),(다)
21	ㄴ	22	ㄱ, ㄷ	23	ㄱ, ㄴ	24	ㄱ,ㄴ,ㄷ	25	ㄱ,ㄴ,ㄷ
26	⑤	27	③	28	①	29	⑤	30	③
31	⑤	32	③	33	⑤	34	①	35	⑤
36	⑤	37	⑤	38	②	39	⑤		

Chapter 8. 분자의 구조와 성질

문항번호	정 답	문항번호	정 답	문항번호	정 답	문항번호	정 답	문항번호	정 답
1	④	2	ㄱ	3	ㄱ,ㄴ,ㄷ	4	ㄴ, ㄷ	5	ㄱ, ㄷ
6	ㄱ, ㄷ	7	ㄴ	8	ㄴ, ㄷ	9	ㄱ, ㄷ	10	④
11	ㄴ, ㄷ	12	ㄱ, ㄷ	13	ㄱ,ㄴ,ㄷ	14	ㄴ	15	ㄴ
16	ㄱ,ㄴ,ㄷ	17	④	18	ㄴ	19	ㄴ	20	ㄴ
21	ㄱ, ㄷ	22	ㄱ	23	ㄱ, ㄴ	24	ㄷ	25	ㄴ, ㄷ
26	ㄱ, ㄴ	27	ㄱ	28	ㄱ, ㄴ	29	ㄱ, ㄴ	30	②
31	ㄱ, ㄴ	32	ㄱ,ㄴ,ㄷ	33	ㄴ	34	ㄴ, ㄷ	35	ㄱ
36	ㄱ,ㄴ,ㄷ	37	ㄴ, ㄷ	38	ㄱ, ㄷ	39	⑤	40	ㄱ,ㄴ,ㄷ
41	ㄱ, ㄷ	42	③	43	ㄱ, ㄴ	44	ㄱ,ㄴ,ㄷ	45	ㄴ, ㄷ
46	ㄱ, ㄴ	47	ㄱ,ㄴ,ㄷ	48	ㄱ, ㄷ	49	ㄴ	50	ㄴ, ㄷ
51	ㄱ, ㄴ	52	ㄴ, ㄷ	53	ㄱ,ㄴ,ㄷ	54	ㄱ,ㄴ,ㄷ	55	ㄱ
56	ㄱ, ㄴ	57	ㄱ,ㄴ,ㄷ	58	ㄱ, ㄴ	59	ㄱ	60	ㄷ
61	ㄱ,ㄴ,ㄷ	62	①	63	②	64	②	65	④
66	⑤	67	①	68	⑤	69	②	70	③
71	④	72	③	73	①	74	④	75	③
76	①	77	⑤	78	①	79	④	80	⑤
81	④	82	①	83	⑤	84	④	85	⑤
86	④	87	④	88	①	89	③	90	③
91	①								

Chapter 9. 동적 평형(1)

문항번호	정 답	문항번호	정 답	문항번호	정 답	문항번호	정 답	문항번호	정 답
1	ㄱ,ㄴ,ㄷ	2	ㄴ	3	ㄱ	4	ㄱ	5	ㄱ
6	ㄴ	7	ㄱ, ㄷ	8	ㄱ	9	ㄷ	10	ㄱ, ㄷ
11	ㄱ	12	ㄴ	13	③	14	②	15	①
16	③	17	③	18	③	19	①	20	③
21	③	22	④						

동적 평형(2)

문항번호	정 답	문항번호	정 답	문항번호	정 답	문항번호	정 답	문항번호	정 답
1	ㄱ, ㄷ	2	ㄴ	3	ㄱ, ㄷ	4	ㄱ, ㄴ	5	ㄴ
6	ㄱ, ㄴ	7	ㄱ,ㄴ,ㄷ	8	ㄴ	9	ㄱ,ㄴ,ㄷ	10	ㄱ
11	ㄱ	12	ㄱ, ㄴ	13	ㄴ, ㄷ	14	ㄱ, ㄷ	15	③
16	④	17	⑤	18	③	19	②	20	⑤
21	②	22	③	23	④	24	⑤	25	③
26	③								

Chapter 10. 산 염기와 중화반응(1)

문항번호	정 답	문항번호	정 답	문항번호	정 답	문항번호	정 답	문항번호	정 답
1	(가)	2	A, C	3	ㄱ,ㄴ,ㄷ	4	ㄱ,ㄴ,ㄷ		

산 염기와 중화반응(2)

문항번호	정 답	문항번호	정 답	문항번호	정 답	문항번호	정 답	문항번호	정 답
1	ㄴ	2	ㄴ, ㄷ	3	$\dfrac{1}{20}$	4	ㄱ, ㄷ	5	$\dfrac{1}{3}$
6	ㄱ,ㄴ,ㄷ	7	3	8	20	9	$\dfrac{1}{5}$	10	$\dfrac{1}{10}$
11	ㄴ, ㄷ	12	$\dfrac{9}{2}$	13	$\dfrac{3}{5}$	14	2	15	②
16	②	17	⑤	18	①	19	②	20	④
21	②	22	①	23	①	24	②	25	③
26	②	27	④	28	③				

산 염기와 중화반응(3)

문항번호	정 답	문항번호	정 답	문항번호	정 답	문항번호	정 답	문항번호	정 답
1	ㄴ, ㄷ	2	㉠=20, ㉡=뷰렛	3	①	4	$\dfrac{y}{6x}$	5	ㄱ, ㄴ
6	$\dfrac{13}{10}$	7	0.2	8	③	9	④	10	③
11	④	12	④	13	①	14	①	15	④
16	④	17	①	18	②	19	⑤	20	②

Chapter 11. 산화 환원 반응

문항번호	정 답	문항번호	정 답	문항번호	정 답	문항번호	정 답	문항번호	정 답
1	ㄱ	2	ㄱ	3	ㄱ,ㄴ,ㄷ	4	ㄱ,ㄴ,ㄷ	5	ㄱ,ㄴ,ㄷ
6	ㄴ	7	ㄱ	8	ㄱ	9	ㄱ, ㄷ	10	ㄱ, ㄴ
11	ㄱ	12	ㄱ	13	ㄱ, ㄷ	14	ㄱ	15	ㄱ
16	ㄱ	17	②	18	ㄱ, ㄴ	19	A,B,C	20	+7
21	ㄱ	22	ㄱ	23	④	24	①	25	③
26	④	27	①	28	④	29	①	30	④
31	③	32	②	33	③	34	②	35	②
36	⑤	37	②	38	⑤	39	②	40	①
41	③	42	④	43	①	44	⑤		

Chapter 12. 화학 반응에서 출입하는 열

문항번호	정 답	문항번호	정 답	문항번호	정 답	문항번호	정 답	문항번호	정 답
1	②	2	ㄱ, ㄴ	3	C	4	②	5	ㄴ, ㄷ
6	⑤	7	ㄱ,ㄴ,ㄷ	8	A, C	9	ㄱ,ㄴ,ㄷ	10	A,B,C
11	ㄱ, ㄷ	12	ㄱ, ㄷ	13	A, C	14	(가),(다)	15	⑤
16	②	17	①	18	②				

01 22학년도 수능 4번

정답 : ㄴ, ㄷ

ㄱ. A^{2+}은 Ar의 전자 배치와 같으므로 A는 4주기 2족 원소인 Ca이다.

ㄴ. AB는 양이온과 음이온 사이의 정전기적 인력에 의해 형성된 이온 결합 물질이다.

ㄷ. B 원자는 전자 2개를 얻어 안정한 배치를 가지므로 16족 원소이며,
C 원자 2개와 각각 단일 결합을 형성하였으므로 C는 17족 원소이다.
A는 2족 원소이므로 A와 C는 1:2로 결합하여 안정한 화합물을 형성한다.

02 21학년도 10월 5번

정답 : ㄱ, ㄴ

전자 배치를 통하여 A~D 는 각각 Na, O, H, F 임을 알 수 있다.

ㄱ. A(Na), C(H)는 모두 1족 원소이다.

ㄴ. $B_2D_2(O_2F_2)$에서 B(O) 원자 사이에 무극성 공유 결합이 있다.

ㄷ. BD_2에서 전기 음성도는 D(F)가 B(O)보다 크므로 B는 부분적인 양전하(σ^+)를 띤다.

03 22학년도 9월 7번

정답 : ㄱ, ㄴ, ㄷ

화학 반응식을 완성하면 $2Na + 2H_2O \rightarrow 2NaOH + H_2$ 이다.

ㄱ. Na(s)은 금속 결합 물질이므로 전성(펴짐성)이 있다.

ㄴ. ㉠은 H_2O이므로 공유 결합 물질이다.

ㄷ. (나)에서 Na^+의 총 전자 수와 OH^-의 총 전자수는 모두 10으로 같다.

04 21학년도 6월 8번

정답 : ㄱ, ㄷ

AB는 HCl이고 화학 결합 모형으로부터 D는 2주기 비금속 원소이므로
A_2D의 화학식으로부터 D는 O이고 A_2D는 H_2O이다.
따라서 $m=2$이고, C는 Mg이므로 CD는 MgO이다.
화학 반응식을 정리하면 $2HCl + MgO \rightarrow MgCl_2 + H_2O$ 이다.

ㄱ. $m=2$이다.
ㄴ. (가)는 $MgCl_2$ 이므로 금속 양이온과 비금속 음이온이 결합한 이온 결합 물질이다.
ㄷ. $B_2(Cl_2)$에 있는 비공유 전자쌍 수는 6이고, $D_2(O_2)$에 있는 비공유 전자쌍 수는 4이다.
　　따라서 비공유 전자쌍 수는 $B_2 > D_2$이다.

05 21학년도 3월 8번

정답 : ㄱ

A~D는 각각 Mg, O, H, F이다.

ㄱ. $A(Mg)(s)$는 전기 전도성이 있다.
ㄴ. $CD(HF)$에서 전기음성도는 $C < D$이므로 C는 부분적인 양전하(σ^+)를 띤다.
ㄷ. $D_2(F_2)$는 공유 전자쌍 수가 1이고,
　　$B_2(O_2)$는 공유 전자쌍 수가 2이므로 분자당 공유 전자쌍 수는 $B_2(O_2)$가 $D_2(F_2)$보다 크다.

06 21학년도 수능 9번

정답 : ㄱ, ㄴ, ㄷ

화학 결합 모형으로부터 WX는 HF, WYZ는 HCN임을 알 수 있다.

ㄱ. 전기 음성도는 $X(F) \rangle W(H)$이므로 WX에서 W는 부분적인 양전하(σ^+)를 띤다.
ㄴ. Z는 질소(N), Y는 탄소(C)이므로 전기 음성도는 $Z > Y$이다.
ㄷ. YW_4에서는 Y와 W의 전기 음성도 차이 때문에 극성 공유 결합이 있다.

07 20학년도 10월 14번

정답 : ㄱ, ㄷ

W~Z 는 각각 Mg, O, C, F 이다.

ㄱ. $X(O)$의 원자가 전자 수는 6이고, $Y(C)$의 원자가 전자 수는 4이므로
원자가 전자 수는 $X > Y$이다.

ㄴ. $W(Mg)$는 3주기 원소이며, $Y(C)$는 2주기 원소이므로 W와 Y는 다른 주기 원소이다.

ㄷ. $YXZ_2(COF_2)$는 평면 구조이다.

08 21학년도 9월 8번

정답 : ㄱ, ㄷ

A~D 는 각각 Mg, O, N, H이다.

ㄱ. $AB(MgO)$는 금속 양이온과 비금속 음이온으로 이루어진 이온 결합 물질이다.

ㄴ. $C_2(N_2)$는 3중 결합이 있다.

ㄷ. $A(s)$ 는 Mg로 고체 상태의 금속이므로 전기 전도성이 있다.

09 20학년도 7월 11번

정답 : ㄱ, ㄴ, ㄷ

A~E 는 각각 C, Mg, Na, O, F 이다.

ㄱ. 전기 음성도는 $D(F) > A(C)$이다.

ㄴ. 고체 상태의 $B(Mg)$와 $C(Na)$는 금속이므로 전기 전도성이 있다.

ㄷ. 고체 상태의 $BD(MgO)$와 $CE(NaF)$는 이온 결합물질이므로
외부에서 힘을 가하면 쉽게 부서진다.

10 21학년도 6월 9번

정답 : ㄱ, ㄷ

ABC에서 A^+는 +1가의 양이온이므로 A는 전자 수가 11인 Na이고 H_2B에서 B는 2개의 전자를 공유하여 결합하였으므로 B는 전자 수가 8인 O이다. 따라서 C는 전자 수가 17인 Cl이다.

ㄱ. $A(s)$는 $Na(s)$ 금속이므로 외부에서 힘을 가하면 넓게 펴지게 된다.

ㄴ. $B_2(O_2)$에는 2중 결합이 있지만 $C_2(Cl_2)$에는 단일결합만 존재한다.

ㄷ. $AC(NaCl)(l)$는 액체 상태의 이온결합이기 때문에 전기 전도성이 있다.

11 20학년도 4월 13번

정답 : ㄱ, ㄷ

ㄱ. 에너지가 최소인 지점의 오른쪽 부분에서는 인력이 반발력보다 우세하고,
   왼쪽에서는 반발력이 인력보다 우세하다. 따라서 (가) 부분에서는 인력이 반발력 보다 우세하다.

ㄴ. 에너지가 최소인 지점에서 Na^+와 X^-가 인력과 반발력이 균형을 이루어서 가장 안정한 상태의
   NaX를 형성하며 이때의 이온 사리 거리가 236pm 이므로 x는 236pm 보다 작다.

ㄷ. 이온 결합 물질은 이온 사이의 거리가 가까울수록 녹는점이 높다. NaX와 NaY를 비교해 보았을
   때 이온 사이의 거리는 $NaX \langle NaY$ 이므로 녹는점은 $NaX \rangle NaY$

12 20학년도 3월 10번

정답 : ㄱ

ㄱ. 이온결합은 에너지가 가장 작은 부분에서 일어나므로
   $NaCl$에서 이온 결합을 형성할 대 이온 사이의 거리는 r이다.

ㄴ. 이온 사이의 거리가 r 일 때 Na^+과 Cl^- 사이의 에너지가 최소인 것이지,
   반발력이 작용하지 않는다는 것은 아니다.

ㄷ. KCl은 이온사이의 거리가 $NaCl$보다 멀기 때문에 KCl에서 이온 결합을 형성할 때
   이온 사이의 거리는 r 보다 크다.

13 20학년도 수능 2번

정답 : A, B, C

학생 A. H_2O은 산소(O) 원자 1개각 수소(H) 원자 2개와 각각 전자쌍 1개를 공유하여 결합한 물질
이다.
따라서 물 분자 1개는 수소 원자 2개와 산소원자 1개로 이루어져 있다.
학생 B. 물 분자 내에서 산소 원자와 수소 원자는 전자쌍을 공유하여 결합하므로
수소와 산소의 결합은 공유 결합이다.
학생 C. 물 분자에서 산소 원자는 가장 바깥 전자 껍질에 8개의 전자가 있으므로
옥텟 규칙을 만족한다.

14 20학년도 9월 5번

정답 : ㄱ, ㄴ

AB에서 A^+과 B^-의 전자 배치가 Ne과 같으므로 A는 3주기 1족, B는 2주기 17족 원소이다.
C_2D 에서 D원자 1개는 2개의 C원자와 각각 단일 결합을 형성하였으므로
C는 1주기 1족, D는 2주기 16족 원소이다. 따라서 A(Na), B(F), C(H), D(O) 이다.

ㄱ. $C_2D(H_2O)$에는 단일 결합이 2개가 있으므로 공유 전자쌍 수는 2이다.

ㄴ. A는 금속 원소, D는 비금속 원소이므로 A_2D는 이온 결합 화합물이다.

ㄷ. B의 원자가 전자 수는 7이므로 B원자와 B원자는 전자쌍 1개를 공유하여 결합한다.
따라서 B_2에는 단일 결합이 있다.

15 20학년도 6월 9번

정답 : ㄴ

AB에서 A^+은 +1가의 양이온이므로 A는 전자 수가 3인 Li이고 B^-은 −1가의 음이온이므로
전자 수가 17인 Cl이다.
또한 CDB에서 C는 전자쌍 1개를 공유하였으므로
전자 수가 1인 H이고 D는 C, B와 각각 전자쌍 1개씩을 공유하였으므로 전자 수가 6인 O이다.

ㄱ. A(Li)는 2주기 1족 원소이고 C(H)는 1주기 1족 원소이다.

ㄴ. AB는 이온 결합 물질이므로 액체 상태에서 이온 사이의 거리가 멀어 이온이 이동할 수 있으므로
전기 전도성이 있다.

ㄷ. C와 B는 전자쌍 1개를 공유하여 결합하고, D와 D는 전자쌍 2개를 공유하여 결합한다.
따라서 비공유 전자쌍 수는 CB가 3, D_2가 4이다.

16 19학년도 수능 11번

정답 : ㄴ, ㄷ

AB_2에서 A원자 1개는 2개의 B원자와 각각 단일 결합을 이루고 있으므로
A는 16족 원소이며 원자가 전자 수는 6이고, B는 17족 원소이며 원자가 전자 수는 7이다.
따라서 A(O), B(F)이다. 또한 $m = 2$ 값을 구함을 통해 C(Mg) 임을 알 수 있다.

ㄱ. CA에서 A이온은 옥텟 규칙을 만족하므로
A와 C가 결합할 때 A는 C로부터 전자 2개를 얻는다.
따라서 A 이온은 A^{2-}이므로 $m = 2$이다.

ㄴ. B는 비금속 원소, C는 금속 원소이므로, CB_2는 이온 결합으로 이루어진 이온 결합 물질이다.

ㄷ. A_2에는 2중 결합이 있고 C_2에 단일 결합이 있다.
따라서 공유 전자쌍 수는 A_2가 B_2의 2배이다.

17 19학년도 9월 8번

정답 : ㄱ

XY에서 X는 +1가의 양이온 이므로 2주기 1족 원소인 Li이고, Y는 −1가의 음이온이므로 2주기 17족 원소인 F이다.

Z_2Y_2에서는 Z는 Y원자 1개, Z원자 1개와 각각 1개의 전자쌍을 각각 공유하였으므로 Z는 2주기 16족 원소인 O이다.

ㄱ. XY에서 Y^-과 에서 Y는 모두 18족 원소인 Ne과 전자 배치가 같으므로 옥텟 규칙을 만족한다.

ㄴ. Z_2Y_2는 공유 결합으로 분자를 형성하였으므로 공유 결합 화합물이다.

ㄷ. Z_2의 공유 전자쌍 수 2, 비공유 전자쌍 수는 4이다. 따라서 $\dfrac{공유\ 전자쌍\ 수}{비공유\ 전자쌍\ 수} = \dfrac{1}{2}$이다.

18 19학년도 6월 8번

정답 : ㄴ, ㄷ

X의 원자가 전자 수는 5, Y의 원자가 전자 수는 7이므로 X는 2주기 15족 원소인 N, Y는 3주기 17족 원소인 Cl이다.

ㄱ. H와 Y는 모두 비금속 원소이고 전자쌍 1개를 공유하여 결합했으므로 HY는 공유 결합 물질이다.

ㄴ. (가)에서 X는 3개의 H원자와 공유 결합하여 가장 바깥 전자껍질에 8개의 전자를 채웠으므로 옥텟 규칙을 만족한다.

ㄷ. X의 원자가 전자 수는 5이므로 2개의 X가 3개의 전자쌍을 공유하여 X_2를 형성하므로 X_2에는 3중 결합이 있다.

19 18학년도 9월 2번

정답 : ⑤

실험 I은 물의 전기 분해 장치이고, II는 NaCl 용융액의 전기 분해 장치이다.
따라서 실험 I과 II를 통해 화합물의 전기 분해를 수행하려는 것이다.

20 18학년도 6월 4번

정답 : (나), (다)

염화 나트륨($NaCl$)은 이온 결합 화합물이고, 설탕($C_{12}H_{22}O_{11}$)은 공유 결합 화합물이다.
이온 결합 화합물인 $NaCl$은 물에 녹아 양이온과 음이온으로 나뉘어지므로 전기 전도성이 있지만
설탕은 물에 녹아도 분자로 존재하므로 전기 전도성이 없다.
또한 $NaCl$은 Na원소를 포함하고 있으므로 불꽃 반응의 불꽃색이 노란색이지만
설탕은 불꽃색이 없다.
따라서 소금과 설탕은 (나)와 (다) 실험으로 구별할 수 있다.

21 19학년도 10월 13번

정답 : ㄴ

$A(Na)$, $B(O)$, $C(H)$, $D(F)$ 임을 알 수 있다.

ㄱ. A는 3주기 원소이고 B는 2주기 원소이므로 A와 B는 다른 주기 원소이다.
ㄴ. $AD(NaF)$는 이온결합물질이므로 액체 상태에서 전기 전도성이 있다.
ㄷ. $C_2B(H_2O)$에서 $B(O)$가 전기 전도성이 더 크므로 $B(O)$가 부분적인 $(-)$ 전하를 띤다.

22 19학년도 3월 9번

정답 : ㄱ, ㄷ

$A(Li)$ $B(O)$ $C(H)$ $D(Mg)$ 임을 알 수 있다.

ㄱ. A와 C는 같은 1족 원소이다.
ㄴ. $x = 2$이다.
ㄷ. $DB(MgO)$는 이온결합물질이므로 액체 상태에서 전기 전도성이 있다.

23 18학년도 10월 6번

정답 : ㄱ, ㄴ

AB는 HF이고 CB는 NaF이므로 $A(H)$, $B(F)$, $C(Na)$임을 알 수 있다.

ㄱ. $AB(HF)$는 공유 결합 물질이다.
ㄴ. $CB(NaF)$는 이온결합물질이므로 액체 상태에서 전기 전도성이 있다.
ㄷ. 원자 번호는 B가 9, C가 11 이므로 C가 B보다 크다.

24 17학년도 4월 12번

정답 : ㄱ, ㄴ, ㄷ

원자 X~Z는 각각 H, N, Na 이다.

ㄱ. (가)는 HF로 공유 결합 물질이다.

ㄴ. (나)는 NF_3로 모든 원자가 옥텟 규칙을 만족한다.

ㄷ. (다)는 NaF 이다.
  액체 상태에서 전기 전도성은 이온 결합 물질인 (다)가 공유 결합 물질인 (나)보다 크다.

25 16학년도 4월 11번

정답 : ㄱ, ㄴ, ㄷ

A(Na), B(O), C(H) 임을 알 수 있다.

ㄱ. $A_2B(Na_2O)$ 는 금속 양이온과 비금속 음이온이 결합한 이온 결합 물질이다.

ㄴ. $C_2B(H_2O)$에서 B(O)는 가장 바깥 전자 껍질에 8개의 전자가 있으므로 옥텟 규칙을 만족한다.

ㄷ. 액체에서 전기 전도성은 이온결합 물질인 ABC(NaOH)가
  공유 결합물질인 $C_2B(H_2O)$보다 크다.

26 22학년도 3월 11번

정답 : ⑤

전자점식을 통하여 A(Li), B(N), C(O), D(F) 임을 알 수 있다.

ㄱ. A(Li)는 금속이므로 전기 전도성이 있다.

ㄴ. $BD_3(NF_3)$에서 B(N)의 전기 음성도는 D(F)의 전기 음성도 보다 낮으므로
  부분적인 양전하를 띤다.

ㄷ. 분자당 공유 전자쌍 수는 $B_2D_2(N_2F_2)$ 가 4이고, $C_2D_2(O_2F_2)$는 3이므로 $B_2D_2 > C_2D_2$ 이다.

27 22학년도 3월 15번

정답 : ③

양이온의 반지름이 $A^{n+} > C^{2+}$이므로 $n = 1$ 이다.
따라서 A(Na), B(F), C(Mg), D(O) 임을 알 수 있다.

ㄱ. CD(MgO)는 이온결합이므로 액체 상태에서 전기 전도성이 있다.

ㄴ. $n = 1$이다.

ㄷ. 음이온의 반지름은 $F^- < O^{2-}$ 이다.

28 22학년도 4월 6번

정답 : ①

ㄱ. Cl_2는 비금속 원자가 서로 전자를 공유하여 만들어진 공유결합물질이다.

ㄴ. NaCl은 이온 결합 물질이므로 액체 상태에서가 고체 상태에서보다 전기 전도성이 크다.

ㄷ. Na은 금속결합물질로 이온 결합물질보다 연성(뽑힘성)이 크다.

29 23학년도 6월 3번

정답 : ⑤

A_2B에서 A와 B는 전자쌍 1개를 공유하여 결합하고 있으므로 A는 1주기 1족 원소, B는 2주기 16족 원소이다. 따라서 A(H), B(O)임을 알 수 있다. CD는 C와 D 사이의 이온 결합으로 이루어져 있으므로 C는 3주기 1족 원소, D는 2주기 17족 원소이다. 따라서 C(Na), D(F)이다.

ㄱ. A_2B는 A(H)와 B(O)가 모두 비금속이므로 이들 사이의 공유 결합으로 이루어진 공유 결합물질이다.

ㄴ. C(Na)는 금속 원소이므로 $C(s)$는 연성(뽑힘성)이 있다.

ㄷ. $C_2B(Na_2O)$는 C^+와 B^{2-} 사이의 이온결합으로 이루어진 이온결합물질이다.
따라서 $C_2B(l)$는 전기 전도성이 있다.

30 22학년도 7월 4번

정답 : ③

A(Mg), B(O), C(H), D(Cl)이다.

ㄱ. CBD(HOCl)은 비금속 원소들로 이루어진 공유 결합 물질이다.

ㄴ. B(O)는 16족 원소이고, D(Cl)는 17족 원소이다.

ㄷ. A(Mg)와 D(Cl)는 $1:2$ 의 비율로 결합하여 $MgCl_2$의 안정한 이온 결합 물질을 생성한다.

31 22학년도 7월 6번

정답 : ⑤

이온결합은 액체 상태에서 전기 전도성이 있고,
공유 결합은 액체 상태에서 전기 전도성이 없으므로 X(KCl) 이고, $Y(Br_2)$이다.

ㄱ. '고체 상태일 때 외부에서 힘을 가하면 넓게 펴지는가?'는 금속결합과 이온결합을 구분짓기에 충분하므로 적절하다.

ㄴ. $Y(Br_2)$ 이다.

ㄷ. X(KCl)은 이온 결합 물질이다.

32 23학년도 9월 3번

정답 : ③

원자가 전자 수와 전자 껍질 수를 고려할 때 $W(O)$, $X(Na)$, $Y(Al)$, $Z(Cl)$이다.

ㄱ. $XZ(NaCl)$ 은 이온 결합 물질이다. 따라서 $XZ(l)$는 전기 전도성이 있다.

ㄴ. $Z_2W\,(Cl_2O)$는 공유 결합 물질이다.

ㄷ. $W(O)$, $Y(Al)$은 3 : 2로 결합하여 Al_2O_3의 안정한 화합물을 형성한다.

33 23학년도 9월 6번

정답 : ⑤

같은 시간 동안 생성된 기체의 부피는 $H_2 : O_2 = 2 : 1$이고, t_1일 때 전극 B에서 생성된 기체의 양과 시간이 흐른 후 t_2일 때 전극 A에서 생성된 기체의 양이 $N\,mol$으로 같으므로 전극 A에서 생성된 기체는 O_2, 전극 B에서 생성된 기체는 H_2이다.

ㄱ. 전극 A는 (+)극이고 생성된 기체는 O_2이다.

ㄴ. 전류를 흘러 H_2O를 분해할 수 있으므로
H 원자와 O 원자 사이의 화학 결합에는 전자가 관여한다.

ㄷ. $x = \dfrac{1}{2}N,\; y = 2N$ 이므로 $\dfrac{x}{y} = \dfrac{1}{4}$ 이다.

34 24학년도 6월 2번

정답 : ①

문제의 자료를 통해 A는 마그네슘(Mg), B는 산소(O), C는 나트륨(Na), D는 플루오린(F)임을 알 수 있다.

ㄱ. A~D에서 2주기 원소는 B와 D로 2가지이다.

ㄴ. A는 마그네슘(Mg)으로 비금속 원소가 아닌 금속 원소이다.

ㄷ. BD_2는 비금속 원소인 B와 D간의 결합으로 이루어진 물질로 이온 결합 물질이 아닌 공유 결합 물질이다.

35 24학년도 9월 2번

정답 : ⑤

ㄱ. 금속 결합 물질인 은(Ag)에 들어 있는 ㉠은 자유 전자이다.

ㄴ. 금속 결합 물질인 은(Ag)은 전성(펴짐성)이 있다.

ㄷ. $C(s, 다이아몬드)$는 공유 결합 물질이므로 구성하는 원자가 모두 공유 결합을 하고 있다.

36 24학년도 9월 6번

정답 : ⑤

화합물 (가)와 (나)의 이온 수의 비를 통해서 $a : c = 3 : 2$, $b : c = 1 : 2$임을 알 수 있다.

$a \sim c$ 모두 3이하의 자연수라고 문제에서 언급하였기 때문에 $a=3$, $b=1$, $c=2$이다.

문제에 등장하는 3가지 이온 모두 Ne와 전자배치가 동일하기 때문에,

$X^{2+} = Mg^{2+}$, $Y^{+} = Na^{+}$, $Z^{2-} = O^{2-}$ 이다.

ㄱ. $a=3$이다.

ㄴ. Z는 산소(O)이다.

ㄷ. 원자가 전자 수는 X가 2개, Y가 1개로 X가 Y보다 크다.

37 24학년도 수능 2번

정답 : ⑤

X 원자는 전자를 잃으면서 이온이 되기 때문에 금속이라는 사실을 알 수 있고,

Y 원자는 전자를 얻으면서 이온이 되기 때문에 비금속이라는 사실을 알 수 있다.

또한 위의 과정을 통해 형성된 X 이온(㉠)과 Y 이온은 각각 X^{m+}, Y^{n-} 의 형태를 가질 것이다.

ㄱ. $X(s)$는 금속으로 금속의 특징 중 하나인 전성(펴짐성)을 가지고 있다.

ㄴ. ㉡은 비금속인 Y 원자가 전자를 얻으면서 형성된 이온으로 음이온이다.

ㄷ. 이온 결합물이 형성될 때 X 이온과 Y 이온이 2 : 1 비율로 결합했기 때문에 X^{m+}, Y^{n-} 에서 등장하는 m과 n의 비율이 1 : 2라는 사실을 알 수 있다.

38 24학년도 수능 6번

정답 : ②

문제에서 주어진 자료를 통해 2주기 원소인 X와 Y는 각각 F와 O라는 사실을 알 수 있고
이에 따라 분자 (가)는 HF, (나)는 H_2O, (다)는 HOF임을 알 수 있다.

ㄱ. 분자(가)는 HF로 두 원자의 단일 결합으로 이루어진 분자이기 때문에 2중 결합은 존재하지 않는다.
ㄴ. 분자(나)는 H_2O는 극성 공유 결합만으로 이루어진 극성 분자로 무극성 공유 결합은 존재하지 않는다.
ㄷ. 분자(다)에서 X(F)는 Y(O)와 공유 결합을 이루고 있고 X(F)의 전기음성도가 Y(O)의 전기음성도보다 크기 때문에 X(F)는 부분적인 음전하를 띤다.

Tip

플루오린(F)은 전체 원자를 통틀어서 전기음성도가 가장 크기 때문에 ㄷ선지의 경우 분자(다)에 존재하는 플루오린이 어떤 원자와 공유 결합을 이루고 있는지에 대해 굳이 따질 필요 없이 플루오린(F)이 부분적인 음전하를 띤다라는 선지를 보고 바로 맞다고 체크할 수도 있다.

39 2023년 4월 3번

정답 : ⑤

문제에 주어진 그림을 통해 파악을 하면 AB_2는 OCl_2임을 알 수 있다.
따라서 AB^{m-}는 OCl^-가 되며 m은 1이 된다. 그리고 이에 따라 C^{m+}는 Li^+이다.

ㄱ. 고체 상태에서 전기 전도성은 C(Li)가 금속 원소이기 때문에 AB_2보다 높다.
ㄴ. A_2의 공유 전자쌍수는 2개이다.
ㄷ. m=1이다.

01 22학년도 수능 7번

정답 : ④

'다중 결합이 존재하는가?'를 기준 (가)로, '분자 모양이 정사면체형인가?'를 (나)로 사용하면 제시된 자료와 같이 분류할 수 있다.

02 22학년도 수능 8번

정답 : ㄱ

(가)에서 X는 W와 3중 결합을, Y와 단일 결합을 이루고 있고, W와 Y에 있는 비공유 전자쌍 수는 각각 1, 3 이므로 W는 N, X는 C, Y는 F이다. 또한 (나)에서 X는 Z와 2중 결합을 이루고 있고 Z에 있는 비공유 전자쌍 수는 2이므로 Z는 O이다.

ㄱ. 원자가 전자 수는 X가 4, Y가 7이므로 $a = 4$이다.

ㄴ. Z는 O이다.

ㄷ. 비공유 전자쌍 수는 (가)가 4, (나)가 8이다. 따라서 비공유 전자쌍 수는 (나)가 (가)의 2배이다.

03 22학년도 수능 10번

정답 : ㄱ, ㄴ, ㄷ

ㄱ. 전기 음성도는 같은 주기에서 원자 번호가 클수록 크고, 같은 족에서 원자 번호가 작을수록 크다. 따라서 전기 음성도는 $B > A > D$이다.

ㄴ. 전기 음성도가 다른 B와 C는 극성 공유 결합을 형성한다. 따라서 BC_2에는 극성 공유 결합이 있다.

ㄷ. 전기 음성도는 $C > E$이므로 EC에서 C는 부분적인 음전하(δ^-)를 띤다.

04 21학년도 10월 8번

정답 : ㄴ, ㄷ

$W(C)$, $X(F)$, $Y(N)$, $Z(H)$이다.

ㄱ. 원자가 전자 수는 $X(F)$가 7, $Z(H)$가 1이므로 서로 다르다.

ㄴ. 분자의 결합각은 (가)가 109.5°, $YZ_3(NH_3)$가 107°이므로 (가)가 더 크다.

ㄷ. $ZWY(HCN)$의 분자 모양은 직선형이다.

05 21학년도 10월 9번

정답 : ㄱ, ㄷ

(가)는 O_2, (나)는 CO_2, (다)는 C_2F_4 이다.

ㄱ. $a = 2$이다.

ㄴ. (나)는 무극성 분자이다.

ㄷ. 비공유 전자쌍 수는 (다)가 12, (가)가 4이므로 (다)가 (가)의 3배이다.

06 22학년도 9월 3번

정답 : ㄱ, ㄷ

ㄱ. (가)의 중심 원자인 C 원자에 4개의 H 원자가 결합되어 있으므로 분자 모형은 정사면체형이다.

ㄴ. (나)의 중심 원자인 O 원자에는 비공유 전자쌍이 있으므로 (나)의 분자 모양은 굽은형이고,
    (다)의 중심 원자인 C 원자에는 비공유 전자쌍이 없으므로 (다)의 분자 모양은 직선형이다.
    따라서 결합각은 (다)가 (나)보다 크다.

ㄷ. (가)는 분자의 쌍극자 모멘트가 0인 무극성 분자이고,
    (나)와 (다)는 모두 분자의 쌍극자 모멘트가 0이 아닌 극성 분자이다.

07 22학년도 9월 12번

정답 : ㄴ

	N_2	HCl	CO_2	CH_2O
공유 전자쌍 수	3	1	4	4
비공유 전자쌍 수	2	3	4	2

(가)~(라)는 각각 HCl, N_2, CO_2, CH_2O 이다.

ㄱ. (라)는 CH_2O이므로 $a = 4$, $b = 2$이다. 따라서 $a + b = 6$이다.

ㄴ. (다)는 비공유 전자쌍 수가 가장 많은 CO_2이다.

ㄷ. (가)에는 단일 결합, (나)에는 3중 결합이 있다.

08 22학년도 9월 14번

정답 : ㄴ, ㄷ

F의 전기 음성도는 4.0이므로

전기 음성도 차로부터 전기 음성도는 C, O, P, Cl이 각각 2.5, 3.5, 2.1, 3.0이다.

ㄱ. $x = 1.5$이다. 따라서 0.5보다 크다

ㄴ. PF_3는 P와 F 사이에 극성 공유 결합이 있다.

ㄷ. Cl_2O에서 전기 음성도는 $O > Cl$이므로 Cl는 부분적인 양전하(δ^+)를 띤다.

09 21학년도 7월 16번

정답 : ㄱ, ㄷ

$WX_2(CO_2)$, $WXZ_2(COF_2)$, $XZ_2(OF_2)$, $ZWY(FCN)$ 이므로 W(C), X(O), Y(N), Z(F) 이다.

ㄱ. 전기 음성도는 $X(O) > Y(N)$ 이다.

ㄴ. $WX_2(CO_2)$의 비공유 전자쌍이 4개인데, $ZWY(FCN)$의 비공유 전자쌍 역시 4이므로
$x = 1$ 이다.

ㄷ. (가)~(라) 중 분자 모양이 직선형인 분자는 (가)와 (라) 2가지이다.

10 22학년도 6월 4번

정답 : ④

NH_3의 중심 원자 N에는 비공유 전자쌍이 있으므로

NH_3의 분자 모양은 삼각뿔형이고 결합각 $\alpha = 107\,^\circ$ 이다.

COF_2의 중심 원자 C에는 비공유 전자쌍이 없으므로

COF_2의 분자 모양은 평면 삼각형이고 결합각 β는 약 $120\,^\circ$ 이다.

CCl_4의 분자 모양은 정사면체형이므로 결합각 $\gamma = 109.5\,^\circ$ 이다. 따라서 $\beta > \gamma > \alpha$이다.

11   22학년도 6월 7번

정답 : ㄴ, ㄷ

수소(H) 원자는 단일 결합을 형성하며 분자에서 H 원자에는 비공유 전자쌍이 없고, X, Y는 2주기 원자 이므로 각각 C, N, O, F 중 하나이다. (가)는 X와 H로 이루어진 분자이고 비공유 전자쌍이 없으므로 (가)는 $XH_4(CH_4)$이다. (나)는 Y와 H로 이루어진 분자이고 비공유 전자쌍 수가 2이므로 (나)는 $H_2Y(H_2O)$이다. (다)는 $XH_2Y(CH_2O)$이다.

ㄱ. (가)에 있는 공유 전자쌍 수는 4이므로 $a=4$이고 (나)에 있는 공유 전자쌍 수는 2이므로 $b=2$이다. 또한 (다)를 구성하는 Y 원자 수는 1이므로 $c=1$이다. 따라서 $a>b+c$이다.

ㄴ. (다)에서 $X(C)$와 $Y(O)$가 2중 결합을 형성하고 있다.

ㄷ. $XY_2(CO_2)$에서 X 원자 1개는 Y 원자 2개와 각각 2중 결합을 형성하고 있으므로 공유 전자쌍 수는 4이다.

12   22학년도 6월 8번

정답 : ㄱ, ㄷ

AB는 HCl이고 화학 결합 모형으로부터 D는 2주기 비금속 원소이므로 A_2D의 화학식으로부터 D는 O이고 A_2D는 H_2O이다.
따라서 $m=2$이고, C는 Mg이므로 CD는 MgO이다.
따라서 화학 반응식을 완성하면 다음과 같다.
$2HCl+MgO \rightarrow MgCl_2+H_2O$ 따라서 (가)는 $MgCl_2$이다.

ㄱ. $m=2$이다.

ㄴ. (가)는 $MgCl_2$이므로 이온 결합 물질이다.

ㄷ. $B_2(Cl_2)$에는 있는 비공유 전자쌍 수는 6이고, $D_2(O_2)$에 있는 비공유 전자쌍 수는 4이다. 따라서 비공유 전자쌍 수는 $B_2 > D_2$이다.

13   21학년도 4월 15번

정답 : ㄱ, ㄴ, ㄷ

(가)는 N_2F_2, (나)는 NF_3, (다)는 O_2F_2 이다.

ㄱ. $a=4$ 이다.

ㄴ. (나)의 분자 모양은 삼각뿔형이다.

ㄷ. (다)에는 무극성 공유 결합이 있다.

14 21학년도 3월 6번

정답 : ㄴ

(가)는 H_2O, (나)는 C_2H_4, (다)는 NH_3 이다.

ㄱ. (가)는 $\dfrac{\text{비공유 전자쌍 수}}{\text{공유 전자쌍 수}} = 1$이다.

ㄴ. (나)에서 무극성 공유 결합이 있다.

ㄷ. 결합각은 (가)가 $104.5°$, (다)가 $107°$ 이므로 (가)가 (다)보다 작다.

15 21학년도 수능 6번

정답 : ㄴ

ㄱ. (가)와 (다)는 쌍극자 모멘트가 0인 무극성 분자이므로 극성 분자는 (나) 1가지 이다.

ㄴ. 결합각은 (가)가 $180°$ 이므로 가장 크다.

ㄷ. (가)와 (다)에서 중심 원자는 비공유 전자쌍이 없고, (나)의 N 원자에 비공유 전자쌍 1개가 존재한다. 따라서 중심 원자에 비공유 전자쌍이 존재하는 분자는 1가지이다.

16 21학년도 수능 9번

정답 : ㄱ, ㄴ, ㄷ

화학 결합 모형으로부터 WX는 HF, WYZ는 HCN임을 알 수 있다.

ㄱ. 전기 음성도는 $X(F) > W(H)$이므로 WX에서 W는 부분적인 양전하(δ^+)를 띤다.

ㄴ. Z는 질소(N), Y는 탄소(C)이므로 전기 음성도는 $Z > Y$이다.

ㄷ. YW_4에서는 Y와 W의 전기 음성도 차이 때문에 극성 공유 결합이 있다.

17 21학년도 수능 10번

정답 : ④

분자	구성 원자 수(a)	원자가 전자 수 합(b)	공유 전자쌍 수(c)
O_2	2	12	2
F_2	2	14	1
OF_2	3	20	2

(가) $8a = b + 2c$이다.

18 20학년도 10월 11번

정답 : ㄴ

(가)는 CO_2, (나)는 BF_3, (다)는 H_2O이다.

ㄱ. (가)는 CO_2이다.

ㄴ. 결합각은 (가)가 $180°$, (다)가 $104.5°$ 이므로 (가)>(다)이다.

ㄷ. 분자의 쌍극자 모멘트는 (나)가 무극성이고, (다)가 극성이므로 (나)<(다)이다.

19 20학년도 10월 19번

정답 : ㄴ

(가)는 FCN, FNO 중 하나인데, 해당 조건들을 만족하는 분자는 FCN이다.
$X(F)$, $Y(C)$, $Z(N)$이다. 따라서 (나)는 C_2F_2, (다)는 N_2F_2이다.

ㄱ. FCN의 분자모형은 직선형이다.

ㄴ. 무극성 공유 결합이 있는 것은 (나), (다) 2가지 이다.

ㄷ. 다중 결합이 있는 것은 FCN과 C_2F_2, N_2F_2 3가지 이다.

20 21학년도 9월 4번

정답 : ㄴ

ㄱ. 중심 원자에 비공유 전자쌍이 존재하는 것은 (가) 1가지 이다.

ㄴ. 분자 모양이 직선형인 것은 (나)와 (다)의 2가지이다.

ㄷ. 극성 분자는 (가)와 (다) 2가지이다.

21 21학년도 9월 7번

정답 : ㄱ, ㄷ

(가)는 OH^-이고, (나)는 HF이다. 따라서 A~C는 각각 O, H, F이다.

ㄱ. (가)에서 A와 (나)에서 C는 모두 옥텟 규칙을 만족하고 있어 Ne과 전자 배치가 같으므로 1mol에 들어 있는 전자 수는 (가)와 (나)가 10mol로 같다.

ㄴ. A는 16족, C는 17족이다.

ㄷ. AC_2는 OF_2이므로 $\dfrac{\text{비공유 전자쌍 수}}{\text{공유 전자쌍 수}} = \dfrac{8}{2} = 4$이다.

22 21학년도 9월 13번

정답 : ㄱ

O, F, S, Cl의 전기 음성도는 $F > O$, $Cl > S$이므로

H와 S의 전기 음성도 차가 가장 작고 H와 F의 전기 음성도 차가 가장 크다.

W는 S, Z는 F이고 W와 Y는 같은 주기 원소이므로 Y는 Cl이다. 따라서 X는 O이다.

ㄱ. 같은 족에서 원자번호가 작을수록 전기 음성도가 크다.
  따라서 전기 음성도는 $X(O) > W(S)$이다.

ㄴ. 원자 W~Z와 수소(H)로 이루어진 분자의 분자식은 각각 H_2S, H_2O, HCl, HF이므로
  $a=2$, $b=2$, $c=1$, $d=1$이다. 따라서 $a > c$이다.

ㄷ. YZ에서 전기 음성도는 $Z > Y$이므로
  Y는 부분적인 양전하(δ^+)를, Z는 부분적인 음전하(δ^-)를 띤다.

23 20학년도 7월 6번

정답 : ㄱ, ㄴ

$X(N)$, $Y(F)$, $Z(C)$ 이다.

ㄱ. X_2Y_2와 Z_2Y_2에는 모두 무극성 공유 결합이 있다.

ㄴ. $X_2(N_2)$에는 삼중 결합이 있다.

ㄷ. $YZX(FCN)$의 분자 구조는 직선형이다.

24 20학년도 7월 14번

정답 : ㄷ

(가)는 C_2F_2, (나)는 O_2F_2, (다)는 CO_2, (라)는 COF_2이다.

ㄱ. 다중 결합이 있는 분자는 (가), (다)와(라) 3가지이다.

ㄴ. (다)와 (라)는 평면 구조이다.

ㄷ. 분자당 구성 원자 수가 같은 분자는 (가),(나),(라) 3가지이다.

25 21학년도 6월 6번

정답 : ㄴ, ㄷ

ㄱ. (가)에서 중심 원자 C에는 비공유 전자쌍이 없으므로 (가)의 분자 구조는 직선형이다.

ㄴ. (나)에서 중심 원자 B에는 비공유 전자쌍이 없으므로 (나)의 분자 구조는 삼각형이다.
따라서 (나)는 쌍극자 모멘트가 0이므로 무극성 분자이다.

ㄷ. (나)는 평면 삼각형 구조이므로 결합각은 $120\,^\circ$이다.
(다)의 분자 구조는 정사면체형이므로 결합각은 $109.5\,^\circ$이다. 따라서 결합각은 (나)>(다)이다.

26 21학년도 6월 13번

정답 : ㄱ, ㄴ

전기 음성도는 같은 주기에서 원자 번호가 클수록 크고, 같은 족에서 원자 번호가 클수록 크고, 같은 족에서 원자 번호가 클수록 작다.

ㄱ. 전기 음성도는 X가 W보다 크므로 W는 3주기 14족 원소이다.

ㄴ. XY_4에서 X와 Y는 전기 음성도가 다르므로 X−Y 결합은 극성 공유 결합이다.

ㄷ. 극성 공유 결합에서 전기 음성도가 큰 원자가 공유 전자쌍을 더 세게 잡아당기므로
부분적인 음전하(δ^-)를 띤다.

27 20학년도 수능 4번

정답 : ㄱ

X~Z의 원자가 전자 수는 각각 5, 6, 7이다.

ㄱ. (가)는 무극성 공유 결합을 이루고 있는 2원자 분자이므로 분자의 쌍극자 모멘트는 0이다.

ㄴ. (가)에서 공유 전자쌍 수는 3이고 (나)에서 공유 전자쌍 수는 2이다.

ㄷ. Z의 원자가 전자 수는 7이므로 Z원자와 Z원자는 전자쌍 1개를 공유하여 결합한다.
따라서 Z_2에는 단일 결합이 있다.

정답 : ㄱ, ㄴ

제시된 분자 중 극성 분자는 FCN, NH_3이고 다중 결합이 있는 분자는 FCN, CO_2이므로
㉠은 FCN, ㉡은 NH_3이다. 따라서 ㉢은 CO_2이다.

ㄱ. CO_2의 분자 모양은 직선형이고, CCl_4의 분자 모양은 정사면체형이므로 (가)로 '분자 모양은 직선
형인가?'를 이용하면 CO_2를 ㉢으로 분류할 수 있다.
ㄴ. ㉠은 FCN이다.
ㄷ. NH_3의 분자 모양은 삼각뿔형이고, CO_2의 분자 모양은 직선형이므로 결합각은 ㉢>㉡이다.

정답 : ㄱ, ㄴ

AB에서 A^+과 B^-의 전자 배치가 Ne과 같으므로 A는 3주기 1족, B는 2주기 17족 원소이다.
C_2D에서 D 원자 1개는 2개의 C 원자와 각각 단일 결합을 형성하였으므로
C는 1주기 1족, D는 2주기 16족 원소이다.

ㄱ. CD에는 단일 결합이 2개가 있으므로 공유 전자쌍 수는 2이다.
ㄴ. A는 금속 원소, D는 비금속 원소이므로 AD는 이온 결합 화합물이다.
ㄷ. B의 원자가 전자 수는 7이므로 B원자와 B원자는 전자쌍 1개를 공유하여 결합한다.
따라서 B_2에는 단일 결합이 있다.

정답 : ②

② Ⅰ의 분자 구조는 정사면체형으로 입체 구조이지만, Ⅲ의 분자 구조는 직선형으로 입체 구조가 아
니다. 따라서 '입체 구조이다.'는 (나)에 속하지 않는다.

① Ⅰ과 Ⅱ에는 모두 단일 결합만 있으므로 '단일 결합만 존재한다.'는 (가)에 속한다.
③ Ⅰ과 Ⅲ은 모두 공유 전자쌍 수가 4이므로 '공유 전자쌍 수가 4이다.'는 (나)에 속한다.
④ Ⅱ와 Ⅲ은 모두 분자의 쌍극자 모멘트가 0보다 크므로 '극성 분자이다.'는 (다)에 속한다.
⑤ Ⅱ와 Ⅲ의 N 원자에 모두 비공유 전자쌍 1개가 있으므로
'비공유 전자쌍 수가 1이다.'는 (다)에 속한다.

31   20학년도 9월 11번

정답 : ㄱ, ㄴ

분자 Ⅰ에서 중심 원자 X에는 비공유 전자쌍이 없으므로 X원자 1개는 Y원자 2개와 각각 2중 결합을 형성한다. 분자 Ⅲ에서 중심 원자 Y의 비공유 전자쌍 수는 2이므로 Y원자 1개는 Z원자 2개와 각각 단일 결합을 형성한다. 따라서 분자 Ⅱ에서 X와 Y는 2중 결합을 형성하고 X원자 1개는 Z원자 2개와 각각 단일 결합을 형성한다.

ㄱ. Y는 원자가 전자 수가 6이므로 2주기 16족 원소인 산소 (O)이다.
ㄴ. Ⅱ의 중심 원자에는 비공유 전자쌍이 없으므로 $a=0$이다.
ㄷ. Ⅰ~Ⅲ에서 다중 결합이 있는 것은 Ⅰ과 Ⅱ의 2가지이다.

32   20학년도 6월 6번

정답 : ㄱ, ㄴ, ㄷ

ㄱ. (가)에서 중심 원자 C에는 비공유 전자쌍이 없고 결합한 원자 수가 4이므로 분자 모양은 정사면체형이다.
ㄴ. (나)의 C 원자와 C 원자 사이의 결합은 무극성 공유 결합이다.
ㄷ. (가)의 분자 모양은 정사면체형이므로 결합각($\angle HCH$) 109.5°이다.
    (나)에서 C 원자는 비공유 전자쌍이 없고 결합한 원자 수가 3이므로
    C를 중심으로 결합한 3개의 원자는 평면 삼각형의 꼭짓점에 배열된다.
    따라서 (나)에서 결합각($\angle HCH$)은 약 120°이므로 결합각($\angle HCH$)은 (나)가 (가)보다 크다.

33   20학년도 6월 9번

정답 : ㄴ

AB에서 A^+은 +1가의 양이온이므로
A는 전자 수가 3인 Li이고 B^-은 −1가의 음이온이므로 전자 수가 17인 Cl이다.
또한 CDB에서 C는 전자쌍 1개를 공유하였으므로
전자 수가 1인 H이고 D는 C, B와 각각 전자쌍 1개씩을 공유하였으므로 전자 수가 6인 O이다.

ㄱ. A(Li)는 2주기 1족 원소이고 C(H)는 1주기 1족 원소이다.
ㄴ. AB는 이온 결합 물질이므로 액체 상태에서 이온 사이의 거리가 멀어 이온이 이동할 수 있으므로
    전기 전도성이 있다.
ㄷ. C와 B는 전자쌍 1개를 공유하여 결합하고, D와 D는 전자쌍 2개를 공유하여 결합한다.
    따라서 비공유 전자쌍 수는 CB가 3, D_2가 4이다.

34 20학년도 6월 10번

정답 : ㄴ, ㄷ

2주기 원소 중 분자에서 옥텟 규칙을 만족할 수 있는 원자는 C, N, O, F이며 전기 음성도는
$F > O > N > C$이다. (나)의 분자식은 YZ_3이므로 Y는 N이고 Z는 F이다.
따라서 X는 O, W는 C이며 (가)는 CO_2, (나)는 NF_3, (다)는 OF_2이다.

ㄱ. (가)에서 C와 OO는 2중 결합을 이루므로 공유 전자쌍 수는 4이다.
ㄴ. (가)의 분자 모양은 직선형이므로 분자의 쌍극자 모멘트는 0이다.
　　(나)의 분자 모양은 삼각뿔형이고, (다)의 분자 모양은 굽은 형이므로
　　(나)와 (다) 분자의 쌍극자 모멘트는 모두 0이 아니다. 따라서 극성 분자는 (나)와 (다) 2가지이다.
ㄷ. $Y(N)$의 원자가 전자 수는 5이므로 $Y_2(N_2)$에는 3중 결합이 있다.

35 19학년도 수능 2번

정답 : ㄱ

(나)의 중심 원자 N에는 비공유 전자쌍이 1개 있고, 결합된 원자 수가 3이므로,
(나)는 삼각뿔형의 분자 구조를 갖는다.
(다)에서 중심 원자 C에는 비공유 전자쌍이 없고 결합된 원자 수가 4이므로,
(다)는 정사면체형의 분자 구조를 갖는다.

ㄱ. (가)에서 공유 전자쌍은 전기 음성도가 큰 F 쪽으로 치우치므로 (가)는 극성 분자이다.
ㄴ. (나)의 분자 구조는 삼각뿔형이다.
ㄷ. 비공유 전자쌍과 공유 전자쌍 사이의 반발력이 공유 전자쌍과 공유 전자쌍 사이의 반발력보다 크다.
　　따라서 중심 원자에 비공유 전자쌍이 있는 (나)의 결합각은 중심 원자에 비공유 전자쌍이 없는
　　(다)의 결합각보다 작다.

36 19학년도 수능 6번

정답 : ㄱ, ㄴ, ㄷ

탄산수소 나트륨 분해 반응의 화학 반응식은 $2NaHCO_3 \rightarrow Na_2CO_3 + H_2O + CO_2$이므로
㉠은 CO_2이다.

ㄱ. ㉠은 전기 음성도가 다른 C와 O가 2중 결합을 이루고 있으므로 극성 공유 결합이 있다.
ㄴ. ㉠에 있는 공유 전자쌍 수와 비공유 전자쌍 수는 모두 4이다.
ㄷ. 물은 극성 분자로 분자의 쌍극자 모멘트가 0보다 크다. ㉠의 분자 구조는 직선형이므로
　　분자의 쌍극자 모멘트는 0이다.
　　따라서 분자의 쌍극자 모멘트는 물이 ㉠보다 크다,

37 19학년도 수능 11번

정답 : ㄴ, ㄷ

AB_2에서 A 원자 1개는 2개의 B 원자와 각각 단일 결합을 이루고 있으므로
A는 16족 원소이며 원자가 전자 수는 6이고, B는 17족 원소이며 원자가 전자 수는 7이다.

ㄱ. CA에서 A 이온은 옥텟 규칙을 만족하므로
    A와 C가 결합할 때 A는 C로부터 전자 2개를 얻는다. 따라서 A이온은 A^{2-}이므로 m=2이다.
ㄴ. B는 비금속 원소, C는 금속 원소이므로, CB_2는 이온 결합으로 이루어진 이온 결합 물질이다.
ㄷ. A_2에는 2중 결합이 있고 C_2에 단일 결합이 있다.
    따라서 공유 전자쌍 수는 A_2가 B_2의 2배이다.

38 19학년도 9월 6번

정답 : ㄱ, ㄷ

(가)의 중심 원자 W에는 비공유 전자쌍이 1개 있고, 결합된 원자 수가 3이므로,
(가)는 삼각뿔형의 분자 구조를 갖는다. (나)에서 중심 원자 Y는 비공유 전자쌍이 없고
결합된 원자 수가 4이므로, (나)는 정사면체형의 분자 구조를 갖는다.
(다)에서 중심 원자 Y는 비공유 전자쌍이 없고 결합된 원자 수가 2이므로,
(다)는 직선형의 분자 구조를 갖는다.
(라)에서 중심 원자 Z는 비공유 전자쌍이 2개 있고 결합된 원자 수가 2이므로,
(라)는 굽은 형의 분자 구조를 갖는다.

ㄱ. (가)는 삼각뿔형이므로 극성 분자, (나)는 정사면체형으로 중심 원자에 결합된 원자의 종류가 같으
    므로 분자의 쌍극자 모멘트가 0인 무극성 분자이다. 또한 (다)는 직선형으로 중심 원자에 결합된
    원자의 종류가 같으므로 분자의 쌍극자 모멘트가 0인 무극성 분자이고, (라)는 굽은 형이므로 극성
    분자이다. 따라서 (가)~(라)중 무극성 분자는 2가지이다.
ㄴ. (가)의 분자 구조는 삼각뿔형이므로 입체구조이다.
ㄷ. (라)는 굽은 형 구조이다.

39 19학년도 9월 9번

정답 : ⑤

(가) 3중 결합이 있는 분자는 C_2H_2, FCN, N_2의 3가지이고, (나) 극성 공유 결합이 있는 분자는
C_2H_2, $COCl_2$, FCN의 3가지이며, (다) 분자의 쌍극자 모멘트가 0인 분자는 C_2H_2, N_2의 2가지이
다. 따라서 4가지 분자를 분류하기 위해 A로 (다)를 적용하면 C_2H_2, N_2와 $COCl_2$, FCN으로 분류
할 수 있고, B로 (나)를 적용하면 ㉠은 C_2H_2, ㉡은 N_2로 분류할 수 있다. 또한 C로 (가)를 적용하면
㉢ FCN, ㉣ $COCl_2$로 분류할 수 있다. 따라서 A는 (다), B는 (나), C는 (가)이다.

40 19학년도 6월 7번

정답 : ㄱ, ㄴ, ㄷ

H_2O은 중심 원자 O에 비공유 전자쌍이 2개 있고 결합 원자가 2개이므로 분자 모양은 굽은 형이다.
BF_3는 중심 원자 B에 비공유 전자쌍이 없고 결합 원자가 3개이므로 분자 모양은 평면 삼각형이다.
CF_4는 중심 원자 C에 비공유 전자쌍이 없고 결합 원자가 4개이므로 분자 모양은 정사면체형이다.
HCN는 중심 원자 C에 비공유 전자쌍이 없고 결합 원자가 2개이므로 분자 모양은 직선형이다.
극성 분자는 H_2O과 HCN이다. 따라서 (가)는 HCN, (나)는 H_2O, (다)는 BF_3, (라)는 CF_4이다.

ㄱ. HCN는 극성 분자이고 분자 모양은 직선형이므로 (가)에 해당한다.
ㄴ. (다)에서 전기 음성도가 다른 B와 F이 극성 공유 결합을 이룬다.
ㄷ. (나)는 굽은 형으로 결합각이 104.5°이고, (라)는 정사면체형이므로 결합각이 109.5°이다.
　　따라서 결합각은 (라)>(나)이다.

41 19학년도 6월 9번

정답 : ㄱ, ㄷ

ㄱ. (나)에서 C 원자는 비공유 전자쌍이 없고 3개의 원자와 결합하였으므로
　　분자 모양은 평면 삼각형이며, (나)의 쌍극자 모멘트는 0이 아니다. 따라서 (나)는 극성 분자이다.
ㄴ. (가)에서 C 원자는 비공유 전자쌍이 없고 H 원자 3개, O 원자 1개와 결합하였으므로
　　C에 결합된 4개의 원자는 사면체의 꼭짓점에 위치한다. 따라서 결합각(α)은 약 109.5°이다.
　　(나)에서 결합각(β)은 약 120°이므로 결합각은 $\beta > \alpha$이다.
ㄷ. (가)와 (나)에서 O에는 2개의 비공유 전자쌍이, F에는 3개의 비공유 전자쌍이 있다.
　　(가)에는 O 원자 2개가 있으므로 총 4개의 비공유 전자쌍이 있고,
　　(나)에는 O 원자 1개, F 원자 2개가 있으므로 총 8개의 비공유 전자쌍이 있다.
　　따라서 비공유 전자쌍 수는 (나)가 (가)의 2배이다.

42 18학년도 수능 1번

정답 : ③

N의 원자가 전자 수는 5, H의 원자가 전자 수는 1이므로
N 원자 1개는 H 원자 3개와 각각 전자를 공유하여 결합을 이룬다.
공유 결합에 참여하여 두 원자가 공유하고 있는 전자쌍을 공유 전자쌍이라고 한다.
따라서 NH_3에서 공유 전자쌍 수는 3이다.

43 **18학년도 수능 6번**

정답 : ㄱ, ㄴ

중심 원자 주위의 전자쌍들은 서로 반발하여 가능한 한 멀리 떨어지려고 하는데, 이를 전자쌍 반발 원리라고 한다. 풍선으로 만든 전자쌍 모형에서 풍선을 전자쌍이라고 가정한다.

ㄱ. 풍선을 전자쌍으로 가정하여 전자쌍 모형을 나타낸 것이므로
　　⊙은 '가능한 한 서로 멀리 떨어져 있으려 한다'가 적절하다.
ㄴ. BCl_3에서 B는 비공유 전자쌍이 없으므로 평면 삼각형의 분자 구조를 갖는다.
　　풍선 3개를 매듭끼리 묶어 만들었을 때 평면 삼각형 모형으로 배열되었으므로
　　이 모형으로 BCl_3의 분자 구조가 평면 삼각형임을 예측할 수 있다.
ㄷ. CH_4에 있는 공유 전자쌍 수가 4이므로
　　풍선 4개를 매듭끼리 묶었을 때 배열된 모습을 분자 구조를 예측할 수 있다.

44 **18학년도 9월 10번**

정답 : ㄱ, ㄴ, ㄷ

(가)에서 X 원자 1개는 2개의 Y 원자와 각각 1개의 전자쌍을 공유했으므로
X는 16족 원소, Y는 17족 원소이다.
(나)에서 Z 원자 1개는 2개의 X 원자와 각각 2개의 전자쌍을 공유했으므로 Z는 14족 원소이다.

ㄱ. (가)의 중심 원자 X는 2개의 비공유 전자쌍을 가지므로 (가)의 분자모양은 굽은형이다.
　　따라서 (가)는 극성 분자이다.
ㄴ. (나)의 중심 원자 Z는 비공유 전자쌍이 없으므로 (가)의 분자 모양은 직선형이다.
ㄷ. ZXY_2의 구조식에서 Z와 X는 2중 결합을 형성한다.

45 **18학년도 6월 13번**

정답 : ㄴ, ㄷ

2주기 원자 X~Z의 원자가 전자 수가 각각 5, 6, 7이므로 X는 N, Y는 O, Z는 F이다.
X~Z로 이루어진 분자 $X_2Z_2(N_2F_2)$와 $Y_2Z_2(O_2F_2)$의 루이스 구조식은 다음과 같다.

$$F-N=N-F \quad F-O-O-F$$

ㄱ. 같은 주기에서 원자 번호가 클수록 전기 음성도가 크다. 원자 번호가 Y(O)가 X(N)보다 크므로
　　전기 음성도는 Y가 X보다 크다.
ㄴ. $X_2Z_2(N_2F_2)$에서 X(N) 원자 사이에 2중 결합이 있다.
ㄴ. 화합물을 구성하는 원자의 산화수의 합은 0이며, 화합물에서 F의 산화수는 -1이므로
　　Y(O)의 산화수는 +1이다.

46 18학년도 6월 17번

정답 : ㄱ, ㄴ

(가)는 구성 원소 수가 3가지이고, 결합각이 $180°$ 이면서 $\dfrac{\text{비공유 전자쌍 수}}{\text{공유 전자쌍 수}}=1$이므로

FCN에 해당한다.

(나)는 $\dfrac{\text{비공유 전자쌍 수}}{\text{공유 전자쌍 수}}=3$ 이므로 CF_4에 해당하며 결합각은 $109.5°$ 이다.

(다)는 $\dfrac{\text{비공유 전자쌍 수}}{\text{공유 전자쌍 수}}=4$ 이므로 OF_2에 해당한다.

ㄱ. (가)의 중심 원자 C는 F와 단일 결합을, N과는 3중 결합을 이루고 있으므로
　　공유 전자쌍은 4이다.

ㄴ. (나)는 정사면체형의 분자 모양을 가지므로 분자의 쌍극자 모멘트는 0이다.

ㄷ. (다)는 중심 원자 O에 비공유 전자쌍이 있고 결합하고 있는 원자 수가 2이므로
　　분자 모양은 굽은 형이다.

47 19학년도 10월 7번

정답 : ㄱ, ㄴ, ㄷ

(가)는 HCN, (나)는 H_2O이다. $W(H)$, $X(C)$, $Y(N)$, $Z(O)$이다.

ㄱ. (가)의 결합각은 $180°$ 이고, (나)의 결합각은 약 $104.5°$ 이므로 (가)가 (나)보다 크다.

ㄴ. 공유 전자쌍 수는 $Y_2(N_2)$가 3이고, $Z_2(O_2)$가 2이므로 $Y_2(N_2)$가 $Z_2(O_2)$보다 크다.

ㄷ. $YW_3(NH_3)$에서 $Y(N)$은 옥텟 규칙을 만족한다.

48 19학년도 10월 17번

정답 : ㄱ, ㄷ

조건들을 해석하면 (가)~(라)는 각각 CO_2, OF_2, CF_4, COF_2 임을 알 수 있다.

ㄱ. $x=5$, $y=2$이다.

ㄴ. 모든 구성 원자가 동일 평면에 있는 분자는 (가), (나), (라) 3가지 이다.

ㄷ. 분자의 쌍극자 모멘트는 OF_2인 (나)가 CF_4인 (다)보다 크다.

49 19학년도 7월 6번

정답 : ㄴ

위 화학 반응식을 정리하면 $HCN + (가) \rightarrow NH_4^+ + CN^-$ 이므로 (가)는 NH_3임을 알 수 있다.

ㄱ. NH_3의 분자 모양은 삼각뿔형이다.
ㄴ. 공유 전자쌍 수는 3이다.
ㄷ. 분자의 쌍극자 모멘트는 0이 아니다.

50 19학년도 7월 14번

정답 : ㄴ, ㄷ

조건들을 해석하면 (가)는 C_2F_2이고 (나)는 NOF임을 알 수 있다.
따라서 $W(F)$, $X(C)$, $Y(O)$, $Z(N)$ 이다.

ㄱ. (가)에는 2중 결합은 없으며, 3중 결합이 있다.
ㄴ. 결합각은 (가)가 $180°$이고 (나)는 약 $120°$이므로 (가)>(나)이다.
ㄷ. (가)와 (나)의 비공유 전자쌍 수는 6으로 같다.

51 19학년도 4월 3번

정답 : ㄱ, ㄴ

$X(H)$, $Y(O)$, $Z(F)$ 이다. (가)의 공유전자쌍 수가 3이라고 하였으므로 (가)는 $X_2Y_2(H_2O_2)$이다.
(나)는 $XZ(HF)$임을 알 수 있다.

ㄱ. (가)의 분자식인 $X_2Y_2(H_2O_2)$이다.
ㄴ. (나)에는 서로 다른 원자인 $X(H)$, $Z(F)$ 사이에 극성 공유 결합이 존재한다.
ㄷ. 비공유 전자쌍의 수는 (가)가 4, (나)가 3이므로 (가)>(나)이다.

52 19학년도 4월 11번

정답 : ㄴ, ㄷ

ㄱ. (다)의 O 주위에 공유 전자쌍 수, 비공유 전자쌍 수가 모두 2이므로
(다)의 분자 구조는 굽은형이다.
ㄴ. 결합각은 (가), (나)가 각각 약 $109.5°$, $107°$이다. 따라서 결합각은 (가)>(나)이다.
ㄷ. (가)는 무극성 분자, (다)는 극성 분자이므로 분자의 쌍극자 모멘트는 (다)>(가)이다.

53 19학년도 3월 3번

정답 : ㄱ, ㄴ, ㄷ

(가)는 H_2O, (나)는 CO_2이다. X(O), Y(H), Z(C) 임을 알 수 있다.

ㄱ. X는 산소(O)이다.
ㄴ. (가)의 비공유 전자쌍 수는 2이다.
ㄷ. (나)의 분자 모양은 직선형이다.

54 19학년도 3월 14번

정답 : ㄱ, ㄴ, ㄷ

H_2O는 평면구조이다.
N_2H_4에서 질소 원자 사이의 결합은 무극성 공유 결합임을 토대로 하여 (가): H_2O, (나): N_2H_4, (다): CH_4 임을 알 수 있다.

ㄱ. (나)는 N_2H_4이다.
ㄴ. (다)는 CH_4이므로 무극성 분자이다.
ㄷ. 결합각은 (다)는 약 $109.5°$, (가)는 약 $104.5°$ 이므로 (다)가 (가)보다 크다.

55 18학년도 10월 12번

정답 : ㄱ

(가)~(다)는 각각 CF_4, NF_3, COF_2이고 W(C), X(N), Y(F), Z(O) 임을 알 수 있다.

ㄱ. 원자가 전자 수는 X(N)이 5이고, W(C)가 4이므로 X(N)이 W(C)보다 크다.
ㄴ. COF_2의 $\dfrac{\text{비공유 전자쌍 수}}{\text{공유 전자쌍 수}}$ 는 2이다.
ㄷ. (나)의 결합각($\angle YXY$)은 약 $107°$ 이고, (다)의 결합각($\angle YWZ$)는 약 $120°$ 이므로 (다)의 결합각($\angle YWZ$)이 (나)의 결합각($\angle YXY$)보다 크다.

56 18학년도 10월 17번

정답 : ㄱ, ㄴ

문제에 대한 해석을 할 때 (a,b) 의 형태의 순서쌍으로 표현하겠다.

CO_2 에서 C는 (0.2) O는 (2,1)

OF_2 에서 O는 (2,2) F는 (3,1)

FCN 에서 C는 (0,2) N는 (1,1), F는 (3,1) 이다.

따라서 (가)는 FCN, (나)는 OF_2, (다)는 CO_2 이다.

ㄱ. $x = 2$, $y = 1$ 이므로 $x > y$ 이다.

ㄴ. (가)는 FCN 이므로 극성 분자이다.

ㄷ. (나)에는 단일 결합만 존재하고, (다)에는 이중결합만 존재한다.

57 18학년도 7월 8번

정답 : ㄱ, ㄴ, ㄷ

$W(F)$, $X(C)$, $Y(O)$, $Z(N)$이다.

ㄱ. 전자쌍 반발 원리에 의해 결합각은 α가 약 $120°$, β가 약 $109.5°$ 라고 할 수 있으므로 $\alpha > \beta$ 이다.

ㄴ. $\dfrac{\text{비공유 전자쌍 수}}{\text{공유 전자쌍 수}}$ 는 $YW_2(OF_2)$와 $Z_2(N_2)$가 각각 4, $\dfrac{2}{3}$ 이다.

따라서 $YW_2(OF_2)$가 $Z_2(N_2)$보다 크다.

ㄷ. $X_2W_4(C_2F_4)$에는 탄소와 탄소 사이에 2중 결합이 존재하므로 분자 구조는 평면이다.

58 18학년도 4월 11번

정답 : ㄱ, ㄴ

(가)는 CF_4, (나)는 CNF, (다)는 NOF 이다.

ㄱ. (가)는 C 주위에 공유 전자쌍이 4개이므로 정사면체형이다.

ㄴ. (나)의 중심 원자는 F과 1개의 전자쌍, N과 3개의 전자쌍을 공유하므로 중심 원자는 원자가 전자가 4인 탄소(C)이다.

ㄷ. (다)는 N에 비공유 전자쌍이 있어 결합각이 $180°$ 보다 작고, (나)에는 3중 결합이 있어 (나)의 결합각은 $180°$ 이다. 따라서 결합각은 (나)>(다) 이다.

59 18학년도 4월 14번

정답 : ㄱ

(가)는 C_2F_2, (나)는 OF_2이다.

ㄱ. (가)의 C 사이에는 무극성 공유 결합이 있다.
ㄴ. (나)의 공유 전자쌍 수는 2이다.
ㄷ. (가)는 무극성 분자, (나)는 극성 분자로 분자의 쌍극자 모멘트는 (나)가 (가)보다 크다.

60 18학년도 3월 5번

정답 : ㄷ

(가)~(다)는 각각 $HCHO$, NH_3, HCN이다.

ㄱ. (가)는 $HCHO$이다.
ㄴ. $HCHO$, NH_3에서 공유 전자쌍 수는 각각 4,3이고 비공유 전자쌍 수는 각각 2,1이다.

따라서 $\dfrac{\text{비공유 전자쌍 수}}{\text{공유 전자쌍 수}}$ 는 (가) : $\dfrac{2}{4}$, (나) : $\dfrac{1}{3}$ 이므로 (가)가 (나)보다 크다.

ㄷ. 결합각은 (다)가 $180\,^\circ$ 이고 (나)가 $107\,^\circ$ 이므로 (다)가 (나)보다 크다.

61 18학년도 3월 10번

정답 : ㄱ, ㄴ, ㄷ

$A(F)$, $B(C)$, $C(N)$, $D(Mg)$, $E(O)$ 임을 알 수 있다.

ㄱ. $DA_2(MgF_2)$는 금속물질과 비금속물질이 결합한 이온 결합 물질이다.
ㄴ. $BE_2(CO_2)$는 극성 공유 결합이 있는 무극성 분자이다.
ㄷ. $C_2(N_2)$와 $CA_3(NF_3)$는 모두 3개의 공유 전자쌍이 있다.

62 22학년도 3월 6번

정답 : ①

$X(C)$, $Y(O)$, $Z(F)$이다.

ㄱ. 전기음성도는 $Z(F) > Y(O) > X(C)$ 이다.
ㄴ. 분자의 쌍극자 모멘트는 (가) $<$ (나)이다.
ㄷ. (나)에는 극성 공유 결합만 있다.

63 22학년도 3월 8번

정답 : ②

(공유전자쌍, 비공유 전자쌍) 이 $HCN(4,1)$, $NH_3(3,1)$, $CH_2O(4,2)$ 이다.

따라서 $a = 3$, $b = 1$ 이고, (가)~(다)는 각각 NH_3, HCN, CH_2O 이다.

ㄱ. (다)는 CH_2O 이다.

ㄴ. $a + b = 4$ 이다.

ㄷ. 결합각은 (가)가 약 $107\degree$ 이고, (나)가 $180\degree$ 이므로 (가) $<$ (나) 이다.

64 22학년도 3월 12번

정답 : ②

(가)~(다) 는 각각 OF_2, CO_2, COF_2 이고 $X(O)$, $Y(F)$, $Z(C)$이다.

ㄱ. $XY_2(OF_2)$에는 단일 결합만 존재한다.

ㄴ. $a = \dfrac{4}{8} = \dfrac{1}{2}$ 이다.

ㄷ. 공유 전자쌍 수는 (가)가 2 이고, (나)가 4 이다.

65 22학년도 4월 5번

정답 : ④

ㄱ. (가)는 NH_3 이므로 삼각뿔형을 띤다

ㄴ. (나)는 H_2O 이므로 극성 분자이다.

ㄷ. (다)는 HCN 으로 결합각이 $180\degree$ 이므로 (나)보다 크다.

66 22학년도 4월 7번

정답 : ⑤

원자 번호가 $Z > X > Y$ 이므로 $X(Mg)$, $Y(O)$, $Z(Cl)$이다.

ㄱ. $X(Mg)$이다.

ㄴ. $Y(O)$이므로 비금속 원소이다.

ㄷ. $Z(Cl)$의 원자 번호는 17이다.

67 22학년도 4월 16번

정답 : ①

Z_2W에서 전기음성도 차이가 1.4 인데 이값은 $3.5 - 2.1$과 동일하다.

따라서 $W(O)$이고 $Z(H)$임을 알 수 있다.

$W(O)$를 기준으로 생각하면 $X(F)$이고, Y의 전기음성도는 3.0 이다.

〈 여기서 Y의 전기음성도는 3.0 이므로 Y의 원소는 N과 Cl 중 하나가 된다.〉

ㄱ. 전기 음성도가 서로 다른 원자의 결합은 극성 공유 결합이다.

ㄴ. 전기 음성도는 $X > W > Y > Z$이다.

ㄷ. ZX에서 Z는 전기 음성도가 X보다 작으므로 부분적인 양전하를 띤다.

68 22학년도 4월 18번

정답 : ⑤

Z_2Y_2의 비공유 전자쌍이 10임을 통하여 $Z(O)$, $Y(F)$ 임을 알 수 있다.

X_2Y_2의 비공유 전자쌍이 8 이므로 $X(N)$이다.

ㄱ. $X_2(N_2)$의 비공유 전자쌍 수는 2이다.

ㄴ. (가)~(다)에서 다중 결합이 존재하는 분자는 (가), (나) 이다.

ㄷ. $ZY_2(OF_2)$ 의 $\dfrac{비공유\ 전자쌍\ 수}{공유\ 전자쌍\ 수} = 4$ 이다.

69 23학년도 6월 5번

정답 : ②

옥텟 규칙을 만족한다고 하였으므로 $W(N)$, $X(F)$, $Y(O)m$ $Z(N)$ 임을 알 수 있다.

ㄱ. $WX_3(NF_3)$의 분자 모양은 삼각뿔 형이다.

ㄴ. (나)의 결합모형은 굽은형이고 (다)의 결합모형은 직선형이므로 결합각은 (다) > (나) 이다.

ㄷ. (가)~(다)는 모두 분자의 쌍극자 모멘트가 0이 아니므로 모두 극성 분자이다.

70 23학년도 6월 7번

정답 : ③

$W(Li)$, $X(O)$, $Y(H)$, $Z(N)$ 이다.

ㄱ. $W(Li)$와 $Y(H)$는 같은 1족 원소이다.

ㄴ. $Z_2(N_2)$에는 3중 결합이 있다.

ㄷ. $Y_2X_2(H_2O_2)$의 루이스 전자점식을 살펴보면 $\dfrac{\text{비공유 전자쌍 수}}{\text{공유 전자쌍 수}} = \dfrac{4}{3}$ 이다.

71 22학년도 7월 10번

정답 : ④

분자 내에서 옥텟 규칙을 만족하기 위해 $X(N)$, $Y(F)$, $Z(O)$이다.

ㄱ. $a = 10$이다.

ㄴ. XY_3에서 X와 Y의 결합은 극성 공유 결합이다.

ㄷ. YXZ에서 X의 전기 음성도가 가장 작으므로 X는 부분적인 양전하를 띤다.

72 22학년도 7월 17번

정답 : ③

(라)에서 $\dfrac{\text{비공유 전자쌍 수}}{\text{공유 전자쌍 수}} = 4$ 인 값은 OF_2 임을 알 수 있다.

따라서 $Z(O)$ 임을 알 수 있다.

(다)에서 $\dfrac{\text{비공유 전자쌍 수}}{\text{공유 전자쌍 수}} = 3$ 이면 CF_4이고 따라서 $Y(C)$ 이다.

이후 자료값들을 통하여 (가)가 FNO, (나)가 COF_2 임을 구하였다.

따라서 $X(N)$, $Y(C)$, $Z(O)$이다.

ㄱ. $Y(C)$ 이다.

ㄴ. 공유 전자쌍 수는 (라)가 2 이고, (가)가 3이므로 (라) < (가) 이다.

ㄷ. 다중 결합이 있는 분자는 (가)와 (나) 2가지이다.

73 23학년도 9월 5번

정답 : ①

(가)는 X_2로 '비공유 전자쌍 수 - 공유 전자쌍 수' 가 2이므로 O_2이다. (다)는 OF_2이다.
따라서 $X(O)$, $Y(F)$ 임을 알 수 있다.

ㄱ. (나)는 $Y_2(F_2)$이므로 비공유 전자쌍 수가 6, 공유 전자쌍 수가 1이다. 따라서 '비공유 전자쌍 수
　 - 공유 전자쌍 수' 인 $a = 5$ 이다.
ㄴ. (나)는 단일 결합으로 이루어져 있다.
ㄷ. (가)의 공유 전자쌍 수와 (다)의 공유 전자쌍 수는 2로 같다.

74 23학년도 9월 8번

정답 : ④

WX_3, XYW, YZX_2는 각각 NF_3, FCN, COF_2 이고, $W(N)$, $X(F)$, $Y(C)$, $Z(O)$

ㄱ. $WX_3(NF_3)$는 중심 원자에 비공유 전자쌍이 존재하는 극성 분자이다.
ㄴ. YZX_2에서 전기 음성도는 $X(F)$가 가장 크므로 YZX_2에서 X는 부분적인 음전하를 띤다.
ㄷ. $XYW(FCN)$은 직선형이기 때문에 결합각이 $180°$ 이고 이는 $WX_3(NF_3)$보다 결합각이 크다.

75 22학년도 10월 3번

정답 : ③

XY_4^+는 NH_4^+ 이기 때문에 $X(N)$, $Y(H)$ 임을 알 수 있다. ZX^-는 CN^-이고, $Z(C)$이다.

ㄱ. 원자가 전자 수는 $X(N) > Z(C)$ 이다.
ㄴ. $XY_4ZX(NH_4CN)$은 NH_4^+와 CN^-이 결합한 물질이기 때문에 고체 상태에서 전기 전도성이 없
　 다.
ㄷ. $Z_2Y_2(C_2H_2)$의 공유 전자쌍 수는 5 이다.

76 22학년도 10월 7번

정답 : ①

ㄱ. (가)의 중심 원자 비공유 전자쌍 수는 0이고, (나)의 중심 원자 비공유 전자쌍은 1이다.
　 (다)의 중심 원자 비공유 전자쌍 수는 2이므로
　 중심 원자의 비공유 전자쌍 수가 가장 많은 물질은 (다)이다.
ㄴ. 극성 분자는 (나)와 (다) 2가지이다.
ㄷ. 구성 원자가 모두 동일한 평면에 있는 분자는 (다)뿐이다.

77 22학년도 10월 13번

정답 : ⑤

AD가 이온결합이기 때문에 A(Li)이고, B(H)이다. C(O), D(F)임을 알 수 있다.

ㄱ. 원자번호는 A(Li) > B(H) 이다.

ㄴ. $CD_2(OF_2)$의 분자 모양은 굽은형이다.

ㄷ. $\dfrac{비공유\ 전자쌍\ 수}{공유\ 전자쌍\ 수}$ 는 $D_2(F_2)$가 6이고, $C_2(O_2)$가 2이다.

78 22학년도 10월 14번

정답 : ①

(가)~(다)는 각각 NF_3, FCN, COF_2 이다. 따라서 W(N), X(F), Y(C), Z(O)이다.

ㄱ. W(N)이다.

ㄴ. (다)는 COF_2 이므로 2중 결합이 있다.

ㄷ. (가)는 삼각뿔형 구조이고, (나)는 직선형 구조이므로 결합각은 (나) > (가)이다.

79 23학년도 수능 2번

정답 ; ④

전자점식을 통해 X(O), Y(C), Z(F) 임을 알 수 있다.

ㄱ. X(O)이다.

ㄴ. (나)에서 단일 결합은 Y와 Z 사이 2개이다.

ㄷ. (가)에 있는 비공유 전자쌍 수는 4이고, (나)에 있는 비공유 전자쌍 수는 8이므로
비공유 전자쌍 수는 (나)가 (가)의 2배이다.

80 23학년도 수능 3번

정답 : ⑤

A_2B를 통해 A(Na), B(O) 임을 알 수 있고, CBD를 통해 C(H), D(Cl) 임을 알 수 있다.

ㄱ. A(s)는 Na 금속이므로 전성(펴짐성)이 있다.

ㄴ. A(Na)이고 , D(Cl)이므로
A와 D는 이온 결합을 통해 AD(NaCl)의 안정한 화합물을 형성한다.

ㄷ. C(H)와 B(O)는 모두 비금속 원소이므로 공유 결합을 통해 $C_2B(H_2O)$를 형성한다.

81 23학년도 수능 4번

정답 : ④

NH_3에서 N의 전기음성도는 H의 전기음성도 보다 크므로 N은 부분적인 음전하를 가진다.

하지만, NF_3에서 N의 전기음성도는 F의 전기음성도 보다 작으므로 N은 부분적인 양전하를 가진다.

82 23학년도 수능 8번

정답 : ①

X~Z는 2주기 원소이고, 수소화합물에서 옥텟 규칙을 만족하므로

X(O), Y(N), Z(C) 이다. (가)는 H_2O이며, (나)는 NH_3이고, (다)는 CH_4이다.

ㄱ. (가)의 분자는 H_2O이므로 분자 모양은 굽은형이다.

ㄴ. (나)의 분자 모양은 삼각뿔형, (다)의 분자 모양은 정사면체형이므로 결합각은 (다) > (나)이다.

ㄷ. (가)~(다)에서 극성 분자는 (가)와 (나) 2가지 이다.

83 24학년도 6월 4번

정답 : ⑤

㉠에는 극성 공유 결합이 있으면서 극성을 띠는 HCl과 같은 분자가 와야 한다.

㉡에는 극성 공유 결합이 있으면서 무극성을 띠는 CF_4과 같은 분자가 와야 한다.

84 24학년도 6월 6번

정답 : ④

문제에서 주어진 자료에 따라 원소 W~Z가 무엇인지를 정하면, W는 탄소(C), X는 산소(O), Y는 질소(N), Z는 플루오린(F)임을 알 수 있다.

이에 따라 WX_2는 CO_2이고 이에 따라 전체 구성 원자의 원자가 전자 수의 합인 ㉠은 16이 된다.

ㄱ. X는 플루오린(F)가 아닌 산소(O)이다.

ㄴ. YWZ는 NCF로 이 분자의 비공유 전자쌍 수는 4이다.

ㄷ. ㉠은 16이다.

85 24학년도 6월 11번

정답 : ⑤

문제의 자료에 따라서 2주기 원소 X~Z가 각각 무엇인지 찾으면 다음과 같다.
X = 탄소(C), Y = 산소(O), Z = 플루오린(F)

ㄱ. 극성분자는 (나) OF_2와 (다) COF_2로 총 2가지이다.
ㄴ. 결합각은 (가) CO_2가 $180°$, (나) OF_2가 $104.5°$로 (가) 〉 (나)이다.
ㄷ. 중심 원자에 비공유 전자쌍이 있는 분자는 (나) OF_2로 1가지이다.

86 24학년도 9월 4번

정답 : ④

㉠에는 직선형이면서 극성인 분자가 들어와야 하기 때문에 HCN과 같은 분자가 적절하다.
㉡에는 평면 삼각형 모양이면서 극성인 분자가 들어와야 하기 때문에 $HCHO$ 같은 분자가 적절하다.

87 24학년도 9월 8번

정답 : ④

원소 X와 Y 모두 2주기 원소이기 때문에 X는 탄소(C), Y는 산소(O)이다.

ㄱ. 전기 음성도는 산소(O)가 탄소(C)보다 크기 때문에 X 〉 Y이다.
ㄴ. YH_2에서 Y는 H보다 전기음성도가 크기 때문에 부분적인 음전하를 띤다.
ㄷ. 결합각은 XY_2의 경우 $180°$, XH_4의 경우 $109.5°$이다. 따라서 결합각은 XY_2 〉 XH_4이다.

88 24학년도 9월 12번

정답 : ①

분자 (가)와 (다)의 자료를 통해 X는 산소(O), Y는 질소(N)임을 알 수 있다.
이에 따라 분자 (나) COF_2임을 알 수 있다. 따라서 $m = 2$이다.

ㄱ. (가)의 분자는 OF_2로 분자 구조는 굽은형이다.
ㄴ. $m = 2$이다.
ㄷ. (나)의 $\dfrac{\text{공유 전자쌍 수}}{\text{비공유 전자쌍 수}}$ 는 $\dfrac{4}{8} = \dfrac{1}{2}$ 이고, (다)의 $\dfrac{\text{공유 전자쌍 수}}{\text{비공유 전자쌍 수}}$ 는 $\dfrac{3}{10}$ 이다.

따라서 $\dfrac{\text{공유 전자쌍 수}}{\text{비공유 전자쌍 수}}$ 의 값은 (다) 〈 (나)이다.

정답 : ③

문제에서 주어진 조건에 따라 X는 O, Y는 F라는 사실을 알 수 있다.

ㄱ. 다중결합이 존재하는 분자는 (가)와 (나)로 총 2가지이다.

ㄴ. (가)는 CO_2로 무극성 분자이다.

ㄷ. (나)는 COF_2로 공유 전자쌍 수는 4개이고, (다)는 O_2F_2로 공유 전자쌍 수는 3개이다.
따라서 이 두 분자의 공유 전자쌍 수는 같지 않다.

정답 : ③

분자 내에서 어떤 원자가 중심원자가 될지는 '다리'의 수에 따라 결정된다.
여기서 말하는 '다리'란 다른 원자와 공유 결합할 수 있는 부분을 의미한다.
예를 들어 최대 4개의 원자와 결합이 가능한 탄소(C)의 경우 '다리'가 4개이고,
최대 2개의 원자와 결합이 가능한 산소(O)의 경우 다리가 2개이다.
위에서 말한 '다리'가 많을수록 중심원자로 채택되는 경향성이 높다.
예를 들어 분자(라)를 보았을 때 W, Y, Z가 구성 원소인 분자에서 중심원자는 Z이다.
이를 통해 Z가 가지고 있는 '다리'가 Y와 Z에 비해 많음을 알 수 있다.
이와 같은 방식을 분자 (나), (다)에도 적용하여 '다리'가 많은 순서대로 배치하면 Z 〉 Y 〉 X 〉 W 이다.
문제에서 주어진 C, N, O, F도 '다리'가 많은 순서대로 배치하면 C 〉 N 〉 O 〉 F 이다.
따라서 Z는 C, Y는 N, X는 O, W는 F 이다.
이에 따라 분자(가)는 F_2, 분자(나)는 OF_2, 분자(다)는 NOF, 분자(라)는 FCN 이다.

ㄱ. Z는 탄소(C)이다.

ㄴ. (다)의 분자 모양은 직선형이 아니라 굽은형이다.

ㄷ. (라)의 결합각은 $180°$, (나)의 결합각은 $104.5°$ 이다. 따라서 결합각은 (라) 〉 (나)이다.

91 2023년 10월 15번

정답 : ①

공유 전자쌍 수와 비공유 전자쌍 수의 곱이 32인 (나)와 (다)는 모두 공유 전자쌍이 4개, 비공유 전자쌍이 8개인 N_2F_2, COF_2이다. 또한 문제에서 Y의 원자 번호가 X의 원자 번호보다 크다는 정보를 이용하여 각 W~Z의 원소들의 종류가 무엇인지 구하면 W~Z가 각각 탄소(C), 질소(N), 산소(O), 플루오린(F)이다. 따라서 문제에서 나오는 W_2Z_2는 C_2F_2이다.

ㄱ. 무극성 공유 결합이 있는 분자는 (가)와 (나)로 2가지이다.

ㄴ. (나)에는 2중 결합이 있고 3중 결합은 없다.

ㄷ. $\dfrac{\text{비공유 전자쌍 수}}{\text{공유 전자쌍 수}}$ 는 (가)$(\dfrac{6}{5})$ 〈 (다)$(\dfrac{8}{4})$이다.

[유제(1)]

01 22학년도 수능 6번

정답 : ㄱ, ㄴ, ㄷ

ㄱ. t_2 일 때 $H_2O(l)$와 $H_2O(g)$는 동적 평형 상태에 도달하였으므로
t_1일 때는 동적 평형에 도달하기 전이다.
따라서 $H_2O(g)$의 양(mol)은 t_2일 때가 t_1일 때보다 크므로 b>a 이다.

ㄴ. t_1일 때 증발 속도는 응축 속도보다 크므로 $\dfrac{\text{응축속도}}{\text{증발속도}}$ <1 이고,

t_2일 때 증발 속도와 응축 속도는 같으므로 $\dfrac{\text{응축속도}}{\text{증발속도}}$ =1 이다.

따라서 $\dfrac{\text{응축속도}}{\text{증발속도}}$ 는 t_2일 때가 t_1일 때보다 크다.

ㄷ. t_3일 때 $H_2O(l)$와 $H_2O(g)$는 동적 평형 상태이므로
용기내 $H_2O(l)$의 양은 t_2일 때와 t_3일 때가 같다.

02 21학년도 10월 7번

정답 : ㄴ

ㄱ. 물에 용해된 X의 질량이 증가할수록 석출 속도는 빨라지는데, t_1일 때는 동적 평형 상태에 도달하기 전이므로 X의 석출 속도는 t_1일 때보다 t_2일 때가 더 빠르다.

ㄴ. X의 용해에 따른 수용액의 부피는 변화하지 않는다고 하였으므로 X(aq)의 몰농도는 X의 mol 수에 의해 결정된다, t_3일 때 t_1보다 녹아 있는 몰수가 많으므로 몰농도는 t_3가 t_1보다 크다.

ㄷ. t_2와 t_3 모두 이미 동적 평형 상태에 도달한 상태이므로 녹지 않고 남아 있는 X(s) 의 질량은 두 시간에서 같다.

정답 : ㄱ

ㄱ. 밀폐된 진공 공기 안에 $H_2O(l)$를 넣었을 때 동적 평형에 도달하였으므로
H_2O의 상변화는 가역 반응임을 알 수 있다.

ㄴ. t_1일 때는 동적 평형 상태에 동적 평형 상태에 도달하기 전이므로
$H_2O(l)$의 증발 속도가 $H_2O(g)$의 응축 속도보다 크다.

따라서 t_1일 때 $\dfrac{H_2O(l)\text{의 증발속도}}{H_2O(g)\text{의 응출속도}} > 1$ 이다.

ㄷ. t_2일 때 동적 평형 상태에 도달 하였으므로 $H_2O(g)$의 양은 t_2일 때와 t_3일 때가 같다.

따라서 $\dfrac{t_3\text{일 때 } H_2O(g)\text{의 양}}{t_2\text{일 때 } H_2O(g)\text{의 양}} = 1$ 이다.

04 21학년도 7월 9번

정답 : ㄱ

ㄱ. 처음에 밀폐된 진공 공기 안에 $X(l)$을 넣었으므로 초기에는 $X(l)$의 양이 $X(g)$보다 많다.
따라서 A는 $X(l)$이다.

ㄴ. 발문에서 t_3일 때 동적 평형 상태라고 하였는데 t_2와 t_3사이의 물질의 양이 다르므로

t_2는 동적 평형 상태가 아니고 따라서 t_2에서 $\dfrac{\text{증발 속도}}{\text{응축 속도}}$ 는 1이 아니다.

ㄷ. t_1과 t_2사이의 반응을 보면 $X(l)$ 0.5mol 이 $X(g)$ 0.5mol 로 바뀌는 반응임을 알 수 있다.
t_2와 t_3 사이에 $X(l)$ 0.5mol 이 감소 하였으므로
그 사이 $X(g)$ 0.5mol 이 증가하면서 t_3에서 B의 양은 1.5mol 임을 알 수 있다.

05 22학년도 6월 5번

정답 : ㄱ

ㄱ. 발문에서 밀폐된 용기 안에 $H_2O(l)$을 넣었으므로 동적 평형 상태에 도달하기 전,

반응의 초기에는 증발속도가 응축 속도보다 크다. 따라서 $\dfrac{\text{응축 속도}}{\text{증발 속도}} < 1$ 이다.

ㄴ. t_3일 때 동적 평형 상태이며 동적 평형 상태에서도 H_2O의 증발과 응축은 계속 일어난다.
다만, 증발속도와 응축속도가 같아서 반응이 일어나지 않는 것처럼 보일 뿐이다.

ㄷ. $H_2O(l)$의 양은 t_1일 때가 t_2일 때보다 크고 $H_2O(g)$의 양은 t_2일 때가 t_1일 때보다 크므로
a>b, d>c 이다.

따라서 $\dfrac{a}{c} > \dfrac{b}{d}$ 이다.

06 21학년도 4월 11번

정답 : ㄴ

ㄱ. (가)의 상태가 이미 용해 평형에 도달한 동적 평형 상태 이므로
(나)와 (다)에서 설탕을 추가로 넣었음에도 동적 평형 상태가 유지된다.
(나)에서 설탕은 용해 되며, $v_{용해}=v_{석출}$ 인 것이다.

ㄴ. (가)와 (다) 모두 동적 평형 상태이므로 $\dfrac{\text{설탕의 용해 속도}}{\text{설탕의 석출 속도}}$ 는 모두 같다.

ㄷ. 온도가 일정한 상태에서, (나)가 이미 동적 평형 상태이므로
(다)와 (나)에서 수용액에 녹아 있는 설탕의 질량은 서로 같다.

07 21학년도 3월 5번

정답 : ㄱ, ㄷ

ㄱ. t_1에서 $X(l)$의 증발 속도는 v_2이므로 v_1보다 크다.

ㄴ. t_2에서 $X(l)$의 증발은 일어난다.

ㄷ. 밀폐된 용기에 $X(l)$을 넣으면 동적 평형에 도달할 때까지 $X(g)$의 양은 증가하기 때문에
t_2에서의 $X(g)$의 양이 t_1보다 크다.

08 21학년도 수능 8번

정답 : ㄱ

ㄱ. t_3에서 $\dfrac{\text{응축속도}}{\text{증발속도}}=1$이므로 동적 평형 상태이므로
$X(l)$을 넣어준 용기 내에서 동적 평형에 도달하기 전까지 증발속도는 일정하고
응축속도는 증가하므로 $a < b < 1$ 이다.

ㄴ. 발문에서 $c > 1$ 이라고 하였으므로 t_2시기에는 아직 동적 평형 상태가 아니다.
따라서 $b < 1$ 이다.

ㄷ. 발문에서 $c > 1$ 이라고 하였으므로 t_2시기에는 아직 동적 평형 상태가 아니다.

09 21학년도 9월 11번

정답 : ㄷ

ㄱ. t일 때 용해 평형에 도달하기 전이므로 용해 속도가 석출 속도보다 크며 석출 속도는 0이 아니다.

ㄴ. $4t$일 때 용해 평형에 도달하였으므로 용해 속도와 석출 속도는 같다.

ㄷ. $4t$일 때부터 설탕 수용액은 동적 평형 상태이고,
녹지 않고 남아 있는 설탕의 질량은 $4t$와 $8t$가 같다.

10 20학년도 7월 5번

정답 : ㄱ, ㄷ

ㄱ. 발문에서 충분한 시간이 지난 상태라고 하였으므로
이는 동적 평형 상태에 도달한 것이고 H_2O분자의 증발속도, 응축속도가 서로 같으므로
$H_2O(g)$분자 수는 일정하다.

ㄴ. 충분한 시간이 지났으므로 동적 평형 상태에 도달하였으며,
$NaCl$의 용해 속도와 석출 속도가 같다.

ㄷ. 위 상태는 동적 평형 상태이다.

11 21학년도 6월 16번

정답 : ㄱ

ㄱ. H_2O의 상변화는 가역반응이다.

ㄴ. 밀폐된 용기 안에서 $H_2O(l)$이 증발할 때 시간이 t일 때는 동적 평형 상태에 도달하기 이전이고,
시간이 $2t$일 때는 증발 속도와 응축 속도가 같으므로 동적 평형 상태이다.
따라서 용기 내 $H_2O(l)$의 양은 t에서가 $2t$에서 보다 크다.

ㄷ. 동적 평형 상태에서는 증발 속도와 응축 속도가 같으므로 $x = a$이다.

12 20학년도 3월 3번

정답 : ㄴ

ㄱ. 반응 시작후 t초 까지의 화학 반응식을 보면 NO_2 2분자가 N_2O_4 한 분자가 되었으므로 전체 기체 분자 수는 감소한다.

ㄴ. t초 이후 동적 평형 상태에 도달하였으며, $N_2O_4(g)$의 분자수는 일정하다.

ㄷ. t초 이후 동적 평형 상태에 도달하였으며, 이때 정반응과 역반응 모두 일어난다.

13 22학년도 3월 2번

정답 : ③

ㄱ. t_2일 때 동적 평형 상태에 도달하였으므로 t_1일때는 아직 동적 평형 상태에 도달하기 이전이다.
따라서 $C_2H_5OH(g)$의 양은 $t_1 < t_2$ 이고, $a < b$ 이다.

ㄴ. t_1은 아직 동적 평형에 도달하기 이전이므로 증발속도가 응축속도 보다 더 크다.

ㄷ. 동적 평형 상태에서는 $C_2H_5OH(l)$의 증발 속도와 $C_2H_5OH(g)$의 응축 속도가 같다.
따라서 해당 값은 x 와 같다.

14 22학년도 4월 15번

정답 : ②

밀폐된 진공 용기에 $H_2O(l)$을 넣으며 초기에는 $H_2O(l)$의 질량은 줄어들고 $H_2O(g)$의 질량은 늘어난다. t일 때 동적 평형 상태에 도달하면 $H_2O(l)$의 질량과 $H_2O(g)$의 질량이 일정하게 유지된다.

15 23학년도 6월 6번

정답 : ①

ㄱ. (가)에서 $2t$일 때 동적 평형에 도달하였으므로 t일 때는 동적 평형에 도달하기 전이다.

동적 평형에 도달할 때까지 $X(l)$의 양은 감소하고, $X(g)$의 양은 증가하므로

$\dfrac{X(l)의\ 양(mol)}{X(g)의\ 양(mol)}$ 은 t일 때가 $2t$일 때보다 크고, $2t$일 때와 $3t$일 때 같다.

따라서 $a > 1$이다.

ㄴ. (나)에서 $3t$일 때 동적 평형에 도달하였고, 동적 평형에 도달하였을 때 $X(l)$의 양과 $X(g)$의

양은 일정하므로 $\dfrac{X(l)의\ 양(mol)}{X(g)의\ 양(mol)}$ 은 $3t$일 때와 $4t$일 때가 같다.

따라서 $b = c$ 이다.

ㄷ. $2t$일 때, (나)에서는 동적 평형에 도달하지 않았으므로

$X(l)$의 증발 속도 $>$ $X(g)$의 응축속도 이고, (가)에서는 동적 평형에 도달하였으므로

$X(l)$의 증발 속도 $=$ $X(g)$의 응축속도이다.

따라서 $2t$일 때 X의 $\dfrac{응축\ 속도}{증발\ 속도}$ 는 (가)에서가 (나)에서보다 크다.

16 22학년도 7월 13번

정답 : ③

ㄱ. t_1일 때는 동적 평형에 도달하기 전이므로

$H_2O(l)$의 증발 속도가 $H_2O(g)$의 응축 속도보다 크다.

ㄴ. t_2일 때 응축 속도와 증발 속도가 같으므로 동적 평형 상태에 도달하였다.

ㄷ. $H_2O(l)$의 양은 t_2일 때와 t_3일 때가 같다.

따라서 t_3 일 때 용기 내 $H_2O(l)$의 양은 $1.2n$ 이다.

17 23학년도 9월 7번

정답 : ③

t_2에서 동적 평형에 도달하였으므로 H_2O의 증발 속도와 H_2O의 응축 속도가 같아 $y = 1$이다.

$y = 1$인데, $x > y$이므로 $x > 1$이고 따라서 A는 응축속도 이고, B는 증발속도 임을 알 수 있다.

ㄱ. $x > y$ 이므로 $x > 1$ 이다.

ㄴ. $x > 1$이므로 B는 H_2O의 증발 속도이고, A는 H_2O의 응축 속도이다.

ㄷ. t_2에서 동적 평형에 도달하였으므로 $y = z = 1$이다.

18 22학년도 10월 6번

정답 : ③

$c > b > a$ 이므로 $2t$일 때 (가)는 동적 평형 상태이고, (나)는 동적 평형 상태에 도달하기 전이다.

ㄱ. (가)에서 $X(g)$의 양은 $2t$ 일 때가 t일 때보다 더 크다.

ㄴ. $X(l)$ 와 $X(g)$가 (가)에서는 $2t$ 시점에 동적 평형 상태에 도달하였고,
(나)에서는 $3t$ 시점에 동적 평형 상태에 도달하였기 때문에 걸린 시간은 (나) > (가) 이다.

ㄷ. (가)에서 $4t$ 일 때 이미 동적 평형 상태에 도달하였기 때문에 $\dfrac{X(g)의\ 응축속도}{X(l)의\ 증발속도} = 1$ 이다.

19 23학년도 수능 7번

정답 : ①

ㄱ. (가)에서 t_1은 동적 평형 도달 이전 시점이므로 t_2일 때의 $H_2O(g)$의 양이 t_1일 때보다 많다.

ㄴ. (나)에서 t_3일 때, 동적 평형 상태에 도달하였으므로 $H_2O(g)$가 $H_2O(l)$로 되는 반응은 일어난다.

ㄷ. (가)에서 t_2일 때, 동적 평형 상태에 도달하였으므로 H_2O의 $\dfrac{증발\ 속도}{응축\ 속도} = 1$이다.

(나)에서 t_2 일 때, $\dfrac{증발\ 속도}{응축\ 속도} > 1$이다.

따라서 t_2 일 때, H_2O의 $\dfrac{증발\ 속도}{응축\ 속도}$ 는 (나)에서가 (가)에서보다 크다.

20 24학년도 6월 5번

정답 : ③

문제에서 시간이 $2t$일 때 동적 평형을 이루었다고 했다.

동적 평형을 이룬 후의 시점인 $3t$는 시점 $2t$일 때와 $I_2(g)$의 양이 같다.

따라서 $x = b$임을 알 수 있다.

ㄱ. $x = b \rangle a$이다.

ㄴ. t일 때 $I_2(g)$가 $I_2(s)$으로 승화하는 반응은 일어난다.

ㄷ. $2t$일 때는 동적 평형을 이룬 시점으로 이 때의 '$I_2(g)$가 $I_2(s)$으로 승화하는 속도'와
'$I_2(s)$가 $I_2(g)$으로 승화하는 속도'는 동일하다.

21 24학년도 9월 5번

정답 : ③

동적 평형 상태에 도달하기 전 시점인 t_1에서 ㉠의 양이 동적 평형 상태에 도달한 시점인 t_2에서 보다
많기 때문에 ㉠은 $CO_2(s)$임을 알 수 있다.

ㄱ. ㉠은 $CO_2(s)$이다.

ㄴ. t_1은 동적 평형 상태에 도달하기 이전 시점이므로
'$CO_2(s)$가 $CO_2(g)$로 승화되는 속도'가 '$CO_2(g)$가 $CO_2(s)$로 승화되는 속도'보다 빠르다.

ㄷ. $CO_2(g)$의 양(mol)은 t_3와 t_4 모두 동적 평형 상태에 도달한 이후이기 때문에 동일하다.

22 24학년도 수능 4번

정답 : ④

ㄱ. '$CO_2(s)$의 질량이 변하지 않는다'는 ㉠으로 적절하다.

ㄴ. t_1은 동적 평형 상태에 도달하기 전으로 '$CO_2(s)$가 $CO_2(g)$로 승화되는 속도'가 '$CO_2(g)$가
$CO_2(s)$로 승화되는 속도'보다 크다.

ㄷ. t_3일 때는 동적 평형에 도달한 이후의 시기이고 비록 $CO_2(s)$와 $CO_2(g)$의 질량은 변화하지 않지만,
$CO_2(s)$가 $CO_2(g)$로 승화되는 반응, $CO_2(g)$가 $CO_2(s)$로 승화되는 반응 모두 일어난다.

[유제(2)]

01 22학년도 수능 12번

정답 : ㄱ, ㄷ

수용액 (가)의 pH가 (나)의 2배이므로 (가)는 NaOH, (나)는 HCl이다.
$a = 10^{-(14-2x)}$, $a = 10^{-x+1}$ 에서 $x = 5$이다.

ㄱ. (나)는 HCl이다.

ㄴ. $x = 5$이다.

ㄷ. $a = 10^{-4}$이므로 $10a$M은 10^{-3}M이고, NaOH에서 $\dfrac{[\text{Na}^+]}{[\text{H}_3\text{O}^+]} = \dfrac{10^{-3}}{10^{-11}} = 10^8$이다.

02 21학년도 10월 16번

정답 : ㄴ

pOH가 (나) > (가) 이므로 (가)는 염기성 용액인 NaOH이고, (나)는 산성 용액인 HCl이다.
$a = 10^{-x}$, $100a = 10^{-(14-3x)}$ 를 연립하여 $x = 4$임을 구할 수 있다.

ㄱ. (가)는 NaOH이다.

ㄴ. pH는 (가)가 10, (나)가 2이므로 (가)가 (나)의 5배이다.

ㄷ. $\dfrac{\text{(나)에서 OH}^-\text{의 양}}{\text{(가)에서 H}_3\text{O}^+\text{의 양}} = \dfrac{10^{-12} \times 2V}{10^{-10} \times V} = \dfrac{1}{50}$ 이다.

03 22학년도 9월 13번

정답 : ㄱ, ㄷ

(가)에서 $[\text{H}_3\text{O}^+] = 10^{-7.5}$M, (나)에서 $[\text{H}_3\text{O}^+] = 10^{-6}$M, (다)에서 $[\text{H}_3\text{O}^+] = 10^{-7}$이다.

ㄱ. (나)에서 $[\text{OH}^-] = 10^{-8}$M이므로 10^{-7}M보다 작다.

ㄴ. $\dfrac{\text{(가)에서 }[\text{H}_3\text{O}^+]}{\text{(나)에서 }[\text{H}_3\text{O}^+]} = \dfrac{10^{-7.5}}{10^{-6}} = 10^{-1.5}$이다.

ㄷ. $\dfrac{\text{(나)에서 H}_3\text{O}^+\text{의 양(mol)}}{\text{(다)에서 H}_3\text{O}^+\text{의 양(mol)}} = \dfrac{10^{-6} \times V}{10^{-7} \times 100V} = \dfrac{1}{10}$이다.

04 21학년도 7월 14번

정답 : ㄱ, ㄴ

$\dfrac{\text{(가)의 pH}}{\text{(나)의 pH}} < 1$ 임을 통하여 (가)의 pH가 더 낮으므로 (가)는 산성임을 알 수 있고,

(나)는 염기성이다.

$|pH - pOH| = 4$ 임을 통하여 (가)는 $pH = 5$, $pOH = 9$ 이다.

똑같은 구조로 (나)는 $pH = 8$, $pOH = 6$이다.

ㄱ. (가)는 산성이다.

ㄴ. H_3O^+의 양은 (가)가 $100 \times 10^{-3} \times 10^{-5}$이고, (나)가 $500 \times 10^{-3} \times 10^{-8}$ 이므로

   (가)가 (나)의 200배이다.

ㄷ. $[OH^-]$는 (가):(나)$=1:10^3$ 이다.

05 22학년도 6월 13번

정답 : ㄴ

(가)에서 $10^{-x} = 100a$이고, (나)에서 $a = \dfrac{10^{-14}}{10^{-3x}}$이므로 $a = 10^{-14 + 3x}$이다.

따라서 $10^{-x} = 10^{-12 + 3x}$ 이므로 $x = 3$이다. (나)는 $pH = 9$이므로 $a = 10^{-5}$이다.

ㄱ. $x = 3$이다.

ㄴ. (다)에서 $[H_3O^+] = [OH^-]$이므로 $b = 10^{-7}$이고 $\dfrac{a}{b} = \dfrac{10^{-5}}{10^{-7}} = 10^2$이다.

ㄷ. pH는 (나)가 9, (다)가 7이므로 (나)$>$(다)이다.

06 21학년도 4월 14번

정답 : ㄱ, ㄴ

ㄱ. (가)에서 $pH = 2$이므로 $pOH = 12$이고 $[OH^-] = 10^{-12}M$이다.

ㄴ. (가)에서 H_3O^+의 양은 $10^{-3}mol$이다. $x = 10^{-3}$, $y = 100$ 이므로 $x \times y = 0.1$이다.

ㄷ. (가)와 (나)를 혼합한 용액의 부피는 $200mL$이다. H_3O^+의 양은 $10^{-3} + 10^{-7}$이므로

   pH는 4가 아니다.

* 위 문제의 ㄷ선지의 경우 출제의도가 '정확한 값을 계산하는 것' 보다는 '선지가 옳은지 그른지'에

  가깝다. 따라서 숫자의 형태를 보고 아니다 싶으면 계산을 이어가서 정확한 값을 구하려 하기 보다는

  '정확한 값은 모르겠지만 선지가 틀린 것은 확실하다!' 정도의 마인드로 푸시길 바랍니다.

07 21학년도 3월 16번

정답 : ㄱ, ㄴ, ㄷ

$pH + pOH = 14$ 이므로 $x + x + 2 = 14$를 통해 $x = 6$임을 알 수 있다.
따라서 (가)는 $pH = 4$, (나)는 $pH = 6$, (다)는 $pH = 9$ 이다.

ㄱ. $[H_3O^+] > [OH^-]$인 수용액은 산성 수용액이다. 산성 수용액은 (가)와 (나) 2가지이다.

ㄴ. (다)는 $pH = 9$이므로 $[OH^-] = 10^{-5}M$ 이다.

ㄷ. H_3O^+의 양은 (가)가 $100 \times 10^{-3} \times 10^{-4}$이고, (나)가 $200 \times 10^{-3} \times 10^{-6}$ 이므로
(가)가 (나)의 50배이다.

08 21학년도 수능 15번

정답 : ㄴ

ㄱ. (가)에서 $\dfrac{[OH^-]}{[H_3O^+]} = 1 \times 10^{12}$ 이므로 $[H_3O^+] = 1 \times 10^{-13}M$, $[OH^-] = 10^{-1}M$이다.
따라서 $a = 0.1$이다.

ㄴ. (가)에서 $[H_3O^+] = 1 \times 10^{-13}M$이므로 $pH = -\log[H_3O^+] = 13$ 이다.

$a = 0.1$이므로 (나)에서 HCl의 몰농도는 $\dfrac{a}{10} = \dfrac{0.1}{10} = 1 \times 10^{-2}M$이고

$pH = -\log[H_3O^+] = 2$이다. 따라서 $\dfrac{(가)의\ pH}{(나)의\ pH} = \dfrac{13}{2} > 6$ 이다.

ㄷ. 일정한 온도에서 용액의 부피가 10배가 되면 몰농도는 $\dfrac{1}{10}$ 배가 되므로

(나)에 물을 넣어 $100mL$로 만든 HCl의 몰농도는 $1 \times 10^{-3}M$이다.
따라서 $[H_3O^+] = [Cl^-] = 1 \times 10^{-3}M$이고 $[OH^-] = 1 \times 10^{-11}M$ 이므로

$\dfrac{[Cl^-]}{[OH^-]} = \dfrac{10^{-3}}{10^{-11}} = 10^8$ 이다.

09 20학년도 10월 12번

정답 : ㄱ, ㄴ, ㄷ

ㄱ. 산성 수용액은 (가)와 (나) 2가지이다.

ㄴ. (다)에서 $pH = 10$이므로 $[OH^-] = 10^{-4}M$ 이다.

ㄷ. (가)와 (나)에서 H_3O^+의 양은 (가)가 $50 \times 10^{-3} \times 10^{-3}mol$이고,
(나)가 $100 \times 10^{-3} \times 10^{-5}mol$ 이므로 (가)가 (나)의 50배이다.

10 21학년도 9월 14번

정답 : ㄱ

ㄱ. (나)는 $[H_3O^+] = [OH^-]$이므로 중성이다.

ㄴ. (다)는 $[H_3O^+] : [OH^-] = 10^2 : 1$이므로 $[H_3O^+] = 10^2 \times [OH^-]$이다.

$K_w = [H_3O^+][OH^-] = 1.0 \times 10^{-14}$이므로 $[OH^-] = 1.0 \times 10^{-8}M$이다.

따라서 $[H_3O^+] = 1.0 \times 10^{-6}M$이므로 (다)의 $pH = 6$이다.

ㄷ. (가)는 $[H_3O^+] = 1.0 \times 10^{-8}M$이고, $[OH^-] = 1.0 \times 10^{-6}M$이다.

(다)는 $[H_3O^+] = 1.0 \times 10^{-6}$이고 $[OH^-] = 1.0 \times 10^{-8}M$ 이므로

$[OH^-]$는 (가):(다)가 $10^2 : 1$이다.

11 20학년도 7월 12번

정답 : ㄱ

조건들을 해석하면 X가 $pH = 3$, Y가 $pH = 9$, Z가 $pH = 4$ 임을 알 수 있다.

ㄱ. (가)에서 pH로 표시되니 수용액은 X 1가지이다.

ㄴ. H_3O^+의 몰 농도는 X가 Y의 10^6 배이다.

ㄷ. H_3O^+의 양은 X가 $0.2 \times 10^{-3}mol$, Z가 $0.1 \times 10^{-4}mol$ 이다. 따라서 X가 Z의 20배이다.

* 실전상황에서 ㄷ 선지를 만났을 때, 굳이 몇배 인지 정확히 구하지 않아도 10^n 앞에 곱해져 있는 수를 보고 10배는 절대 될 수 없겠다 하고 다음 문제로 넘어가는 것이 현명하다고 생각됩니다.

12 21학년도 6월 14번

정답 : ㄱ, ㄴ

ㄱ. (가)의 pH는 7이므로 중성이다. 따라서 $[H_3O^+] = [OH^-]$이다.

ㄴ. (나)의 $pH = 10$이므로 $[H_3O^+] = 1.0 \times 10^{-10}M$이다.

$K_w = [H_3O^+][OH^-] = 1.0 \times 10^{-14}$이므로 $[OH^-] = 1.0 \times 10^{-4}M$이다.

ㄷ. (가)와 (다)를 혼합한 용액의 부피는 $100mL$이므로

(가)와 (다)의 혼합 수용액의 몰농도는 (다)의 $\dfrac{1}{10}$배이다.

수용액의 몰농도를 $\dfrac{1}{10}$배로 묽히면 pH는 1 증가하므로

(가)와 (다)를 모두 혼합한 수용액은 $pH = 4$이다.

13 20학년도 4월 10번

정답 : ㄴ, ㄷ

ㄱ. 25℃에서 $K_w = [H_3O^+][OH^-] = 1.0 \times 10^{-14}$으로 일정하다.

ㄴ. pH는 (가)가 5, (나)가 9이므로 (나)가 (가)보다 크다.

ㄷ. $[OH^-]$는 (가)가 $10^{-9}M$, (나)가 $10^{-5}M$이므로 (나)가 (가)보다 크다.

14 20학년도 3월 18번

정답 : ㄱ, ㄷ

ㄱ. pH가 7보다 작은 (가)와 (나)는 산성 수용액이고 pH가 7보다 큰 (다)는 염기성 용액이다.

ㄴ. H_3O^+의 양은 (가)가 10^{-5}몰, (나)가 5×10^{-6} 몰이다. 따라서 (가)가 (나)의 2배이다.

ㄷ. (다)에서 $\dfrac{[OH^-]}{[H_3O^+]} = \dfrac{10^{-6}M}{10^{-8}M} = 100$이다.

15 22학년도 3월 10번

정답 : ③

(가)의 pH = 2이고, (나)의 $[OH^-]$ = 0.1M 이다.

ㄱ. (가)의 pH = 2이므로 (가)의 $[H_3O^+]$ = 0.01M 이다.

ㄴ. (나)에 들어 있는 OH^-의 양은 $10^{-1} \times 30 \times 10^{-3}$ 이다.

ㄷ. (가)는 현재 10mL인데 물을 넣어 100mL로 만든다면 부피가 10배 되었으므로
pH는 1칸 움직여서 $HCl(aq)$의 pH = 3이 된다.

16 22학년도 4월 13번

정답 : ④

ㄱ. $K_w = [H_3O^+][OH^-] = 1.0 \times 10^{-14}$ 이고, (가)에서 $\dfrac{[OH^-]}{[H_3O^+]} = \dfrac{10^{-14}}{([H_3O^+])^2} = 10^{-6}$이므로

$[H_3O^+] = 10^{-4}M$ 이다. 따라서 pH $= -\log([H_3O^+]) = 4$이고, pOH = 10 이다.

ㄴ. (나)의 pH = 8이므로 $[H_3O^+] = 10^{-8}M$ 이고, $[OH^-] = 10^{-6}M$이다.

따라서 $y = \dfrac{[OH^-]}{[H_3O^+]} = 100$이다.

ㄷ. H_3O^+의 양 $= [H_3O^+] \times$ 수용액의 부피 이다.

부피는 (가)가 (나)의 $\dfrac{1}{10}$ 배이고, $[H_3O^+]$는 (가)가 (나)의 10^4배이므로

H_3O^+의 양은 (가)가 (나)의 100배이다.

17 23학년도 6월 16번

정답 : ⑤

(가)는 $pH = pOH$ 이므로 $H_2O(l)$이고, (나)는 $pH < pOH$ 이므로 $HCl(aq)$이며, (다)는 $pH > pOH$이므로 $NaOH(aq)$ 이다.

ㄱ. 물은 중성이므로 $pH = pOH$이고, $\dfrac{pH}{pOH} = 1$이다. 따라서 (가)는 $H_2O(l)$이다.

ㄴ. $pH + pOH = 14$이다. (나)에서 $\dfrac{pH}{pOH} = \dfrac{1}{6}$이므로

$pH = 2$, $pOH = 12$이고, (다)에서 $\dfrac{pH}{pOH} = \dfrac{5}{2}$ 이므로 $pH = 10$, $pOH = 4$이다.

(나)에서 $[H_3O^+] = 10^{-2}M$이고 부피는 $200mL$이므로 H_3O^+의 양은 $2 \times 10^{-3}mol$ 이고,

(다)에서 $[OH^-] = 10^{-4}M$이고 부피는 $400mL$이므로 OH^-의 양은 $4 \times 10^{-5}mol$ 이다.

따라서 $\dfrac{\text{(나)에서 } H_3O^+\text{의 양(mol)}}{\text{(다)에서 } OH^-\text{의 양(mol)}} = \dfrac{2 \times 10^{-3}}{4 \times 10^{-5}} = 50$ 이다.

ㄷ. (다)에서 $400mL$의 $pOH = 10$인데 (가)와 (다)를 모두 혼합하면 혼합 용액의 부피가 $500mL$로 증가하므로 $[OH^-] = \dfrac{4}{5} \times 10^{-4}M$로 감소하여 pOH는 4보다 증가한다.

따라서 (가)와 (다)를 모두 혼합한 수용액에서 $pH < 10$이다.

18 22학년도 7월 12번

정답 : ③

각 용액의 (pH, pOH) 의 순서쌍을 구해보자.

(가)는 $(3, 11)$ 혹은 $(11, 3)$이고, (나)는 $(1, 13)$ 혹은 $(13, 1)$ 이다.

몰농도가 각각 aM과 $\dfrac{a}{100}M$ 이므로 이들은 100배 차이나고 이는 로그를 취한 값에서는 2차이가 남을 알 수 있다.

이에 중점을 두고 파악하면 (가)는 $(11, 3)$인 $\dfrac{a}{100}M$ $NaOH$가 되고

(나)는 $(1, 13)$인 aM HCl 이 됨을 알 수 있다.

ㄱ. (가)는 $\dfrac{a}{100}M$ $NaOH$이다.

ㄴ. $\dfrac{\text{(나)의 } [H_3O^+]}{\text{(가)의 } [OH^-]} = \dfrac{10^{-1}}{10^{-3}} = 100$ 이다.

ㄷ. $\dfrac{V \times 10^{-1}}{100V \times 10^{-11}} = 10^8$ 이다.

19 23학년도 9월 16번

정답 : ②

(가)의 $pH = x$ 이므로 $pOH = 14 - x$ 이고, (나)의 $pOH = 2x$ 이므로 $pH = 14 - 2x$ 이다.

(가)와 (나)의 $[H_3O^+]$ 비는 (가) : (나) $= \dfrac{50}{100} : \dfrac{1}{200}$ 이므로 $[H_3O^+]$는 (가)가 (나)의 100배이다.

$pH = -\log[H_3O^+]$ 이므로 pH는 (나)가 (가)보다 2만큼 크다.

ㄱ. $x + 2 = 14 - 2x$ 이므로 $x = 4$ 이다.

ㄴ. $x = 4$ 이므로 (가)의 pH는 4이고, (나)의 pH는 6이다.
   따라서 (가)와 (나)의 액성은 모두 산성이다.

ㄷ. (가)에서 pOH가 10이므로
   $[OH^-] = 1 \times 10^{-10} M$ 이고, 부피는 0.1L이므로 OH^-의 양은 $1 \times 10^{-11} mol$ 이다.
   (나)에서 pH가 6이므로 $[H_3O^+] = 1 \times 10^{-6} M$이고,
   부피는 0.2L이므로 H_3O^+의 양은 $2 \times 10^{-7} mol$이다.

   따라서 $\dfrac{\text{(가)에서 } OH^-\text{의 양(mol)}}{\text{(나)에서 } H_3O^+\text{의 양(mol)}} = \dfrac{1 \times 10^{-11}}{2 \times 10^{-7}} = 5 \times 10^{-5} > 1 \times 10^{-5}$ 이다.

20 22학년도 10월 10번

정답 : ⑤

(가)에서 $pH - pOH$ 의 값이 음수이므로 (가)는 산성인 HCl 용액이고, (나)는 $NaOH$이다.
자료값을 통하여 (가)의 $pH = 3$이고, (나)의 $pH = 12$ 임을 알 수 있다.

ㄱ. (가)는 $HCl(aq)$이다.

ㄴ. (나)에서 $\dfrac{[OH^-]}{[H_3O^+]} = \dfrac{10^{-2}}{10^{-12}} = 10^{10}$ 이다.

ㄷ. $\dfrac{\text{(나)에서 } OH^-\text{의 양(mol)}}{\text{(가)에서 } H_3O^+\text{의 양(mol)}} = \dfrac{10^{-2} \times 0.05}{10^{-3} \times 0.1} = 5$ 이다.

21   23학년도 수능 16번

정답 : ②

$\dfrac{[H_3O^+]}{[OH^-]}$ 는 $HCl > H_2O > NaOH$ 이므로

(가)는 $H_2O(l)$, (나)는 $NaOH(aq)$, (다)는 $HCl(aq)$이다.

ㄱ. (가)는 $H_2O(l)$이다.

ㄴ. (가)가 $H_2O(l)$이므로, $\dfrac{[H_3O^+]}{[OH^-]}=1$ 이고,

이 상대값을 실제값으로 바꾸어 주면 (나)의 $\dfrac{[H_3O^+]}{[OH^-]}=10^{-8}$이고,

(다)의 $\dfrac{[H_3O^+]}{[OH^-]}$ 는 10^6이다. 따라서 (나)는 $pOH=3$이고, (다)는 $pH=4$이다.

H_3O^+의 양이 (가)가 (나)의 200배 이므로, $10^{-7} \times 10 = 200 \times 10^{-11} \times x$이다.

따라서 $x=500$ 이다.

ㄷ. (나)는 $pOH=3$이고, (다)는 $pH=4$ 이다. 따라서 $\dfrac{(나)의\ pOH}{(다)의\ pH} < 1$ 이다.

22   24학년도 6월 17번

정답 : ③

문제의 자료를 통해 (가)와 (나)의 OH^-양은 동일하지만 부피가 100배 차이가 나는 사실을 알 수 있다. 이를 통해 (가)와 (나)의 pOH값은 (가)가 (나)보다 2만큼 작다는 사실을 도출해낼 수 있다. 이에 따라 pH값은 이와 반대로 (가)가 (나)보다 2만큼 크다. 또한 문제에서 (가)와 (나)의 pH값의 비율이 7 : 3 이라고 하였기 때문에 (가)의 pH는 3.5, (나)의 pH는 1.5임을 알 수 있다. 이에 따라 (가)와 (나)의 pH, pOH값을 정리하면 다음과 같다.

수용액	(가)	(나)
pH	3.5	1.5
pOH	10.5	12.5

ㄱ. (가)의 pH는 3.5로 용액의 액성은 산성이다.

ㄴ. (나)의 pOH는 11.5가 아닌 12.50이다.

ㄷ. $\dfrac{(가)에서\ H_3O^+의\ 양(mol)}{(나)에서\ OH^-의\ 양(mol)}$ 의 값을 구하기 위한 식을 구하면 다음과 같다.

$$\dfrac{1 \times 10^{-3.5} \times 1}{1 \times 10^{-12.5} \times 100} = 1 \times 10^7$$

23 24학년도 9월 17번

정답 : ④

문제의 자료에서 (가)의 $\dfrac{[\mathrm{H_3O^+}]}{[\mathrm{OH^-}]}$ 값이 (나)의 100배라는 정보가 나와 있다. 이를 통해 (가)의 pH값은 (나)보다 1만큼 작고, (가)의 pOH값은 (나)보다 1만큼 크다는 사실을 알 수 있다. 이를 토대로 'pOH–pH'값을 해석하면 (가)가 (나)보다 'pOH–pH'값이 2 크다는 사실을 도출할 수 있다. 이에 따라 b값을 구하면 다음과 같다. $2b - b = 2$, $b = 2$. 구한 b값에 따라 (가)와 (나)의 pH, pOH값을 정리하면 아래의 표와 같다.

수용액	pOH	pH
(가)	9	5
(나)	8	6

이에 따라 (나)의 $\dfrac{[\mathrm{H_3O^+}]}{[\mathrm{OH^-}]}$ 인 a를 구하면, $a = \dfrac{1 \times 10^{-6}}{1 \times 10^{-8}} = 100$이라는 사실을 알 수 있다.

ㄱ. $b = 2$, $a = 100$, $\dfrac{b}{a} = \dfrac{100}{2} = 50$이다.

ㄴ. (가)의 pH=5이다.

ㄷ. $\dfrac{\text{(가)에서 } \mathrm{H_3O^+}\text{의 양(mol)}}{\text{(나)에서 } \mathrm{H_3O^+}\text{의 양(mol)}}$ 을 구하기 위한 식을 작성하면 다음과 같다.

$$\frac{1 \times 10^{-5} \times V}{1 \times 10^{-6} \times 10V} = 1$$

24 24학년도 수능 17번

정답 : ⑤

(가)의 $\dfrac{\text{pH}}{\text{pOH}}$ 값이 $\dfrac{3}{25}$ 이고 모든 용액의 pH + pOH 값은 14라는 사실을 이용하여 (가)용액의 pH와 pOH 값을 구하면 각각 1.5와 12.5라는 사실을 알 수 있다.

문제에서 |pH-pOH|은 (가)가 (나)보다 4만큼 크다고 언급하였으므로

(나)용액의 pH, pOH 값은 각각 3.5와 10,5중에 하나라는 사실을 알 수 있다.

추가적으로 문제에서 (가)~(다)의 액성이 모두 다르다고 하였고 (가) 용액이 pH가 1.5인 산성 용액이기에 (나)용액은 pH 값이 10.5인 염기성 용액임을 알 수 있다.

따라서 $x = \dfrac{10.5}{3,5} = 3$이고 (다)용액의 액성은 산성도 염기성도 아닌 중성이므로 y값은 1이 된다.

ㄱ. (나)의 액성은 염기성이다.

ㄴ. $x = 3$, $y = 1$, $x + y = 4$이다.

ㄷ. $\dfrac{b \times c}{a} = \dfrac{0.4 \times 10^{-3.5} \times 0.5 \times 10^{-7}}{0.2 \times 10^{-10.5}} = 100$이다.

25 2023년 4월 16번

정답 : ③

우선 (나) 수용액이 (가) 수용액에 비해서 $[\text{OH}^-]$의 비율이 높기 때문에 (나) 수용액이 NaOH(aq), (가) 수용액이 HCl(aq)임을 알 수 있다. (가) 수용액의 몰농도가 10^{-5}M이기 때문에 (가)의 pH값은 5가 된다.

문제에서 (가)와 (나)의 $\dfrac{[\text{OH}^-]}{[\text{H}_3\text{O}^+]}$ 값 비율이 $1 : 10^8$임을 이용하여 (나)의 몰농도를 구하면 이 또한 (가)와 동일하게 10^{-5}M임을 알 수 있다.

따라서 (나) 수용액의 pOH값은 5이다.

ㄱ. (가) 수용액은 HCl(aq)이다.

ㄴ. ㉠은 10^{-5}이다.

ㄷ. (가)와 (나)는 액성이 반대고 농도가 같은 용액이다.
　　산성 수용액인 (가)의 부피가 더 많기 때문에 이 둘을 혼합하였을 경우
　　혼합한 수용액의 pH는 7보다 작은 산성 용액이 될 것이다.

26 2023년 7월 15번

정답 : ③

(다) 수용액에서 pH와 pOH의 합이 14임을 이용하면, $3a + 2b = 14$이다.

(가) 수용액에서 |pH-pOH|값이 10임을 이용하면 a는 2 또는 12이다.

(나) 수용액에서 |pH-pOH|값이 6임을 이용하면 b는 4 또는 10이다.

위의 조건들을 모두 만족하는 a와 b의 값은 a와 b가 각각 2와 4일 때이다.

ㄱ. $x = |6-8| = 2$이다.

ㄴ. (나)의 액성은 염기성이다.

ㄷ. $\dfrac{\text{(다)에서 } [OH^-]}{\text{(가)에서 } [OH^-]} = 1 \times 10^4$이다.

[유제(1)]

01 20학년도 4월 5번

정답 : (가)

화학 반응에서 브뢴스테드.로리 염기는 양성자(H^+)를 받는 물질이다. 따라서 H_2O이 브뢴스테드.로리 염기로 작용하는 반응은 (가)이다.

02 20학년도 7월 3번

정답 : A, C

(가)에서 HCN는 브뢴스테드.로리 산으로 H_2O에게 H^+을 준다.

(나)에서 HCO_3^-은 H^+을 받으므로 브뢴스테드.로리 염기이다.

H_2O(물)은 산과 염기로 모두 작용하므로 양쪽성 물질이다.

03 22학년도 6월 10번

정답 : ㄱ, ㄴ, ㄷ

ㄱ. (가)에서 H_3O^+이 생성되었으므로 HCl는 H^+을 내어놓는다.

ㄴ. (나)에서 HCO_3^-은 H_2O로부터 H^+을 받았으므로 ㉠은 OH^-이다.

ㄷ. HCO_3^-은 (나)에서 H_2O로부터 H^+을 받았고, (다)에서 HCl로부터 H^+을 받았으므로 (나)와 (다)에서 HCO_3^-은 모두 브뢴스테드.로리 염기이다.

04 21학년도 10월 4번

정답 : ㄱ, ㄴ, ㄷ

ㄱ. $H_2O(l)$은 $HCl(g)$으로부터 H^+을 받아 ㉠은 H_3O^+가 된다.

ㄴ. (나)에서 $NH_3(g)$를 물에 녹이니 OH^-가 생성되므로 수용액은 염기성이다.

ㄷ. (다)에서 H_2O은 NH_4^+으로부터 H^+을 받으므로 브뢴스테드.로리 염기이다.

[유제(2)]

01 20학년도 3월 19번

정답 : ㄴ

문제의 조건들을 중화반응 표로 나타내면 다음과 같다.

H^+		0	
Na^+			
Cl^-	$2N$		
OH^-	0		
총 부피(mL)	110	50	50

따라서 HCl $80\,mL$ 당 $2N$의 Cl^-가 있다. 이를 바탕으로 중화반응 표를 완성하면 다음과 같다.

H^+	$0.5N$	0	$0.5N$
Na^+	$1.5N$	N	$0.5N$
Cl^-	$2N$	$0.75N$	N
OH^-	0	$0.25N$	0
총 부피(mL)	110	50	50

ㄱ. ㉠은 산성이다.

ㄴ. 혼합 전 용액의 몰 농도(M)는 $NaOH(aq)$이 $HCl(aq)$의 2배이다.

ㄷ. 생성된 물 분자 수는 (가)가 (다)의 3배이다.

정답 : ㄴ, ㄷ

X의 몰 수는 I일 때 72mmol, III일 때 40mmol이다.

Na^+의 몰 수는 항상 일정하고, H^+와 A^{n-}의 몰 수는 증가하므로 X는 OH^-이다.

이를 바탕으로 중화반응 표를 작성하면 다음과 같다.

H^+	0	0	0
Na^+	$20a$	$20a$	$20a$
A^{n-}			
OH^-	72	$80-2y$	40
총 부피(mL)	24	$20+y$	40

따라서 OH^-는 16mL당 32mmol씩 줄어든다.

II에서 X의 몰 농도가 2M이므로 $\dfrac{80-2y}{20+y}=2$, $y=10$이다.

ㄱ. X는 OH^-이다.

ㄴ. H_nA를 하나도 넣지 않았을 때 OH^-는 80mmol있으므로 $a=4$이다.

ㄷ. $y=10$이다.

정답 : $\dfrac{1}{20}$

(나)의 용액은 산성이므로 (가)의 용액도 산성이다.

(가)에서 용액의 이온 수비가 $1:2:3$이고, 이온은 Na^+, A^{2-}, H^+가 포함되어 있다.

이 때 전기적 중성을 만족하려면 $Na^+:A^{2-}:H^+=1:2:3$ 혹은 $Na^+:A^{2-}:H^+=3:2:1$이다.

(다)의 용액이 염기성이라면 이온이 Na^+, A^{2-}, OH^-가 들어 있는데 이 중 전기적 중성을 만족하면서 $1:2:3$의 비율을 만족할 수 없다.

따라서 (가)에서 $Na^+:A^{2-}:H^+=1:2:3$, (다)에서 $Na^+:A^{2-}:H^+=3:2:1$이다.

이를 바탕으로 중화반응 표를 완성하면 다음과 같다.

H^+	$0.3x$	$0.25x$	$0.1x$
Na^+	$0.1x$	$0.15x$	$0.3x$
A^{2-}	$0.2x$	$0.2x$	$0.2x$
OH^-	0	0	0
총 부피(mL)	$20+x$	$30+x$	$60+x$

(나)의 pH는 1이므로 $\dfrac{0.25x}{30+x}=0.1$, $x=20$이다.

(다)에서 ㉠은 A^{2-}이므로 A^{2-}의 몰 농도는 $\dfrac{0.2x}{60+x}=\dfrac{1}{20}$이다.

04 20학년도 7월 18번

정답 : ㄱ, ㄷ

(가)에서 음이온은 Cl^-와 SO_4^{2-}가 있다.

(나)에서 Cl^-는 $\frac{1}{2}$배, SO_4^{2-}는 2배가 되었는데, (나)에서 이온 수비가 $1:16$이 되는 경우가 없으므로 (가)에서 $Cl^- : SO_4^{2-} = 4 : 1$이다.

(가)에서 SO_4^{2-}의 몰 수를 $n\,mmol$이라 가정하고 중화반응 표를 작성하면 다음과 같다.

H^+		0	0
Na^+		$9n$	
Cl^-	$4n$	$2n$	$4n$
SO_4^{2-}	n	$2n$	
OH^-	0	$3n$	
총 부피(mL)	30	$25+x$	$30+y$

(가)에서 Na^+의 몰 수는 $6n$보다 작거나 같아야한다.

따라서 (다)에서 Na^+의 몰 수는 $12n$보다 작거나 같아야 한다.

(다)에서 이를 만족하는 이온 비율은 $Cl^- : SO_4^{2-} : OH^- = 2 : 1 : 2$이다.

이를 바탕으로 중화반응 표를 완성하면 다음과 같다.

H^+	0	0	0
Na^+	$6n$	$9n$	$12n$
Cl^-	$4n$	$2n$	$4n$
SO_4^{2-}	n	$2n$	$2n$
OH^-	0	$3n$	$4n$
총 부피(mL)	30	$25+x$	$30+y$

ㄱ. $x = 15$, $y = 20$이므로 $x : y = 3 : 4$이다.

ㄴ. (나)에서 OH^-의 몰 농도는 $\dfrac{3n}{40}$,

(다)에서 OH^-의 몰 농도는 $\dfrac{4n}{50}$이므로 용액의 pH는 (나)가 (다)보다 작다.

ㄷ. (다)를 완전히 중화시키기 위해 필요한 $HCl(aq)$의 부피는 $10\,mL$이다.

정답 : $\dfrac{1}{3}$

(나)에서 혼합 용액에 존재하는 모든 이온의 몰 농도(M)의 합이 첨가한 산 수용액의 부피가 $V\,\mathrm{mL}$일 때와 $3\,V\,\mathrm{mL}$일 때가 같으므로

첨가한 산 수용액의 부피가 $V\,\mathrm{mL}$일 때는 염기성, $3\,V\,\mathrm{mL}$일 때는 산성이다.

$a < \dfrac{3}{5}$ 이므로 (다)에서 첨가한 산 수용액의 부피가 $V\,\mathrm{mL}$일 때도 산성이다.

따라서 HA와 H_2B의 몰 농도가 같고, 동일한 $V\,\mathrm{mL}$만큼 첨가하였을 때 2가 산을 첨가하였을 때의 전체 이온의 몰 수가 더 적으므로 ㉠이 H_2B, ㉡이 HA 이다.

이를 바탕으로 중화반응 표를 작성하면 다음과 같다.

H^+	0	0		
Na^+	5	5	5	5
B^{2-}	0	xV		$3xV$
OH^-	5			0
총 부피(mL)	10	$10+V$	$10+2V$	$10+3V$

H^+	0	0		
Na^+	5	5	5	5
A^-	0	xV		$3xV$
OH^-	5			0
총 부피(mL)	10	$10+V$	$10+2V$	$10+3V$

(다)에서 첨가한 산 수용액의 부피가 $V\,\mathrm{mL}$일 때 $\dfrac{10}{10+V} = \dfrac{3}{5}$, $3V = 20$이다.

(나)에서 첨가한 산 수용액의 부피가 $3\,V\,\mathrm{mL}$일 때 $\dfrac{60x}{30} = \dfrac{1}{2}$, $x = \dfrac{1}{4}$이다.

따라서 (다)에서 첨가한 산 수용액의 부피가 $3\,V\,\mathrm{mL}$일 때 $y = \dfrac{40x}{30}$, $y = \dfrac{1}{3}$이다.

정답 : ㄱ, ㄴ, ㄷ

(가)에 들어 있는 Na^+의 몰 수를 $150\,mmol$이라하고 중화반응 표를 완성하면 다음과 같다.

H^+	0	75	0
Na^+	150	75	$100 + 5x$
Cl^-	150	0	50
Br^-	0	150	100
OH^-	0	0	$5x - 50$
총 부피(mL)	50	25	$20 + x$

$NaOH$ $10\,mL$당 Na^+ $75\,mmol$이 들어 있으므로 (다)에서 $7.5x = 100 + 5x$이다. 따라서 $x = 40$이다.

ㄱ. 몰 농도 비는 $HBr(aq):NaOH(aq) = 4:3$이다.

ㄴ. $x = 40$이다.

ㄷ. 생성된 물의 양(mol)은 (가)와 (다)에서 같다.

정답 : 3

먼저, 주어진 조건을 이용하여 중화반응 표를 완성하면 다음과 같다.

	I	II	III
H^+			
Na^+	$20x$	$20x$	$20x$
B^-	0		
A^{2-}		0	0
OH^-			
총 부피(mL)	$20+V$	$20+V$	50

Z는 I에서 존재하고, II에서는 존재하지 않으며, III에서는 존재한다.

이를 만족 시키는 이온은 H^+ 혹은 OH^-이다.

H^+와 OH^-는 서로 동시에 존재할 수 없으므로 W~Z 중 H^+와 OH^-가 모두 존재한다면 용액 I와 III에서 이온의 몰 수가 0이어야 한다.

하지만 그런 경우는 없으므로 H^+와 OH^- 중 하나만 존재한다.

따라서 W는 Na^+, X는 B^-, Y는 A^{2-}이다.

용액 I에서 (W)Na^+와 (Y)A^{2-}의 몰 수가 같으므로 산성용액이므로 Z는 H^+이다.

이를 바탕으로 중화반응 표를 작성하면 다음과 같다.

	I	II	III
(Z)H^+	$20x$	0	
(W)Na^+	$20x$	$20x$	$20x$
(X)B^-	0	$20x$	
(Y)A^{2-}	$20x$	0	0
OH^-	0	0	0
총 부피(mL)	$20+V$	$20+V$	50

용액 I에서 (W)Na^+의 몰 농도는 용액 III에서 (W)Na^+의 몰 농도의 2배이므로 $V=5$이다.

따라서 용액 III에서 (X)B^-의 몰 수는 $120x\,mmol$, (Z)H^+의 몰 수는 $100x\,mmol$이다.

$\dfrac{100x}{50}=0.2$이므로 $x=0.1$이다.

용액 III에서 $a=0.4x$, $b=2.4x$, $y=4x$이므로 $\dfrac{b}{a}\times(x+y)=3$이다.

08 21학년도 3월 19번

정답 : 20

용액 I에 KOH를 첨가할 때 구경꾼 이온인 Na^+와 Cl^-는 변하지 않으므로
용액 I에서 Na^+의 몰 수는 $5a\,mmol$이 되어서는 안된다.
따라서 주어진 조건을 이용하여 중화반응 표를 완성하면 다음과 같다.

H^+	$5a$	0
Na^+	$10a$	$10a$
K^+	$5a$	$20a$
Cl^-	$20a$	$20a$
OH^-	0	$10a$
총 부피(mL)	60	$60+V$

$V=30$, $b=\dfrac{1}{3}a$, $c=\dfrac{1}{2}a$이므로 $V\times\dfrac{b}{c}=20$이다.

09 21학년도 4월 19번

정답 : $\dfrac{1}{5}$

1가 염기에 2가 산을 넣는 주입형 문제다.
모든 이온의 수가 (가)에서 (나)로 갈 때 증가하였으므로 (나) (다)는 산성 용액이다.
이를 바탕으로 중화반응 표를 작성하면 다음과 같다.

H^+			
B^+	20	20	20
A^{2-}		$3xV$	$5xV$
OH^-		0	0
총 부피(mL)	$10+V$	$10+3V$	$10+5V$

(나)에서 $\dfrac{9xV}{10+3V}=\dfrac{9}{5}$, $5xV=10+3V$이고 $\dfrac{15xV}{10+5V}=\dfrac{15}{7}$, $7xV=10+5V$이므로
둘을 연립하면 $V=5$, $x=1$이다.
따라서 $\dfrac{x}{V}=\dfrac{1}{5}$이다.

정답 : $\dfrac{1}{10}$

혼합 용액 I와 II에서 모두 액성이 산성이고 $\dfrac{\text{음이온 수}}{\text{양이온 수}}$ 가 변하지 않았으므로

A는 $Z(OH)_2$, B는 YOH이다. 이를 바탕으로 중화반응 표를 작성하면 다음과 같다.

H^+	$0.6\,V$	$0.4\,V$	$0.4\,V-6$	0
Z^{2+}	0	$0.1\,V$	$0.1\,V$	$0.1\,V$
Y^+	0	0	6	$0.4\,V$
X^{2-}	$0.3\,V$	$0.3\,V$	$0.3\,V$	$0.3\,V$
OH^-	0	0	0	0
총 부피(mL)	V	$V+5$	$V+20$	$V+20+x$

혼합 용액에 존재하는 모든 이온의 몰 농도의 합은 용액 I와 II에서 $8:5$이므로

$\dfrac{0.8\,V}{V+5} : \dfrac{0.8\,V}{V+20} = 8:5,\ \ V=20$이다.

용액 III에서 $0.4 \times (15+x) = 0.4\,V$이므로 $x=5$이다.

따라서 $a=0.4$이므로 $\dfrac{x}{V} \times a = \dfrac{1}{10}$이다.

11 21학년도 7월 20번

정답 : ㄴ, ㄷ

용액 I에서 음이온 수의 비는 $1:1:2$이고 용액 II에서 음이온 수 비가 $1:1$이므로 용액 II는 염기성이고 용액 I에서의 OH^-의 몰 수를 $n\,\mathrm{mmol}$이라하고 중화반응 표를 작성하면 다음과 같다.

H^+	0	0	0	
Na^+				
A^-				
B^{2-}				
OH^-			n	0
총 부피(mL)	$V+5$	$V+10$	$V+20$	$V+30$

이 때 용액 I에서 A^-의 이온의 몰 수를 $n\,\mathrm{mmol}$, B^{2-}의 이온의 몰 수를 $2n\,\mathrm{mmol}$이라 하면 용액 I와 용액 II에서의 이온의 몰 수는 같다.

따라서 $\dfrac{1}{V+20}:\dfrac{1}{V+30}=9:8$, $V=60$이므로 조건에 모순이다.

따라서 용액 I에서 A^-의 이온의 몰 수는 $2n\,\mathrm{mmol}$, B^{2-}의 이온의 몰 수를 $n\,\mathrm{mmol}$이다.

이를 바탕으로 중화반응 표를 작성하면 다음과 같다.

H^+	0	0	0	n
Na^+	$5n$	$5n$	$5n$	$5n$
A^-	n	$2n$	$2n$	$2n$
B^{2-}	0	0	n	$2n$
OH^-	$4n$	$3n$	n	0
총 부피(mL)	$V+5$	$V+10$	$V+20$	$V+30$

혼합 용액에 존재하는 모든 이온의 몰 농도(M) 자료를 보면 $\dfrac{9n}{V+20}:\dfrac{10n}{V+30}=9:8$, $V=20$이다.

ㄱ. $V=20$이다.

ㄴ. $x=\dfrac{2n}{10}$, $y=\dfrac{n}{10}$이므로 $x:y=2:1$이다.

ㄷ. $\dfrac{10n}{25}:\dfrac{9n}{40}=m:9$, $m=16$

정답 : $\dfrac{9}{2}$

용액 II에 존재하는 모든 이온의 몰비는 $3:4:5$이므로 이는 중성이다.

이 때 남아 있는 이온의 종류는 X^{2+}, Y^-, Z^{2-}인데 전기적으로 중성이려면 각각의 몰비는 $5:4:3$

이다. 용액 II를 만들 때 A는 $V\text{mL}$, B는 $4V\text{mL}$ 들어갔으므로 A는 H_2Z, B는 HY이다.

이를 바탕으로 중화반응 표를 완성하면 다음과 같다.

H^+	0	0	$30a$
X^{2+}	$10a$	$10a$	$10a$
Y^-	0	$8a$	$2a$
Z^{2-}	$6a$	$6a$	$24a$
OH^-	$8a$	0	0
총 부피(mL)	$10+V$	$10+5V$	$10+5V$

$\dfrac{\text{I에 존재하는 모든 양이온의 몰 농도의 합}}{\text{III에 존재하는 모든 양이온의 몰 농도의 합}} = \dfrac{15}{28}$ 이므로 $\dfrac{\dfrac{10a}{10+V}}{\dfrac{40a}{10+5V}} = \dfrac{15}{28}$, $V=4$ 이다.

HY는 $0.25\times 4V = 8a$ 이므로 $a=0.5$ 이다.

따라서 $a+V = \dfrac{9}{2}$

13 21학년도 10월 19번

정답 : $\dfrac{3}{5}$

$X(OH)_2$, 용액 I, II 모두 $\dfrac{\text{음이온의 양(mol)}}{\text{양이온의 양(mol)}}$ 가 다르므로 용액I는 산성, 용액 II는 염기성이다.
이를 바탕으로 중화반응 표를 완성하면 다음과 같다.

H^+	$10b$	0
X^{2+}	$20b$	$20b$
Na^+	0	$20b$
Cl^-	$50b$	$50b$
OH^-	0	$10b$
총 부피(mL)	$V+50$	$V+70$

모든 이온의 몰 농도의 합이 용액 I와 II가 같으므로 $\dfrac{80b}{V+50} = \dfrac{100b}{V+70}$, $V = 30$이다.

따라서 $a = \dfrac{20b}{30}$, $c = \dfrac{20b}{20}$ 이므로 $\dfrac{c}{a+b} = \dfrac{3}{5}$ 이다.

정답 : 2

주어진 조건을 통해 중화반응 표를 작성하면 다음과 같다.

H^+			
Z^{2+}	0	$0.6a$	$1.5a$
Y^+	4	$0.8a$	$0.2a$
X^{2-}	xV	$2xV$	$2xV$
OH^-	0		
총 부피(mL)	$V+20$	100	100

II의 액성은 산성, 염기성, 중성 중 하나이다.

II에서 $\dfrac{\text{모든 음이온의 양(mol)}}{\text{모든 양이온의 양(mol)}}$ 이 $\dfrac{3}{2}$ 임을 이용하여 액성을 판단하자.

II의 액성이 염기성이라면 들어 있는 이온은 Z^{2+}, Y^+, X^{2-}, OH^- 인데,

Z^{2+}와 Y^+의 비가 $3:4$이면서 $\dfrac{\text{모든 음이온의 양(mol)}}{\text{모든 양이온의 양(mol)}}$ 이 $\dfrac{3}{2}$ 이 될 수 없으므로 모순이다.

II의 액성이 중성이라면 들어 있는 이온은 Z^{2+}, Y^+, X^{2-}, 인데, Z^{2+}와 Y^+의 비가 $3:4$이면서 $\dfrac{\text{모든 음이온의 양(mol)}}{\text{모든 양이온의 양(mol)}}$ 이 $\dfrac{3}{2}$ 이 될 수 없으므로 모순이다. 따라서 II의 액성은 산성이다.

II의 액성이 산성이므로 이를 바탕으로 중화반응 표를 완성하면 다음과 같다.

H^+		$\dfrac{2}{3}xV$	0
Z^{2+}	0	xV	$\dfrac{5}{2}xV$
Y^+	4	$\dfrac{4}{3}xV$	$\dfrac{1}{3}xV$
X^{2-}	xV	$2xV$	$2xV$
OH^-	0	0	$\dfrac{4}{3}xV$
총 부피(mL)	$V+20$	100	100

I와 II의 모든 음이온의 몰 농도 합(상댓값)을 토대로 식을 세우면

$$\dfrac{xV}{V+20} : \dfrac{2xV}{100} = 5:4, \quad V = 20 \text{이다.}$$

$2V+6a = 100$이므로 $a = 10$, $x = 0.3$이다.

용액 III에서 b의 값을 구하면 $2xV : \dfrac{10}{3}xV = 4:b$, $b = \dfrac{20}{3}$ 이다. 따라서 $x \times b = 2$이다.

정답 : ②

주어진 조건을 통해 중화반응 표를 작성하면 다음과 같다.

H^+	$4-10a$	0	
Z^{2+}	$5a$	$5a$	$6a$
Y^+	0	0.4	0.6
X^-	4	0.8	3.2
OH^-	0	$10a-0.4$	
총 부피(mL)	10	10	16

II의 액성이 산성이라면 모든 음이온의 몰 농도(M) 합이 $I : II = 5 : 3$을 만족할 수 없으므로 II의 액성은 염기성이다.

또한 I의 액성이 염기성이라면 모든 음이온의 양(mol)의 합이 $10a\,mmol$이므로 모순이다. 따라서 I의 액성은 산성이다.

그러므로 $4 : 10a + 0.4 = 5 : 3$, $a = 0.2$이다.

따라서 중화반응 표를 완성하면 다음과 같다.

H^+	2	0	0.2
Z^{2+}	1	1	1.2
Y^+	0	0.4	0.6
X^-	4	0.8	3.2
OH^-	0	1.6	0
총 부피(mL)	10	10	16

I과 III의 모든 음이온의 몰 농도(M) 합과 관련된 식은

$\dfrac{4}{10} : \dfrac{3.2}{16} = 5 : x$, $x = 2.5$이므로 $a \times x = \dfrac{1}{2}$이다.

16 22학년도 4월 19번

정답 : ②

주어진 조건을 통해 중화반응 표를 작성하면 다음과 같다.

H^+	0	
Y^{2+}	$10a$	$15a$
Z^+	0	$15b$
X^{2-}	15	15
OH^-	$20a-30$	
총 부피(mL)	40	60

(가)에서 $\dfrac{\text{모든 음이온의 몰 농도(M) 합}}{\text{모든 양이온의 몰 농도(M) 합}} > 1$이므로 (가)의 액성은 염기성이다.

(가)에서 H^+ 또는 OH^-의 몰 농도(M)가 $\dfrac{1}{4}$이므로 $20a-30=10$, $a=2$이다.

따라서 이를 바탕으로 중화반응 표를 완성하면 다음과 같다.

H^+	0	0
Y^{2+}	20	30
Z^+	0	$15b$
X^{2-}	15	15
OH^-	10	$15b+30$
총 부피(mL)	40	60

모든 양이온의 양(mol)은 (가):(나)$=4:9$이므로 $20:30+15b=4:9$, $b=1$이다.

따라서 $x=\dfrac{45}{60}$, $\dfrac{3}{4}$이다.

정답 : ⑤

혼합 용액 (가)가 염기성이라면 (나)도 염기성이므로
주어진 조건을 통해 중화반응 표를 작성하면 다음과 같다.

H^+	0	0		
Na^+	$30y$	$40y$	yV	$30y$
A^{2-}	$10x$	$10x$	$20x$	$2xV$
OH^-	$30y-20x$	$40y-20x$		
총 부피(mL)	40	50	$20+V$	$2V+30$

(가)와 (나)의 모든 음이온의 몰 농도(M) 합이 (가):(나)$=3:4$이므로
$$\frac{30y-10x}{40} : \frac{40y-10x}{50} = 3:4, \ 3y=2x \text{이다.}$$
이를 바탕으로 중화반응 표를 완성하면 다음과 같다.

H^+	0	0		
Na^+	$30y$	$40y$	yV	$30y$
A^{2-}	$15y$	$15y$	$30y$	$3yV$
OH^-	0	$10y$		
총 부피(mL)	40	50	$20+V$	$2V+30$

(다)의 액성이 염기성이라면 모든 음이온의 몰 농도(M) 합이 (나):(다)$=4:8$이므로
$$\frac{25y}{50} : \frac{yV-30y}{20+V} = 4:8 \text{이므로 모순이다.}$$
따라서 (다)의 액성은 산성이다. 이 때 모든 음이온의 몰 농도(M) 합이 (나):(다)$=4:8$이므로
$$\frac{25y}{50} : \frac{30y}{20+V} = 4:8 \text{이므로 } V=10 \text{이다.}$$
이를 바탕으로 중화반응 표를 채우면 다음과 같다.

H^+	0	0	$50y$	$30y$
Na^+	$30y$	$40y$	$10y$	$30y$
A^{2-}	$15y$	$15y$	$30y$	$30y$
OH^-	0	$10y$	0	0
총 부피(mL)	40	50	30	50

따라서 5번이다.

정답 : ①

I과 II에서 모든 음이온의 몰 농도의 합이 같으므로 음이온의 양은 증가하였다. 따라서 II, III의 액성은 산성이다.

주어진 조건을 통해 중화반응 표를 작성하면 다음과 같다.

H^+		$10b + cV - 20a$	$10c + cV + 10b - 20a$
A^+	$20a$	$20a$	$20a$
C^-	0	cV	$10c + cV$
B^{2-}	$5b$	$5b$	$5b$
OH^-		0	0
총 부피(mL)	25	$25 + V$	$35 + V$

II에서 $\dfrac{\text{음이온의 양(mol)}}{\text{양이온의 양(mol)}} = \dfrac{2}{3}$ 이므로 $10b + cV : 5b + cV = 3 : 2$, $cV = 5b$이다.

III에서 $\dfrac{\text{음이온의 양(mol)}}{\text{양이온의 양(mol)}} = \dfrac{4}{5}$ 이므로

$10b + cV + 10c : 5b + 10c + cV = 5 : 4$, $10c + cV = 15b$이다.

따라서 이를 연립하면 $b = c$이고, $V = 5$이다.

만약 I가 산성이라면 모든 음이온의 몰 농도(M)의 합은 I과 II가 같아야하는데 모순이다.

$$\left(\frac{1}{5}b \neq \frac{1}{3}b \right)$$

따라서 I는 염기성이고, $\dfrac{20a - 5b}{25} = \dfrac{10b}{30}$, $b = 1.5a$이다.

$\dfrac{c}{a+b} \times V = 3$이다.

정답 : ②

주어진 조건을 통해 중화반응 표를 작성하면 다음과 같다.

H^+	$10a-10b$		
K^+	0		
Na^+	$10b$	$5b$	$10b$
Cl^-	$10a$	$10a$	$15a$
Br^-	0		
OH^-	0		
총 부피(mL)	20	25	30

혼합 용액 (가)에서 존재하는 모든 이온의 몰 농도(M) 비가 $1:1:2$이므로 $a=2b$이다.
혼합 용액 (다)에서 존재하는 모든 이온의 몰 농도(M) 비가 $1:1:1:3$이므로 A는 KOH이다.
이를 바탕으로 중화반응 표를 완성하면 다음과 같다.

H^+	$10b$	0	$10b$
K^+	0	$20b$	$10b$
Na^+	$10b$	$5b$	$10b$
Cl^-	$20b$	$20b$	$30b$
OH^-	0	$5b$	0
총 부피(mL)	20	25	30

$c=2b$이다.

(나) $5\,mL$와 (다) $5\,mL$를 혼합한 용액은 다음과 같다.

H^+	$\dfrac{2}{3}b$
K^+	$4b+\dfrac{5}{3}b$
Na^+	$b+\dfrac{5}{3}b$
Cl^-	$4b+5b$
OH^-	0
총 부피(mL)	10

따라서 $\dfrac{H^+의\ 몰\ 농도(M)}{Na^+의\ 몰\ 농도(M)}=\dfrac{1}{4}$이다.

정답 : ④

혼합 용액 I가 산성이면 $\dfrac{\text{음이온의 양(mol)}}{\text{양이온의 양(mol)}} = \dfrac{5}{4}$ 가 될 수 없으므로 염기성이다.

이 때 음이온이 1가 이온들로만 구성되어 있다면 $\dfrac{\text{음이온의 양(mol)}}{\text{양이온의 양(mol)}} = 2$ 가 되어야하므로

모순이다.

따라서 ㉠은 $H_2Z(aq)$, ㉡은 $HY(aq)$이다. 이를 바탕으로 중화 반응 표를 완성하면 다음과 같다.

H^+	0		$20c + 20b - 2aV$
X^{2+}	aV	aV	aV
Y^-	0	$20b$	$20b$
Z^{2-}	$10c$	0	$10c$
OH^-	$2aV - 20c$		0
총 부피(mL)	$10 + V$	$20 + V$	$30 + V$

$\dfrac{2aV - 10c}{aV} = \dfrac{5}{4}$ 이므로 $3aV = 40c$이다.

$\dfrac{20b + 10c}{aV + 20c + 20b} = \dfrac{7}{6}$ 이므로 $2c = 3b$이다.

이를 바탕으로 중화반응 표를 완성하면 다음과 같다.

H^+	0	0	$10b$
X^{2+}	$20b$	$20b$	$20b$
Y^-	0	$20b$	$20b$
Z^{2-}	$15b$	0	$15b$
OH^-	$10b$	$20b$	0
총 부피(mL)	$10 + V$	$20 + V$	$30 + V$

Y^-과 Z^{2-}의 몰 농도(M)의 합은 $\text{II} : \text{III} = \dfrac{20b}{20 + V} : \dfrac{35b}{30 + V} = 5 : 7$, $V = 20$이다.

따라서 $V \times \dfrac{b + c}{a} = 50$이다.

21 23학년도 수능 19번

정답 : ②

주어진 조건을 바탕으로 중화 반응 표를 완성하면 다음과 같다.

H^+	0		
Na^+	$5aV$	$5axV$	$7.5aV$
A^-	$3aV$	aV	axV
B^{2-}	bV	bxV	bxV
OH^-	0		
총 부피(mL)	$6V$	$V+3xV$	$3V+2xV$

$5aV = 3aV + 2bV$, $a = b$이다.

이 때 (나)가 산성이라면 모든 양이온 몰 농도(M) 합은 (가):(나)$= 5 : 9$이므로

$\dfrac{5aV}{6V} : \dfrac{aV - 3axV}{V + 3xV} = 5 : 9$, $x < 0$이므로 모순이다. 따라서 (나)는 중성 또는 염기성이다.

모든 양이온 몰 농도(M) 합은 (가):(나)$= 5 : 9$이므로

$\dfrac{5aV}{6V} : \dfrac{5axV}{V + 3xV} = 5 : 9$, $x = 3$이다.

이를 바탕으로 중화반응 표를 완성하면 다음과 같다.

H^+	0	0	$1.5aV$
Na^+	$5aV$	$15aV$	$7.5aV$
A^-	$3aV$	aV	$3aV$
B^{2-}	aV	$3aV$	$3aV$
OH^-	0	$8aV$	0
총 부피(mL)	$6V$	$10V$	$9V$

모든 양이온 몰 농도(M) 합은 (나):(다)$= 9 : y$이므로 $\dfrac{15aV}{10V} : \dfrac{9aV}{9V} = 9 : y$, $y = 6$이다.

따라서 $\dfrac{y}{x} = 2$이다.

22 24학년도 6월 19번

정답 : ①

(가)~(다)에서 $NaOH(aq)$과 $H_2A(aq)$의 부피는 같지만, $HCl(aq)$의 부피는 점점 증가한다.
따라서 (가)~(다)의 액성은 염기성, 중성, 산성이다.
주어진 자료를 바탕으로 중화반응 표를 작성하면 다음과 같다.

H^+	0	0	
Na^+	ax	ax	ax
Cl^-	0	$20z$	$40z$
A^{2-}	$20y$	$20y$	$20y$
OH^-	$ax - 40y$	0	0
총 부피(mL)	$20 + a$	$40 + a$	$60 + a$

(나)에 존재하는 모든 양이온의 양은 $0.03\,mol$이므로 $ax = 30$이다.
(가)에 존재하는 모든 음이온의 양은 $0.02\,mol$이므로 $ax - 20y = 20$이므로
위 식과 연립하면 $y = 0.5$이다.
(나)에서 용액은 전기적으로 중성이므로 $ax = 20z + 40y$, $z = 0.5$이다.

(나)에서 모든 음이온의 몰 농도(M) 합이 $\dfrac{2}{7}$이므로 $\dfrac{10 + 10}{40 + a} = \dfrac{2}{7}$, $a = 30$이다.

(다)에서 모든 음이온의 몰 농도(M) 합은 $\dfrac{20 + 10}{a + 60} = \dfrac{1}{3}$이므로 $b = \dfrac{1}{3}$이다.

따라서 $a \times b = 10$이다.

정답 : ①

(가)에서 양이온 수의 비는 $2 : 1$이고, (나)에서 양이온 수의 비는 $3 : 2 : 1$이다. $\mathrm{NaOH}(aq)$의 부피는 (나)가 (가)의 2배, $\mathrm{KOH}(aq)$의 부피는 (나)가 (가)의 3배이므로 (가)의 양이온 수의 비 중 2가 K^+, 1가 Na^+이고, (다)의 양이온 수의 비 중 3이 K^+, 1이 Na^+이다.

주어진 자료를 바탕으로 중화반응 표를 작성하면 다음과 같다.

H^+	0	$40b$	$40b$
Na^+	$10b$	$20b$	$40b$
K^+	$10c$	$30c$	$40b$
Cl^-	$10a$	$120b$	$120b$
OH^-	0	0	0
총 부피(mL)	30	$50 + x$	

따라서 (가)에서 $c = 2b$이고, 전기적으로 중성이므로 $30b = 10a$이다.

Cl^-의 양은 (나)가 (가)의 4배이므로 $x = 40$이다. K^+의 양은 (다)가 (가)의 2배이므로 $y = 20$이다.

따라서 $\dfrac{x}{y} = 2$이다.

정답 : ②

$\mathrm{H_2A}(aq)$과 $\mathrm{NaOH}(aq)$의 혼합 전 수용액의 부피 비는 I, II, III에서 각각 $V : 10$, $V : 20$, $V : \dfrac{40}{3}$이다. 따라서 액성은 I, II, III가 각각 산성, 염기성, 중성이다. 이를 바탕으로 중화반응 표를 완성하면 다음과 같다.

H^+	$2xV - 10y$	0	0
Na^+	$10y$	$20y$	$40y$
A^{2-}	xV	xV	$3xV$
OH^-	0	$20y - 2xV$	0
총 부피(mL)	$V + 10$	$V + 20$	$3V + 40$

따라서 III에서 $40y = 6xV$이다. I과 II에서 모든 양이온의 몰 농도(M)합이 2이므로

$$\frac{2xV}{V + 10} = \frac{20y}{V + 20} = 2, \quad V = 10, \quad y = 3, \quad x = 2$$이다.

III에서 모든 양이온의 몰 농도(M) 합은 $\dfrac{40y}{3V + 40} = \dfrac{12}{7}$이다. 따라서 ㉠ $\times \dfrac{x}{y} = \dfrac{8}{7}$이다.

정답 : ③

주어진 자료를 바탕으로 중화반응 표를 작성하면 다음과 같다.

H^+		0
Y^{2+}		
X^+		
A^-	5	5
OH^-		0
총 부피(mL)	100	$70+V$

ⅰ) ㉠과 ㉡이 각각 $a\mathrm{M}\ \mathrm{XOH}(aq),\ 3a\mathrm{M}\ \mathrm{Y(OH)_2}(aq)$인 경우
중화반응 표를 완성하면 다음과 같다.

H^+		0
Y^{2+}	$90a$	$60a$
X^+	$20a$	$3aV$
A^-	5	5
OH^-		0
총 부피(mL)	100	$70+V$

$\dfrac{[X^+]+[Y^{2+}]}{[A^-]}$ 는 (가):(나) $= 18:7$이므로 $110a:60a+3aV=18:7,\ V<0$이므로 모순이다.

ⅱ) ㉠과 ㉡이 각각 $3a\mathrm{M}\ \mathrm{Y(OH)_2}(aq),\ a\mathrm{M}\ \mathrm{XOH}(aq)$인 경우
$\dfrac{[X^+]+[Y^{2+}]}{[A^-]}$ 는 (가):(나) $= 18:7$이므로 $60a+30a:20a+3aV=18:7,\ V=5$이다.
중화반응 표를 완성하면 다음과 같다.

H^+		0
Y^{2+}	$60a$	$15a$
X^+	$30a$	$20a$
A^-	5	5
OH^-		0
총 부피(mL)	100	$70+V$

(나)에서 용액은 전기적으로 중성이므로 $30a+20a=5,\ a=\dfrac{1}{10}$이므로 $\dfrac{V}{a}=50$이다.

정답 : ②

(가)에서 모든 이온 수의 비는 $1:2:2$이므로 중성이고, 가능한 이온 수 비는
$Z^{2-}:Y^-:X^{2+}=1:2:2$이다.

(나)에서 가능한 이온 수 비는 $OH^-:Z^{2-}:Y^-:X^{2+}=1:2:1:3$이다.
모든 양이온의 양은 (나)가 (가)의 2배이므로 (나)의 액성은 염기성이다.
주어진 자료를 바탕으로 중화반응 표를 작성하면 다음과 같다.

H^+	0	0
X^{2+}	aV	$2aV$
Y^-	$30a$	$\dfrac{2aV}{3}$
Z^{2-}	$15b$	$\dfrac{4aV}{3}$
OH^-	0	$\dfrac{2aV}{3}$
총 부피(mL)	$30+V$	

따라서 (가)에서 $30a=2\times15b$, $a=b$이다. (가)는 전기적으로 중성이므로 $V=30$이다.
따라서 (나)에서 Y^-의 양을 통해 $\bigcirc=10$임을 알 수 있다.
$\dfrac{b}{a}\times\bigcirc=10$이다.

27 2023년 7월 20번

정답 : ④

(가)에서 음이온 수의 비는 $3:2:2$이고, (다)에서 음이온 수의 비는 $5:3:2$이다. $\mathrm{HA}(aq)$의 부피는 (가)가 (다)의 $\dfrac{4}{3}$배, $\mathrm{H_2B}(aq)$의 부피는 (가)가 (다)의 2배이므로 (가)의 음이온 수의 비 중 A^-가 2, B^{2-}가 2이고, (다)의 음이온 수의 비 중 A^-이 3, B^{2-}가 2이다. $\mathrm{HA}(aq)$의 몰 농도(M)를 $0.1\,\mathrm{M}$라고 가정하고, 주어진 자료를 바탕으로 중화반응 표를 작성하면 다음과 같다.

H^+	0	$0.3x-3$	0
Na^+	9	3	6
A^-	2	$0.1x$	1.5
B^{2-}	2	$0.1x,\ 0.2y$	1
OH^-	3	0	2.5
총 부피(mL)	60	$10+x+y$	40

(나)의 B^{2-}에서 $0.1x=0.2y$이므로 $x=2y$이다.

(가)와 (나)의 모든 양이온의 몰 농도(M) 합 값은 같으므로 $\dfrac{9}{60}=\dfrac{0.3x}{10+x+y}$, $x=20$, $y=10$이다.

따라서 $x+y=30$이다.

28 2023년 10월 19번

정답 : ③

주어진 자료를 바탕으로 중화반응 표를 작성하면 다음과 같다.

H^+	$20a$	$20a$	
Na^+	$20b$	$20b$	$80b$
Cl^-	$20b$	$10b$	$20b$
X^{2-}	$10a$	$20a$	$20a$
OH^-	0	0	
총 부피(mL)	40	40	80

모든 양이온의 몰 농도(M) 합은 (가)와 (나)가 같다.

(가)와 (나)의 부피는 같고, Na^+의 양이 같으므로

(가)와 (나)의 액성은 같다. (가)가 염기성일 경우 전기적으로 중성이 될 수 없으므로 산성이다.

(나)의 용액은 전기적으로 중성이므로 $20a+20b=10b+40a$, $b=2a$이다.

따라서 모든 양이온의 몰 농도(M) 합은 (가):(다)$=3:\bigcirc=\dfrac{60a}{40}:\dfrac{80b}{80}$이다. 따라서 $\bigcirc=4$이나.

$\dfrac{a}{b}\times\bigcirc=2$이다.

[유제(3)]

01 20학년도 3월 16번

정답 : ㄴ, ㄷ

ㄱ. ㉠은 뷰렛이다.

ㄴ. 중화점까지 가해 준 $0.1M$ $NaOH(aq)$의 부피는 $23 - 3 = 20mL$ 이므로
$CH_3COOH(aq)$의 몰 농도는 $\dfrac{0.1M \times 20mL}{10mL} = 0.2M$ 이다.

ㄷ. 생성된 물의 양(mol)은 $0.1M \times 0.02L = 0.002mol$ 이다.

02 21학년도 9월 9번

정답 : ③

적정에 사용된 $0.2M$ $NaOH(aq)$의 부피가 $10mL$ 이므로

아세트산 수용액에 들어 있는 CH_3COOH의 양은 $0.2 \times 0.01 = 0.002$ mol이다.

(가)의 $CH_3COOH(aq)$ $10mL$에는 $1.0 \times 0.01 = 0.01$ mol의 CH_3COOH이 들어 있으므로

이 수용액에서 $0.002\,mol$의 CH_3COOH을 얻으려면

$100mL \times \dfrac{1}{5} = 20mL$의 $CH_3COOH(aq)$이 필요하다.

따라서 ㉠은 20이다. 중화 적정에서 농도를 아는 표준 용액이 담겨 있는 기구 ㉡은 뷰렛이다.

03 20학년도 10월 4번

정답 : ①

식초 속 아세트산의 함량을 구하는 실험에서는 시료를 완전히 중화시키는 데 필요한 표준 용액의 부피를 구하기 위해 뷰렛을 사용한다.

04 21학년도 수능 11번

정답 : $\dfrac{y}{6x}$

(나)에서 만든 수용액 $50mL$ 중 $30mL$를 (다)에서 $0.1M$ $NaOH(aq)$으로 적정하였으므로
(다)에서 만든 수용액 $30mL$에 들어 있는 CH_3COOH의 양(mol)은 $a\,M$ $CH_3COOH(aq)$ $x\,mL$에

들어 있는 CH_3COOH의 양(mol)의 $\dfrac{3}{5}$이다.

(나)에서 만든 수용액 $30mL$에 $0.1M$ $NaOH(aq)$ $y\,mL$를 넣었을 때 모두 중화되었으므로

$\dfrac{3}{5} \times a \times x = 0.1 \times y$ 이므로 $a = \dfrac{y}{6x}$ 이다.

05 21학년도 4월 9번

정답 : ㄱ, ㄴ

ㄱ. ㉠은 B(뷰렛)이다.

ㄴ. 중화점까지 넣어준 $NaOH$의 양은 $0.5M \times 0.04L = 0.02mol$ 이다.

ㄷ. 중화점에서 CH_3COOH의 양(mol) = $NaOH$의 양(mol)이므로

$x\,M \times 0.02L = 0.02mol$ 이므로 $x = 1$이다.

06 22학년도 9월 8번

정답 : $\dfrac{13}{10}$

(가)에서 만든 $CH_3COOH(aq)$의 몰농도는 $\dfrac{x}{4}M$ 이다. $0.2M$ $NaOH(aq)$을 사용했을 때 중화점까

지 넣어 준 부피가 $40mL$이므로 $\dfrac{x}{4} \times 40 = 0.2 \times 40$ 이고, $x = 0.8$이다.

또한 $y\,M$ $NaOH(aq)$을 사용했을 때 중화점까지 넣어준 부피가 $16mL$이므로

$0.2 \times 40 = y \times 16$이고 $y = 0.5$이다. 따라서 $x + y = \dfrac{13}{10}$

07 22학년도 수능 13번

정답 : 0.2

(가)에서 CH_3COOH의 양은 $0.01a + 0.0075$ mol인데 (나)에서 $50mL$ 중에서 $20mL$를 취하였으므

로 전체 반응한 CH_3COOH의 양은 $\dfrac{2}{5}(0.01a + 0.0075)$ mol이다.

따라서 실험 결과 사용된 $NaOH$ 의 양은 $0.1 \times 0.038 = 0.0038$ mol 이므로 $a = 0.2$ 이다.

08 22학년도 3월 16번

정답 : ③

ㄱ. (다)에서 삼각 플라스크에 $NaOH$를 첨가하고 있으므로 용액의 pH는 증가한다.

ㄴ. 중화점까지 가해진 $0.1M$ $NaOH(aq)$의 부피가 $20mL$이므로

$0.1 \times 20 = a \times 10$ 을 통해 $a = 0.2$ 이다.

ㄷ. (다)에서 생성된 H_2O의 양은 $0.1\,M \times 0.02L = 0.002mol$ 이다.

09 22학년도 4월 10번

정답 : ④

중화점에서 CH_3COOH의 양(mol) = $NaOH$의 양(mol)이므로

(㉠)$M \times 0.01L = 0.5M \times 0.022L$이다.

계산에 따라서 ㉠은 1.1이다. 실제 몰농도는 1M인데 1.1M이라고 오차가 발생했다.

이는 원래라면 20mL에서 적정을 멈추었어야 하지만, 22mL까지 초과하여 적정한 것이다.

따라서 적정을 중화한 후(㉡)에 멈추었을 경우이며,

이 경우에 실험 과정으로부터 구한 $CH_3COOH(aq)$의 몰농도는 실제 몰 농도보다 크게 측정된다.

10 23학년도 6월 15번

정답 : ③

$CH_3COOH(aq)$의 몰 농도를 구하기 위한 실험은 중화 적정이다.

(가)에서 a M $CH_3COOH(aq)$ 10mL에 들어 있는 CH_3COOH의 양은

a M $\times 10 \times 10^{-3}$L $=10a \times 10^{-3}$ mol 이고,

(나)에서 물을 넣어 100mL로 만든 수용액 중 20mL를 삼각 플라스크에 넣고 중화 적정 실험을 하

였으므로 (다)에 들어 있는 CH_3COOH의 양은 $\frac{1}{5} \times 10a \times 10^{-3}$ mol $= 2a \times 10^{-3}$ mol 이다.

중화점까지 넣어준 $KOH(aq)$에 들어있는 OH^-의 양과 $CH_3COOH(aq)$에 들어 있는 H^+의 양은

같으므로 $2a \times 10^{-3}$ mol $= 0.2$ M $\times x \times 10^{-3} L$이므로 $a = \frac{x}{10}$ 이다.

11 22학년도 7월 14번

정답 : ④

용액 Ⅰ과 Ⅱ에서 $a \times 20 = 0.1(V_1 + V_2)$이므로 $a = 0.5$ 이다.

Ⅰ에서 $a \times x = 0.1 \times 25$ 이므로 $x = 5$이다. Ⅱ에서 $b \times 25 = a \times (20 - x)$이므로 $b = 0.3$이다.

풀어서 설명하자면, $ax = 0.1V_1$ 인 식과 $(20a - ax) = 0.1V_2$인 식을 더하여 연립하는 방식으로
문제를 해결해 나가면 된다.

* 위 문제에서는 정확히 어떤 용액을 지시하는건지 문제에서 잘 파악해야 합니다. 지시하는 용액을 헷
  갈려 할 경우 문제를 풀기 힘들 것입니다.

12 23학년도 9월 17번

정답 : ④

(나)의 수용액 100mL 에 들어 있는 식초의 질량은 $dg/\text{mL} \times 10\text{mL} = 10dg$ 이다. (다)에서 이 수용액 20mL를 삼각 플라스크에 넣었으므로 삼각 플라스크에 들어 있는 식초의 질량은 $\dfrac{2}{10}$ 배인 $2dg$ 이다.

(다)의 삼각 플라스크에 0.25M $\text{NaOH}(aq)$ amL를 넣었을 때 중화점에 도달하였으므로 삼각 플라스크에 들어 있는 아세트산의 양은 $0.25\text{M} \times \dfrac{a}{1000}L = 2.5 \times 10^{-4} a\,mol$ 이다. 아세트산의 분자량이 60이므로 삼각 플라스크에 들어 있는 아세트산의 질량은 $0.015ag$이다. 삼각 플라스크에 들어 있는 식초의 질량이 $2dg$ 이므로 식초 1g에 들어 있는 아세트산의 질량은 $\dfrac{0.015a}{2d} = \dfrac{3a}{400d}(\text{g})$ 이다.

13 22학년도 10월 11번

정답 : ①

$\text{NaOH}(aq)$ 500mL에 들어 있는 NaOH의 양은 $\dfrac{w}{40}$ mol이다.

$\text{NaOH}(aq)$의 몰농도는 $\dfrac{w}{20}$ M이다.

중화적정 공식을 사용하면 $a \times 0.02 = \dfrac{w}{20} \times 0.015$이므로 $a = \dfrac{3}{80}w$이다.

14 23학년도 수능 17번

정답 : ①

식초 A에서 $\text{CH}_3\text{COOH}(aq)$의 몰 농도는 xM이라고 할 때,

(나)에서 (가)에서 만든 식초 A 50mL 중 20mL만 사용했으므로

$x \times 10 \times \dfrac{2}{5} = a \times 30$, $x = \dfrac{15}{2}a$ 이고,

$\dfrac{15a}{2}$M A 10mL에 들어 있는 CH_3COOH의 양은 $\dfrac{15a}{2} \times 0.01 = \dfrac{3a}{40}$이다.

또한 $\dfrac{15a}{2}$M A 10mL의 질량은 $10d\,g$이고, CH_3COOH의 양은 $\dfrac{3a}{40}$mol 이다.

CH_3COOH $\dfrac{3a}{40}$mol의 질량은 $\dfrac{3a}{40} \times 60 = \dfrac{9a}{2}$이므로

$\dfrac{15a}{2}$M A 1g에 들어 있는 CH_3COOH의 질량은 $\dfrac{9a}{20d} = 0.05$이다 따라서 $a = \dfrac{d}{9}$ 이다.

15 24학년도 6월 16번

정답 : ④

우선 식초 A의 몰농도를 pM, 식초 B의 몰농도를 qM라고 하자.

수용액 I과 II 모두 같은 비율로 희석하였기 때문에 수용액 I과 II의 몰농도는 식초 A와 식초 B의 몰농도 비와 동일하다.

또한 적정에 사용한 $NaOH(aq)$의 비율이 4 : 5이라는 점을 이용하여 식을 작성하면 다음과 같다.

$px : qy = 4 : 5$, $\dfrac{x}{y} = \dfrac{4q}{5p}$ 이다.

이제 문제에 주어진 조건을 이용하여 p와 q를 구해보자. 다만 이때 문제의 답을 구하기 위해 필요한 것은 오직 p와 q의 비율임을 명심하자. 자료에서 식초 1g에 들어 있는 CH_3COOH의 질량이 등장하고 이는 각 용액의 몰농도에 비례할 것이다. 또 자료에서 각 용액의 밀도를 제시하고 있는데 이 또한 각 용액의 몰농도에 비례할 것이다. 이 둘을 제외한 나머지 조건들은 식초 A와 B가 동일하기 때문에 위의 두 조건을 이용하여 두 식초의 몰농도의 비인 $\dfrac{q}{p}$를 구하면 다음과 같다.

$$\frac{q}{p} = \frac{15w \times d_B}{16w \times d_A}$$

이에 맞춰 문제에서 요구한 값인 $\dfrac{x}{y}$를 구하면, $\dfrac{x}{y} = \dfrac{4}{5} \times \dfrac{15wd_B}{16wd_A} = \dfrac{3d_B}{4d_A}$ 이다.

16 24학년도 9월 15번

정답 : ④

(가)의 식초 10g에 들어있는 CH_3COOH의 질량은 $10a$g이다. 또 CH_3COOH의 분자량은 60이므로 (가)의 식초 10g에 들어있는 CH_3COOH의 양(mol)은 $\dfrac{10a}{60} = \dfrac{a}{6}$ 이다.

(나)의 수용액은 밀도가 dg/mL인 50g짜리 수용액이므로 전체 부피는 $\dfrac{50}{d}$mL이다.

이 중에서 오직 20mL만 추출하여 적정에 사용하였기 때문에 적정에 사용한 20mL 용액에 들어있는 CH_3COOH의 양(mol)을 구하면 다음과 같다.

$$\frac{a}{6} \times \frac{20}{\dfrac{50}{d}} = \frac{ad}{15}$$

적정에 사용된 xM $NaOH(aq)$ 50mL에 들어있는 $NaOH$의 양을 살펴보면 $x \times 0.05 = \dfrac{x}{20}$ 이다.

위에서 구한 두 값이 같아야 한다는 것에 의거하여 식을 작성한 후 x로 정리하면 다음과 같다.

$$\frac{ad}{15} = \frac{x}{20}, \ x = \frac{4ad}{3}$$

17 24학년도 수능 16번

정답 : ①

(나) 과정에서 생성한 100mL의 용액 중 오직 50mL만 적정에 사용하였다. 그렇다면 적정에 사용한 50mL의 용액에는 식초 A가 10mL가 들어있다고 생각하면 된다. 같은 방식으로 (라) 과정에서 생성한 100g의 용액 중 오직 50g만 적정에 사용하였기 때문에 50g의 용액에는 식초 B가 10mL가 들어있다고 생각하면 된다. 실험 결과에서 (다)과정과 (마)과정에 사용된 aM $NaOH(aq)$의 부피가 각각 10mL와 25mL라고 언급하였으므로 두 상황에서 적정에 사용한 용액에 들어 있는 식초의 양이 2:5이다. 이를 이용하고 [자료]에 언급된 식초 A와 B의 밀도를 이용하여 비례식을 작성하면 다음과 같다.

$$10d_A \times 0.02 : 10d_B \times x = 2 : 5, \ x = \frac{d_A}{20d_B}$$

18 2023년 3월 14번

정답 : ②

적정에 사용된 NaOH의 양 $= \dfrac{aV}{1000}$

적정에 사용된 CH_3COOH의 양도 이와 같다.

이를 질량으로 바꾸어 생각하면 적정에 사용된 CH_3COOH의 질량이 $\dfrac{60aV}{1000}$g이라는 것을 알 수 있다.

이는 $CH_3COOH(aq)$ 20mL에 들어 있는 CH_3COOH의 질량이다.

$CH_3COOH(aq)$의 밀도가 dg/mL임을 생각하면 이용하여 문제에서 요구한 값을 구하면 다음과 같다.

$$\frac{\frac{60aV}{1000}}{20d} \times 100 = \frac{3aV}{10d}$$

19 2023년 4월 10번

정답 : ⑤

실험I: $5 \times x = 10 \times 0.1, \ x = 0.2$

실험II: $\dfrac{w}{d} \times 0.2 = 20 \times 0.1, \ w = 10d$

$$\frac{w}{x} = \frac{10d}{0.2} = 50d$$

20 2023년 7월 9번

정답 : ②

$$x \times \frac{50}{200} \times 40 = 0.1 \times 20$$

$x = 0.2$이다.

01 22학년도 수능 16번

정답 : ㄱ

ㄱ. (가)에서 CO의 C 산화수는 $+2$, CH_3OH의 C 산화수는 -2이므로
(가)에서 CO는 환원된다.

ㄴ. (나)에서 CO의 C 산화수는 $+2$, CO_2 의 C 산화수는 $+4$이므로
(나)에서 CO는 산화되므로 환원제이다.

ㄷ. (다)에서 Mn의 산화수는 $+7$에서 $+4$로 감소하고, S의 산화수는 +4에서 +6으로 증가한다.
Mn은 $+7$에서 $+4$으로 -3만큼 변화하고, S는 $+4$에서 $+6$으로 $+2$ 만큼 변화한다.
$a=1$이라 가정하면, $b=1.5$가 나오므로 계수들이 모두 자연수여야 한다는 법칙에 따라 $\times 2$를
곱하여 $a=2$, $b=3$을 구할 수 있다.
이후 H(수소) 원자수 보존에 따라 $c=2$ 이므로 $a+b+c=7$ 이다.

02 21학년도 10월 11번

정답 : ㄱ

ㄱ. (가)에서 Na의 산화수는 0에서 +1로 증가한다.

ㄴ. (나)에서 CO의 C 산화수는 $+2$, CO_2 의 C 산화수는 $+4$이므로 (나)에서 CO는 산화되므로
환원제이다.

ㄷ. (다)에서 Sn은 +2에서 +4로 증가한다, Mn은 +7에서 +2 로 감소한다. Mn 2개가 반응하므로
감소하는 산화수는 $(-5) \times 2 = -10$ 이다. 증가하는 산화수 역시 +10이어야 하기 때문에 Sn 5
개가 반응하여 $(+2) \times 5 = 10$ 을 만들어야 하므로 a=c=5 임을 알 수 있다. 반응전 O의 개수가
8개 이므로 반응후 개수를 맞추어주기 위하여 d=8 임을 구하고 자연스럽게 b=16 이 된다.

$$\frac{c+d}{a+b} = \frac{13}{21} < \frac{2}{3}$$ 이다.

03 22학년도 9월 10번

정답 : ㄱ, ㄴ, ㄷ

(가)의 물질은 암모니아이며, (나)의 물질은 아세트산(CH_3COOH)이다.

ㄱ. (가)에서 O의 산화수는 0에서 -2 로 환원되기 때문에 O_2는 산화제이다.

ㄴ. (다)에서 Mn의 산화수는 +7에서 +2로 감소한다.

ㄷ. ㉠의 O산화수는 -2, ㉡의 O산화수는 0, ㉢의 O산화수는 +1, ㉣의 O의 산화수는 -1이므로
㉠~㉣ 중 O의 산화수가 가장 큰 값은 +1이다.

04 21학년도 7월 15번

정답 : ㄱ, ㄴ, ㄷ

반응식을 살펴보면서 산화수가 변화한 원소들을 찾아보자. Cl의 산화수가 $+7$에서 $+3$으로 변화하였으며 O의 산화수는 H_2O_2에서 -1이었는데 반응후에 O_2에서 0으로 변화한다.

Cl_2O_7 앞의 계수인 a를 1이라고 가정해보자. Cl 원자수는 반응전,후 일정하므로 $c=2$가 된다.

Cl_2O_7 1분자에는 Cl 원자가 2개 있으므로 감소한 산화수 값은 $-4\times2=-8$이 된다.

감소한 산화수의 값과 증가한 산화수의 값이 같아야 하므로 H_2O_2와 O_2의 O는 $+8$만큼 증가하여야 한다.

H_2O_2와 O_2 모두 O(산소) 원자를 2개씩 가지고 있으므로

$+1\times2\times b=+8$에서 $b=4$ 임을 알 수 있다. OH^- 앞의 계수도 $c=2$이므로

H의 원자수 보존을 통해 $8+2=2d$ 임을 구할 수 있고 $b=5$ 이다.

ㄱ. H_2O_2 의 O 산화수는 -1 인데, 반응 후의 O_2의 O 산화수는 0이므로

   H_2O_2는 산화되었으며 환원제이다.

ㄴ. Cl 의 산화수는 +7에서 +3으로 4만큼 감소하였다.

ㄷ. a=1, b=4, c=2, d=5 이며, a+d = b+c 이다.

* 가장 복잡해 보이는 분자 앞의 계수를 1 이라고 가정하고 문제를 푸는 방식에 대해 익숙해지길 바란다. 만약 숫자가 맞지 않아서 계수가 분수로 나오거나 공약수가 있는 배수로 나온다면 특정한 값을 곱하거나 나누어주어서 서로소 관계로 만들어 주기만 하면 된다.

05 22학년도 6월 15번

정답 : ㄱ, ㄴ, ㄷ

ㄱ. (가)에서 S의 산화수는 +4에서 +6으로 증가한다.

ㄴ. (나)에서 H_2O의 H는 반응전, 반응후 모두 +1로 산화수가 일정하지만

   O는 -2에서 0으로 산화수가 증가하므로 환원제이다.

ㄷ. (다)에서 Mn은 +7에서 +2로 5만큼 감소하고, Fe는 +2에서 +3으로 1만큼 증가한다.

   좌, 우변 Mn의 원자수 보존에 따라 a=1이고 $1\times(-5)=-5$ 만큼 감소하기 때문에

   Fe는 +5 만큼 증가해야 하며 c=5가 나온다.

   반응 전후의 O 원자수가 4이므로 d=4, b=8 이다.

$$\frac{b}{a+c+d}=\frac{8}{1+5+4}=\frac{4}{5}\langle 1$$

06 21학년도 4월 18번

정답 : ㄴ

MnO_4^-에서 Mn의 산화수는 $+7$이고, Mn^{2+}의 산화수는 $+2$ 이므로 -5 만큼 변화했다.

H_2S에서 S의 산화수는 -2이고 S의 산화수는 0이므로 $+2$ 만큼 변화했다.

-5와 $+2$ 값의 최소공배수인 10만큼 변화한다고 가정하자.

그러면 $a=2$, $b=5$라는 결과값이 나온다.

이후 O(산소)의 원자수 보존을 통해 $d=8$, H(수소)의 원자수 보존을 통해 $10+c=16$,

따라서 $c=6$임을 구할 수 있다.

ㄱ. H_2S에서 S의 산화수는 -2이며, 반응후 S의 산화수는 0이므로

H_2S는 산화하기 때문에 환원제이다.

ㄴ. MnO_4^- 에서 Mn의 산화수는 +7이고, Mn^{2+}에서 Mn의 산화수는 +2이므로

MnO_4^- 1mol 이 반응할 때 이동한 전자의 양은 5mol 이다.

ㄷ. 산화수법으로 계산하면 a=2, b=5, c=6, d=8 이 나온다.

07 21학년도 3월 15번

정답 : ㄱ

O의 산화수는 반응전 -1에서 반응후 -2로 -1만큼 변화한다.

I의 산화수는 반응전 -1에서 반응후 0으로 $+1$만큼 변화한다.

H_2O_2의 계수인 $a=1$ 이라고 가정하자.

$a=1$이 됨에 따라 $e=2$이고, 감소하는 산화수 변화는 (-1×2)이므로 $+2$만큼 산화수가 증가하여야 한다.

반응하는 I 원자 1개당 산화수 변화는 $+1$이므로

I원자 2개가 반응해야 하기 때문에 $b=2$, $d=1$임을 구할 수 있고 H(수소) 원자수 보존에 따라

$2+c=4$이고 $c=2$ 이다.

반응하는 계수들이 $1,2,2,1,2$이므로

모두 자연수이며 1이 아닌 공약수가 없으므로 산화수법이 완료되었다.

ㄱ. (가)에서 Cu의 산화수는 반응전 0, 반응후 +2로 증가하기 때문에 Cu 는 산화된다.

ㄴ. (나)에서 반응전 H_2O_2에서 O의 산화수는 -1 이고,

반응후 H_2O에서 O의 산화수는 -2 로 감소하여 환원하기 때문에 H_2O_2는 산화제이다.

ㄷ. 산화수법으로 계수를 계산하면, a=1, b=2, c=2, d=1, e=2 가 나오므로

$$\frac{d+e}{a+b+c} = \frac{1+2}{1+2+2} = \frac{3}{5} 이다.$$

08 21학년도 수능 16번

정답 : ㄱ

ㄱ. (가)에서 반응전 O_2의 O의 산화수는 0이고, 반응후 OF_2의 O의 산화수는 +2이므로
   산화수는 증가한다.

ㄴ. (나)에서 I^-의 산화수 −1에서 I_2의 산화수 0으로 산화되었으므로 환원제로 작용한다.

ㄷ. 산화수의 증가량과 감소량은 같아야 하는데, Br의 산화수는 +5에서 −1로 6만큼 감소하고,
   I는 −1에서 0으로 1만큼 증가하므로 a=6, c=3이며 나머지는 원자개수 보존 or 전하량일정법칙으
   로 계수를 맞추면 b=6, d=3 이다. a+b+c+d=18이다.

09 20학년도 10월 9번

정답 : ㄱ, ㄷ

Fe의 산화수는 반응전 $+2$에서 반응후 $+3$으로 $+1$만큼 변화한다. O의 산화수는 반응전 -1에서
반응후 -2로 -1만큼 변화한다.

Fe의 계수인 $a=1$이라고 가정해보자. 증가하는 산화수가 $(+1\times1)$이므로 해당하는 양만큼 산화수가
감소하여야 한다.

O원자 1개당 -1만큼 변화하는데 H_2O_2에는 O 원자가 2개이므로 $b=0.5$가 된다. 계수는 반드시
자연수여야 하므로 이제껏 가정해왔던 계수들에 $\times2$를 하여 자연수로 만들어 주도록 하자.

따라서 $a=2$, $b=1$로 가정하고 논의를 이어가자. O(산소) 원자수 보존에 따라 $d=2$이고 H(수소)
원자수 보존에 따라 $2+c=4$이므로 $c=2$이다.

계수들을 살펴보면 2,1,2,1,2 이므로 모두 자연수이며 1이 아닌 공약수가 없으므로 산화수법이 완료
되었다.

ㄱ. H의 산화수는 +1로 일정하다.

ㄴ. H_2O_2의 O산화수는 −1이고, H_2O의 산화수는 −2으로 환원되므로 산화제이다.

ㄷ. a=2, b=1, c=2, d=2 이다.

10 21학년도 9월 15번

정답 : ㄱ, ㄴ

ㄱ. S의 산화수는 −2에서 +6 으로 증가하므로 환원제이다.

ㄴ. 우선 Cu의 원자수 보존으로 인해 a=3 임을 알 수 있고, 산화수의 변화량 일정을 통해 S의 산화
   수 변화는 8이고, N의 산화수 변화는 3이므로 $8a=3b$임을 알 수 있다.
   따라서 b=8 이고 전하량 보존 법칙을 통해 $(-8+c)=(+6-6)=0$이기에 c=8이고 마지막으
   로 H원자수 보존을 써주면 d=4 임을 알 수 있다.

ㄷ. 반응 몰비는 화학 반응식의 계수비와 같으므로

   $NO_3^- : SO_4^{2-} = 8 : 3$ 이나. 따라서 NO_3^- 2mol 이 반응하면 SO_4^{2-} $\frac{3}{4}$mol이 생성된다.

11 20학년도 7월 17번

정답 : ㄱ

Cr의 산화수는 반응전 $+6$에서 반응후 $+3$으로 -3만큼 변화한다. Cl의 산화수는 반응전 -1에서 반응후 0으로 $+1$만큼 변화한다. Cr_2O_7의 계수인 $b=1$이라고 가정하자. Cr의 원자수 보존으로 인해 $e=2$이며, 산화수 변화량은 (-3×2)이고 해당 양만큼 산화수가 증가해야 하기 때문에 Cl 원자는 6개 반응하여야 하며 따라서 $a=6$, $d=3$이다. O(산소) 원자수 보존에 의해 $f=7$, H(수소) 원자수 보존에 의해 $c=14$임을 구할수 있다. 각각의 계수가 $6,1,14,3,2,7$ 이므로 모두 자연수이며 1이 아닌 공약수가 없으므로 산화수법이 완료되었다.

ㄱ. 산화수 변화량을 통하여 계수들을 계산해주면,
   a=6, b=1, c=14, d=3, e=2, f=7 임을 알 수 있다. a+b+c)d+e+f 는 21〉12이므로 참이다.

ㄴ. Cl^-의 산화수는 -1에서 0으로 증가하기 때문에 산화되며, 환원제이다.

ㄷ. 위 반응식이 한번 진행될 때 생성되는 H_2O의 몰수는 7mol 이며 그 때 이동하는 전자의 수는 6mol이므로 H_2O 1mol이 생성될 때 이동하는 전자의 몰수는 $\frac{6}{7}$mol이다.

12 21학년도 6월 11번

정답 : ㄱ

ㄱ. (가)에서 Al의 산화수는 0에서 +3 으로 증가하기에 산화된다.

ㄴ. (나)에서 Mg의 산화수는 0에서 +2로 증가하기에 산화되며, 환원제이다.

ㄷ. (다)에서 증가한 총 산화수와 감소한 총 산화수는 같아야 한다. N의 산화수는 +5 에서 +4 로 1만큼 감소하며, Cu의 산화수는 0에서 +2로 2만큼 증가하므로 a=c=2 이고, 전하량 보존 법칙에 따라 b=4, 원자수 보존에 따라 d=6 이 나오게 된다. a+b+c+d=14 이다.

13 20학년도 4월 18번

정답 : ㄱ, ㄷ

ㄱ. Fe^{2+}의 산화수는 +2 이고, 반응후 +3 으로 증가하기 때문에 산화된다.

ㄴ. $Cr_2O_7^{2-}$ 에서 O의 산화수는 -2 이고 $(2\times Cr의 산화수) + (7\times O의 산화수) = -2$이므로 Cr의 산화수는 +6이다.

ㄷ. Fe의 산화수는 +2에서 +3으로 1만큼 증가하고, Cr의 산화수는 +6에서 +3으로 3만큼 감소한다. 산화수 증가량이 $(+1\times6)$ 이므로 해당 양만큼 산화수가 감소해야 한다. $(-3\times c) = -6$이므로 $c=2$이고 Cr 원자수 보존에 따라 $a=1$이다. O(산소) 원자수 보존에 따라 $d=7$이고, H(수소) 원자수 보존에 따라 $b=14$ 임을 알 수 있다. 따라서 a=1, b=14 이므로 $a+b=15$이다.

14 20학년도 3월 13번

정답 : ㄱ

Cr의 산화수는 반응전 $+6$에서 반응후 $+3$으로 -3만큼 변화하고 S의 산화수는 반응전 0에서 반응후 $+4$로 $+4$만큼 변화한다. 반응식에서 S 원자 3개가 반응하므로 전체 산화수는 $+12$만큼 변화하며 이에 따라 -12만큼 산화수 변화 역시 존재해야 한다. Cr 원자 1개 반응시 -3만큼 변화하는데 $K_2Cr_2O_7$에는 Cr 원자가 2개 이므로 $a=2$이다. Cr 원자수 보존에 따라 $d=2$이고 K 원자수 보존에 따라 $c=4$이다. O(산소) 원자수 보존에 따라 $14+b=4+6+6$ 이므로 $b=2$ 이다.
계수들이 $2, 2, 3, 4, 2, 3$ 이므로 모두 자연수이며 1이 아닌 공약수가 없으므로 산화수법이 완료되었다.

ㄱ. S의 산화수는 0에서 +4로 증가한다.

ㄴ. 산화수법을 통해 계산하면, a=2, b=2, c=4, d=2 임을 알 수 있다.

ㄷ. $K_2Cr_2O_7$에서 K의 산화수가 +1, O의 산화수가 -2이므로 Cr의 산화수는 +6 이었다.
　　이는 반응후 +3으로 감소한다. 따라서 $K_2Cr_2O_7$는 환원되며, 산화제이다.

* 위 문제에서는 이미 전체 반응에서 얼마만큼의 산화수가 감소하였는지를 알 수 있었다.
 (S 앞의 계수가 주어졌으므로) 따라서 임의로 계수를 설정하는 등의 과정을 할 필요가 없다.

15 20학년도 수능 8번

정답 : ㄱ

ㄱ. (가)에서 H의 산화수는 0에서 +1로 증가하므로 H_2는 산화된다.

ㄴ. (나)에서 CO는 CO_2로 산화되면서 Fe_2O_3을 Fe로 환원시키므로 환원제이다.

ㄷ. 일반적으로 화합물에서 O의 산화수는 -2이고 금속 염화물에서 Cl의 산화수는 -1이다.
　　따라서 MnO_2에서 Mn의 산화수는 +4이고 $MnCl_2$에서 Mn의 산화수는 +2이므로
　　(다)에서 Mn의 산화수는 감소한다.

16 20학년도 9월 13번

정답 : ㄱ

ㄱ. (가)에서 Ca은 산소를 얻었으므로 산화된다.

ㄴ. (나)에서 반응 전후 모든 원자의 산화수가 변하지 않았으므로 $CaCO_3$는 산화되지 않는다.

ㄷ. (다)에서 Mg의 산화수는 0→+2로 증가하였고 H의 산화수는 +1→0으로 감소하였으므로
　　H_2O는 산화제이다.

17 20학년도 6월 1번

정답 : ②

$4Al + 3O_2 \rightarrow 2Al_2O_3$에서 Al의 산화수는 0에서 +3으로 증가하고 O의 산화수는 0에서 -2로 감소하므로 환원되는 물질은 O_2이다.

$2Mg + CO_2 \rightarrow 2MgO + C$에서 Mg의 산화수는 0에서 +2로 증가하고 C의 산화수는 +4에서 0으로 감소하므로 환원되는 물질은 CO_2이다.

따라서 두 반응에서 환원되는 물질은 O_2와 CO_2이다.

18 19학년도 수능 7번

정답 : ㄱ, ㄴ

ㄱ. 화합물을 구성하는 원자의 산화수의 합은 0이고, H_2O_2에서 H의 산화수는 +1이므로 O의 산화수는 -1이다.

ㄴ. O_2F_2에서 전기 음성도는 F가 O보다 크므로 F의 산화수는 -1이다. 따라서 O의 산화수는 +1이다.

ㄷ. CaO에서 Ca의 산화수는 +2, O의 산화수는 -2이다.

19 19학년도 9월 3번

정답 : A, B, C

A : (가)에서 MgO은 마그네슘이 산소와 결합하여 형성된 화합물이므로 산화물이다.

B : (나)에서 CuO는 산소를 잃어 Cu로 환원되었고 C는 산소를 얻어 CO_2로 산화되었으므로, C는 환원제이다.

C : (가)에서 Mg은 전자를 잃고 산화되고, O_2는 전자를 얻어 환원되었다. 따라서 (가)와 (나)는 모두 산화 환원 반응이다.

20 19학년도 6월 6번

정답 : +7

공유 결합 물질에서 산화수는 전기 음성도가 큰 원자가 공유 전자쌍을 모두 가져 간다고 가정하여 구한다.

전기 음성도는 $X < Y < Z$이므로

$Y = X - Z$ 에서 X는 전자 2개를 Y에게, 전자 1개를 Z에게 주므로 산화수는 +3이다.

다음 ㉡ 그림에서 X는 2개의 전자를 각각 Z에게 1개씩 주므로 산화수는 +2이다.

$Z - Y - Z$에서 Y는 2개의 전자를 각각 Z에게 1개씩 주므로 산화수는 +2이다.

따라서 ㉠=+3, ㉡=+2, ㉢=+2이므로 ㉠+㉡+㉢=+7이다.

21 18학년도 수능 4번

정답 : ㄱ

ㄱ. (가)에서 Mg은 O_2와 결합하였으므로 산화된다.

ㄴ. (나)에서 CO는 산소를 얻었으므로 산화되었다.
  CO는 자신은 산화되면서 Fe_2O_3를 환원시켰으므로 환원제이다.

ㄷ. Fe_2O_3를 구성하는 원자의 산화수의 합은 0이고, O의 산화수는 -2이므로
  Fe의 산화수는 +3이다. 따라서 (나)에서 Fe의 산화수는 +3에서 0으로 감소한다.

22 18학년도 9월 12번

정답 : ㄱ

X의 전기 음성도가 H, Y보다 작다면, (가)와 (나)에서 X의 산화수는 모두 +4이고,
X의 전기 음성도가 H, Y보다 크다면 (가)와 (나)에서 X의 산화수는 모두 -4이므로
두조건 모두 제시된 조건에 맞지 않다.
따라서 X의 전기 음성도는 H보다 크고 Y보다작다.
또한 (나)와 (다)에서 Y의 산화수가 같으므로 Y의 전기 음성도는 X, Z보다 크다.
따라서 X는 2주기 14족 원소, Y는 2주기 16족 원소, Z는 3주기 17족 원소이다.

ㄱ. (나)에서 X는 H로부터 전자 2개를 얻고 Y에게 전자 2개를 잃으므로 X의 산화수는 0이다.

ㄴ. (다)에서 Y의 산화수는 -2이고 Z의 산화수는 +1이므로 전기 음성도는 Y가 Z보다 크다.

ㄷ. 화합물에서 원자의 산화수의 합은 0이고 전기 음성도가 $Y > H$이므로 H의 산화수는 +1이다.
  따라서 $2 \times (+1) + 2 \times (Y$의 산화수$)$이므로 Y의 산화수는 -1이다.

23 18학년도 6월 3번

정답 : ④

(가)와 (나)를 화학 반응식으로 나타내면 다음과 같다.
(가) $2Cu + O_2 \rightarrow 2CuO$, (나) $2CuO + C \rightarrow 2Cu + CO_2$ 이다.
산화는 물질이 산소와 결합하거나 전자를 잃는 반응이고,
환원은 물질이 산소를 잃거나 전자를 얻는 반응이다.
(가)에서 O_2는 전자를 얻었으므로 환원되었고, (나)에서 CuO는 산소를 잃었으므로 환원되었다.

24 22학년도 3월 7번

정답 : ①

ㄱ. (가)에서 O_2의 산화수는 감소한다. O_2는 환원하며 따라서 산화제이다.

ㄴ. (나)에서 Mn의 산화수는 $+7$에서 $+2$로 감소한다.

ㄷ. Sn의 산화수는 $+2$에서 $+4$로 2만큼 증가하고,

　　Mn의 산화수는 $+7$에서 $+2$로 5만큼 감소한다.

　　2,5의 최소공배수인 10으로 맞추어 주면, $a=5$, $b=2$가 되며 다른 원자들의 계수도 적합하다.

　　따라서 $a=5$, $b=2$이다.

25 22학년도 4월 9번

정답 : ③

ㄱ. MnO_4^-에서 Mn의 산화수는 $+7$이고 반응 전후 Mn의 산화수가 5만큼 감소하므로 $n=2$이다.

ㄴ. Cl^-의 산화수는 -1이고, Cl_2에서 Cl의 산화수는 0이다.

　　따라서 반응 전후 Cl의 산화수는 1만큼 증가한다.

ㄷ. Mn의 산화수는 $+7$이고 반응 전후 Mn의 산화수가 5만큼 감소한다. Cl^-의 산화수는 -1이고,

　　Cl_2에서 Cl의 산화수는 0이다.

　　Cl 원자 1개당 산화수는 1만큼 증가하는데,

　　반응후 $5Cl_2$를 통해 해당 반응은 Cl원자 10개가 반응함을 알 수 있고,

　　따라서 증가한 산화수와 감소한 산화수는 각각 10이다.

　　이에 적합하게 맞추어 주면 $a=2$, $b=10$, $c=16$, $d=8$이고, $a+c=b+d$이다.

26 23학년도 6월 8번

정답 : ④

증가한 산화수의 총합과 감소한 산화수의 총합은 항상 일정해야 한다.

X^{m+} N mol이 모두 반응하였을 때, , Y^+가 $2N$ mol 생성 되었으므로, $m=2$이다.

〈전하량과 변화한 몰의 곱은 항상 일정해야 한다.〉

또한, 산화수의 변화량이 일정해야 함을 통해 $a=1$, $b=2$ 임을 알 수 있다.

ㄱ. X의 산화수는 +2에서 0으로 감소한다.

ㄴ. Y의 산화수는 0에서 $+1$로 증가하므로 $Y(s)$는 산화된다. 따라서 $Y(s)$는 환원제이다.

ㄷ. $m=2$ 이다.

27   23학년도 6월 13번

정답 : ①

M의 산화수가 $+7$에서 $+n$으로 변화 하였다. C의 산화수는 $+3$에서 $+4$로 변한다.

따라서 C는 산화되었고, M은 환원되었다. $(7-n) \times 2 = 2 \times a$ 이므로 $2a + 2n = 14$ 이다.

MO_4^-와 H_2O가 $1 : 2n$의 반응비로 반응하므로 $d = 4n$ 이다.

H의 원자량 보존에 따라서 $2a + b = 2d = 8n$ 이다. 전하량 보존에 의거하여 $b - 2 = 2n$ 이다.

$2a + 2n = 14$를 통해 $2n = 14 - 2a$ 임을 알 수 있고,

이를 $b - 2 = 2n$와 연립하면 $2a + b = 16$이다.

따라서 $2a + b = 2d = 8n$와의 비교를 통해 $n = 2$임을 알 수 있다.

$n = 2$이므로, $b = 6$, $a = 5$, $c = 10$, $d = 8$ 임을 알 수 있다.

$a + b = 11$

28   22학년도 7월 16번

정답 : ④

ㄱ. (가)에서 N의 산화수는 0에서 -3으로 감소한다.

ㄴ. (나)에서 H_2는 산화되므로 환원제이다,

ㄷ. (다)에서 N의 산화수는 $+5$에서 $+2$로 3만큼 감소하고, C는 $+2$에서 $+4$로 2만큼 증가한다.
 이들의 최소공배수인 6만큼으로 곱하여 맞추어 주고,
 산화 환원 반응에서 증가한 산화수의 합은 감소한 산화수의 합과 같으므로
 $a = 2$, $b = 3$, $c = 1$ 이다.

29   23학년도 9월 9번

정답 : ①

$(2+) \times 3N = (2+) \times a\,N$이므로 $a = 3N$이다.

$(m+) \times (3N) = (m+) \times N + (2+) \times 3N$이므로 $3m = m + 6$이다.

따라서 $m = 3$ 임을 알 수 있다.

ㄱ. (가)에서 X^{2+}과 Z^{2+}의 전하량은 같으므로 $a = 3N$ 이다.

ㄴ. 금속 양이온의 전하량의 합은 산화 환원 반응 후에도 같아야 하므로 (나)에서 $3m = m + 6$ 이다.
 따라서 $m = 3$ 이다.

ㄷ. (가)와 (나)에서 $Z(s)$는 산화되므로 환원제로 작용한다.

30 23학년도 9월 13번

정답 : ④

산화제는 NO_3^- 이고, 환원제는 M 이므로 $a:b=1:2$ 이다. N 의 산화수는 $+5$ 에서 $+4$ 로 감소하므로 $b=2$ 이라면, $x=2$ 이다.

O 의 원자수는 반응 전후로 6이므로 $d=2$, $c=4$ 이다.

따라서 NO_3^- 1mol 이 반응할 때 생성된 H_2O 의 양은 1mol이므로 $y=1$ 이고, $x+y=3$ 이다.

31 22학년도 10월 15번

정답 : ③

ㄱ. (가)에서 Cl 의 산화수는 감소하므로 Cl_2 는 환원되고 산화제이다.

ㄴ. (가)에서 Cl 원자가 1개 반응할 때 산화수가 1만큼 증가하는데 위 반응에서는 총 6개 반응하였으므로, 반응전체에서 감소한 산화수의 총합은 6이다.

따라서 증가한 산화수의 총합 역시 6이어야 한다.

Cr 원자는 2개 반응하므로 하나 반응할 때마다 $+3$ 이 되어야 하기 때문에 $n=3$ 이다.

ㄷ. (나)에서 Cr 은 $+6$ 에서 $+3$ 으로 움직이고, Fe 는 $+2$ 에서 $+3$ 으로 1만큼 증가한다.

$a=1$, $b=6$, $c=14$, $d=2$, $e=7$ 이므로 $\dfrac{d+e}{a+b+c}=\dfrac{9}{21}=\dfrac{3}{7}$ 이다.

32 23학년도 수능 5번

정답 : ②

금속과 금속 이온의 반응에서 산화되는 물질이 잃은 전자 수와 환원되는 물질이 얻은 전자 수는 같다. (나)에서 B^{m+} $2N$ mol이 생성되었으므로 반응한 B 의 양은 $2N$ mol이다. 따라서 A^{2+} $3N$ mol이 얻은 전자 수와 B $2N$ mol이 잃은 전자 수는 같으므로 $m=3$ 이고, 이 반응의 화학 반응식은 다음과 같다. $3A^{2+}+2B \rightarrow 3A+2B^{3+}$ 이다. 또한 (다)에서 B^{3+} $2N$ mol이 반응했을 때 생성되는 C^{2+} 의 양이 xN mol이므로 $x=3$ 이다.

ㄱ. $m=3$ 이다.

ㄴ. $x=3$ 이다.

ㄷ. (다)에서 $C(s)$ 는 산화되고 B^{3+} 는 환원되므로 $C(s)$ 는 환원제이다.

33 23학년도 수능 14번

정답 : ③

$Y^{(n-1)+}$ 3mol이 반응할 때 생성된 X^{n+}이 1mol이므로

$b=3$, $d=1$이라고 하면 $a=\dfrac{1}{2}$이 나온다.

그러면, 계수들에 2를 곱하여 $b=6$, $d=2$, $a=1$로 설정하도록 하겠다.

$Y^{(n-1)+}$이 6개 반응하여 Y^{n+}가 되었으므로 +6 만큼 증가하였다.

그만큼 X에서 6만큼 감소해야 한다. 반응식에서 X는 2개 반응하므로,

X 1개 당 산화수가 3만큼 감소해야 한다.

$X_2O_m^{2-}$에서 X의 산화수는 $m-1$ 이다. 따라서 $m-1-n=3$ 이다.

==〉 $m-n=4$

다음 조건에서 반응물에서 $\dfrac{X의\ 산화수}{Y의\ 산화수} = \dfrac{m-1}{n-1}=3$ 라는 식이 나오는데,

이 식과 $m-n=4$ 를 연립하면, $n=3$, $m=7$ 임을 구할 수 있다. 따라서 $n+m=10$ 이다.

34 24학년도 6월 14번

정답 : ②

증가한 산화수와 감소한 산화수가 같다는 사실을 이용하여 문제의 산화 환원 반응식을 완성하면 다음과 같다.

$$8M^{3+} + ClO_4^- + 4H_2O \rightarrow Cl^- + 8MO^{2+} + 8H^+, \quad \dfrac{d+f}{a+c} = \dfrac{1+8}{8+4} = \dfrac{3}{4}$$

정답 : ②

우선 반응 전의 전체 양은 $5N$mol + $3N$mol = $8N$mol이다. 반응 후에 존재하는 금속 또는 양이온의 양이 상댓값으로 존재하고 상댓값으로 존재하는 모든 수의 합은 8이다.

이에 따라 상댓값으로서 존재하는 수들에 Nmol을 붙여주게 된다면 실제 양과 동일하게 생각할 수 있다는 것이다.

예를 들어 반응 후에 존재하는 A^{3+}의 양이 상댓값으로 3이지만 여기에 Nmol을 붙인 $3N$mol을 실제 양으로 생각해도 된다는 것이다.

이에 따라 자연스럽게 반응 후에 $2N$mol 존재하는 ⓒ이 A가 되고 반응 후에 $3N$mol 존재하는 ⓐ은 B^{n+}이 된다.

반응 이전에는 A^{3+}이 $5N$mol 존재한다. 이를 통해 반응 이전의 전하량의 총합은 $15N$이라는 사실을 알 수 있고 이는 반응 이후에도 동일하게 보존된다.

반응 이후에 A^{3+}가 $3N$mol 존재하고 B^{n+}도 $3N$mol 존재한다.

이 때의 전하량의 총합이 반응 이전과 동일하게 $15N$이라는 점을 이용하여 식을 작성하면 다음과 같다.

$$(3+) \times 3N + (n+) \times 3N = 15N, \ n = 2$$

ㄱ. A^{3+}는 산화 환원 과정에서 산화수가 감소하고

이를 통해 A^{3+}가 자기 자신이 환원하는 산화제임을 알 수 있다.

ㄴ. ⓐ은 B^{n+}이다.

ㄷ. $n = 2$이다.

36 24학년도 9월 9번

정답 : ⑤

기존의 수용액에는 A^{a+}가 $3N$만큼 존재한다. 이후에 새로운 금속을 집어 넣어 산화 환원 반응 일어
난다고 해도 반응 전 후의 전하량은 동일하다. 이를 이용해서 한발짝 더 생각해보자. 만약 새롭게 투입
한 금속의 이온 형태가 기존에 존재하던 이온보다 전하량이 작다면 전체 양이온의 양은 증가하게 된다.
위 상황의 이해를 위해 간단한 예시를 들어 설명을 이어나가도록 하겠다. X^{3+}가 $2N$mol 들어 있는
수용액에 새로운 금속 $Y(s)$를 집어 넣고 이 금속의 이온 형태가 Y^+라고 해보자. 문제에서 언급한대
로 수용액 내에 존재하던 모든 X^{3+}가 $X(s)$로 바뀌었다면 전하량 보존 법칙에 따라 반응 후 수용액
내에 존재하는 Y^+의 양은 $6N$mol이 될 것이다.

만약 새롭게 투입한 금속의 이온 형태가 기존에 존재하던 이온보다 전하량이 크다면 위의 예시와 반대로
전체 양이온의 양은 감소하게 될 것이다. 이러한 경향성에 초점을 맞춰 풀이를 진행해보도록 하겠다.
$B(s)$를 투입한 비커 I의 경우 전체 양이온의 양이 반응 전과 비교하여 증가하였다.
이를 통해 $a > b$라는 사실을 알 수 있다. 반대로 $C(s)$를 투입한 비커 II의 경우 전체 양이온의 양이
반응 전과 비교하여 감소하였다.
이를 통해 $c > a$라는 사실을 알 수 있다. 또한 문제에서 $a{\sim}c$가 3 이하의 자연수라고 하였으므로
a=2, b=1, c=3임을 확정 지을 수 있다.

ㄱ. (나)에서 A^{a+}는 모두 $A(s)$가 되었고 이때 산화수는 감소하기 때문에 자기 자신이 환원하는 산화
제로서 A^{a+}가 작용한다는 사실을 알 수 있다.

ㄴ. 전하량 보존 법칙에 따라 비커 II의 상황을 식으로서 표현하면 $(2+) \times 3N = (3+) \times x$이고 이를
통해 x의 값은 $2N$이라는 사실을 알 수 있다.

ㄷ. c=3, b=1, c 〉 b이다.

37 24학년도 9월 14번

정답 : ②

(가)의 반응 전과 반응 후에 존재하는 M의 산화수를 파악해보면 각각 (+4)와 (+2)이다.

따라서 (가)의 $\dfrac{\text{반응물에서 M의 산화수}}{\text{생성물에서 M의 산화수}}$ 값은 $\dfrac{4}{2} = 2$이다. (가) : (나) = 7 : 2라고 하였으므로

(나)의 $\dfrac{\text{반응물에서 M의 산화수}}{\text{생성물에서 M의 산화수}}$ 값은 $\dfrac{4}{7}$임을 알 수 있다.

(나)의 반응물에서 M의 산화수 값이 (+4)이므로 (나)의 생성물에서 M의 산화수 값이 (+7)이다.

(나)의 생성물에 존재하는 M은 MO_x^-의 형태로 존재하기 때문에 x값이 4임을 알 수 있다.

이후에 증가한 산화수와 감소한 산화수가 같다는 사실을 이용하여 (나)의 산화 환원 반응식을 완성하면
다음과 같다.

$$2MO_2 + 3I_2 + 8OH^- \rightarrow 2MO_4^- + 4H_2O + 6I^-$$

이에 따라 문제에서 요구한 b와 d값은 각각 8과 6임을 알 수 있고 문제에서 최종적으로 요구한
$\dfrac{b+d}{x}$는 $\dfrac{8+6}{4} = \dfrac{7}{2}$이다.

정답 : ⑤

가장 먼저 초기에 A^+이온이 $15N$mol이라는 사실을 통해 전하량은 $+15N$이고 이 값은 언제나 동일하게 유지될 것이라는 사실에 초점을 맞춰 문제를 해결해 나갈 것이다. (나) 과정 이후에도 전하량은 $+15N$ 으로 유지 될 것이기 때문에 이에 맞춰 A^+이온과 B^{2+}이온의 양이 각각 얼마인지 구해보자. A^+이온의 양을 xNmol이라고 한다면 B^{2+}이온의 양은 $(12-x)N$mol이고 이를 이용하여 방정식을 세워보면

$(+1) \times xN + (+2) \times (12-x)N = +15N$, $x = 9$이다.

(다)과정에서 B^{2+}의 양은 $3N$mol로 변화가 없고 과정 이후에 전체 이온의 양이 $6N$mol이기 때문에 (다)과정 이후의 C^{m+}의 양은 $3N$mol이다.

이때의 전하량 값 또한 $+15N$을 만족해야 하기 때문에 이를 이용하여 방정식을 세워보면
$(+2) \times 3N + (+m) \times 3N = +15N$, $m = 3$이다.

ㄱ. m은 3이다.

ㄴ. (나)와 (다) 과정 모두 A^+이온이 금속 A로 변하는 과정이 포함된다.

　　이때 A^+이온은 환원하여 산화제로 작용한다

ㄷ. (다) 과정 후 B^{2+}와 C^{m+}의 양은 모두 $3N$mol로 두 양이온 수의 비는 1 : 1이다.

정답 : ②

(가)의 반응식에서 각 원자의 산화수 중 가장 큰 값은 5이므로 a는 5이다.

(가)의 $\dfrac{\text{생성물에서 X의 산화수}}{\text{반응물에서 X의 산화수}}$ 는 $\dfrac{5}{3}$이고 (나)의 '반응물에서 X의 산화수'의 값이 3이므로,

(나)의 '생성물에서 X의 산화수'의 값은 5임을 알 수 있다. 이에 따라 m의 값은 5임을 알 수 있다.

이후에 증가한 산화수와 감소한 산화수가 같다는 사실을 이용하여 n의 값을 구하면,

$2 \times (5-3) \times 5 = 4 \times (7-n)$, $n = 2$이다.

이후에 반응 전후 원자 수가 동일함을 이용하여 반응식의 계수를 완성하면

$c = 6$, $b = 12$이고 이를 통해 완성한 반응식 (나)는

$5X_2O_3 + 4YO_4^- + 12H^+ \rightarrow 5X_2O_5 + 4Y^{2+} + 6H_2O$이다.

문제에서 요구한 $\dfrac{m \times n}{b}$ 값은 $\dfrac{5 \times 2}{12} = \dfrac{5}{6}$이다.

40   2023년 3월 3번

정답 : ①

증가한 산화수와 감소한 산화수가 동일함을 이용하면 반응식의 B^{m+}는 B^{2+}임을 알 수 있다. 따라서 m의 값은 2이다.

ㄱ. m=2이다.

ㄴ. $B(s)$는 반응 과정에서 B^{2+}가 되며 산화수가 증가했기 때문에 산화제가 아닌 환원제이다.

ㄷ. $B(s)$ 1mol이 모두 반응했을 때 생성되는 $A(s)$는 2mol로 여기에 원자량인 a를 곱하면 질량이 $2a$g임을 알 수 있다.

41   2023년 4월 13번

정답 : ③

문제에서 반응 전에 존재하는 X이온의 수는 6개이다. 또 X이온의 형태는 X^{2+}이기 때문에 반응 전 전하량은 +12이고, 이 전하량은 반응 후에도 똑같이 유지 된다. 이에 따라 반응 후에 존재하는 Y이온의 수가 4개이기 때문에 +12라는 전하량을 맞추기 위해서는 Y이온의 형태가 Y^{3+}라는 사실을 알 수 있다.

ㄱ. X의 산화수는 +2에서 0으로 감소한다

ㄴ. $Y(s)$는 산화수가 반응 과정에서 증가하며
　　이에 따라 $Y(s)$는 반응 과정에서 환원제로서 작용한다는 사실을 알 수 있다.

ㄷ. Y 이온의 형태는 Y^{3+}로 산화수는 +3이다.

42   2023년 4월 18번

정답 : ④

우선 반응식에서 각 물질 들의 산화수를 파악해보자. YO_n^-에서 Y의 산화수는 $(2n-1)$이다. 여기서 $n+1$만큼 산화수가 감소하므로 반응 후 Y의 산화수는 $n-2$이고 이는 m과 동일하다.
문제의 반응식에서 산화제는 YO_n^-이고, 환원제는 X^{m+}이다. 이 둘이 2 : $(2m+1)$의 비율로 반응한다고 하였으므로 이를 이용해 식을 작성해보면 다음과 같다.

$$2\times(2m+1)=(n+1)\times2$$

위의 식을 m과 $n-2$가 동일하다는 사실을 이용하여 풀어주면 m=2, n=4이다. $m+n=6$

43 2023년 7월 5번

정답 : ①

실험I에서 반응 전과 후의 전하량이 동일함을 이용해 식을 세우면 다음과 같다.

$(+2) \times 3N = (+m) \times 2N,\ m = 3$

실험 II에서 반응 전과 후의 전하량이 동일함을 이용해 식을 세우면 다음과 같다.

$(+3) \times 3N = (+1) \times xN,\ x = 9$

실험 I에서 $B(s)$는 산화수가 증가하므로 반응 과정에서 환원제로 작용함을 알 수 있다.

44 2023년 10월 9번

정답 : ⑤

문제에서 주어진 상황을 우선 해석하면 (나) 과정에서 A^+만 모두 반응하여 $A(s)$로 환원했고,

(다)과정에서는 남아있는 B^{b+}가 모두 반응하여 $B(s)$로 환원한 것이다.

(나)과정과 (다)과정에서 투입한 $C(s)$의 양은 w와 $2w$로 1 : 2의 비율을 갖는다.

따라서 A^+ $n$mol이 가지고 있는 전하량과 B^{b+} $n$mol이 가지고 있는 전하량 또한 1 : 2의 비율을 가져야 한다.

이를 이용해 식을 작성하면 $(+1) \times n : (+b) \times n = 1 : 2,\ b = 2$이다.

ㄱ. (나)에서 $C(s)$는 산화되므로 환원제로서 작용한다.

ㄴ. $b = 2$이다.

ㄷ. (나)과정에서 생성된 C^{2+}의 양 : $\frac{1}{2}n$mol,

　　(다)과정에서 생성된 C^{2+}의 양 : $n$mol, $\frac{1}{2}n + n = \frac{3}{2}n$mol memo

12 해설

01 22학년도 수능 1번

정답 : ②

발열 반응은 반응이 일어날 때 주위로 열을 방출하는 반응이다.

02 21학년도 10월 2번

정답 : ㄱ, ㄴ

ㄱ. 물이 용해되며 팩이 차가워지므로 (가)의 반응은 흡열 반응이다.

ㄴ. 염화 칼슘이 용해되면서 눈이 녹으므로 염화칼슘 용해반응은 열을 방출하는 발열 반응이다.

ㄷ. 드라이아이스가 승화되면서 상자 안의 온도가 낮아지므로 드라이아이스의 승화는 흡열 반응이다.

03 22학년도 9월 2번

정답 : ㄷ

염화 암모늄을 물에 용해시키면 온도가 낮아지므로 염화 암모늄의 용해 반응은 흡열 반응이다.

뷰테인 연소시 열이 발생하므로 연소반응은 발열반응이다.

04 21학년도 6월 3번

정답 : ②

수산화 나트륨($NaOH$)을 물에 녹였을 때 열이 발생하여 온도가 높아졌으므로

수산화 나트륨($NaOH$)이 물에 녹는 반응은 발열 반응이다.

따라서 탐구 과정 및 결과를 통해 '가설은 옳다' 라고 결론이 나왔으므로

학생 A가 세운 가설은 '수산화 나트륨이 물에 녹는 반응은 발열반응이다'이다.

05 22학년도 7월 10번

정답 : ㄴ, ㄷ

ㄱ. Ⅰ의 반응에서 반응이 진행됨에 따라 온도가 증가하였으므로
　　$A(s)$가 용해되는 반응은 발열 반응이다.

ㄴ. Ⅰ의 반응에서 물의 질량 48g 과 $A(s)$의 질량 2g을 합친 50g일 때의 온도 증가량이 7℃이다.
　　문제 조건에서 출입한 열량이 Ⅰ과 Ⅱ에서 동일하므로
　　물의 질량 98g과 $A(s)$의 질량 2g을 합친 100g일 때의 온도 증가량은 7℃보다 작은 양이다.
　　따라서 $x < 29$이다.

ㄷ. $Q = cm\triangle t$이므로 $a = c \times 50 \times 7$이므로 Ⅰ의 반응에서 수용액의 비열($J/g\,℃$)은 $\dfrac{a}{350}$이다.

06 21학년도 4월 2번

정답 : ⑤

간이 열량계는 화학 반응에서 출입하는 열량을 측정하는 장치이다.
따라서 실험 제목으로 가장 적절한 것은 '화학 반응에서 열의 출입 측정하기'이다.

07 21학년도 3월 2번

정답 : ㄱ, ㄴ, ㄷ

ㄱ. 반응이 일어날 때 온도가 올라갔으므로 (가)의 반응은 열이 방출되는 발열반응이다.
ㄴ. 반응이 일어날 때 온도가 내려갔으므로 (나)의 반응은 열을 흡수하는 흡열반응이다.
ㄷ. (나) 반응은 흡열 반응이므로 이를 이용하여 냉찜질 팩을 만들 수 있다.

08 21학년도 수능 2번

정답 : A, C

A : 발열 반응은 화학 반응이 일어날 때 주위로 열을 방출한다.
B : 화학 반응은 발열 반응, 흡열 반응 모두 존재한다.
C : 메테인(CH_4)의 연소 반응은 발열 반응이다.

09 20학년도 10월 5번

정답 : ㄱ, ㄴ, ㄷ

ㄱ. 질산 암모늄(NH_4NO_3)을 물에 용해시키면 수용액의 온도가 낮아지므로
   질산 암모늄(NH_4NO_3)의 용해 반응은 흡열 반응이다.

ㄴ. 용해시키는 용질의 질량이 일정하므로 수용액이 흡수하는 열량의 크기는 같다.
   $Q = cm\triangle t$ 에 의거하여 수용액의 질량이 클수록 온도 변화가 작으므로 (라)에서의 온도 변화는
   2℃ 보다 작다. 따라서 $t > 18$이다.

ㄷ. 질산 암모늄(NH_4NO_3)의 용해 반응은 흡열 반응이므로 냉각 팩에 이용될 수 있다.

* ㄴ에서 m은 '용매+용질' 즉, '용액' 의 질량이다.

10 21학년도 9월 3번

정답 : A, B, C

A : 열량계 내부의 온도 변화로 반응에서의 열의 출입을 알 수 있다.

B : $CaCl_2(s)$이 물에 용해되는 반응이 일어날 때 수용액의 온도가 높아졌으므로 발열 반응이다.

C : 스타이로폼 컵은 단열을 위해서 필요한 것이므로 내부와 외부 사이의 열 출입을 막기 위해 사용
   하는 것이다.

11 20학년도 7월 19번

정답 : ㄱ, ㄷ

ㄱ. A의 용해되면서 온도가 증가하므로 A의 용해 과정은 발열 반응이다.

ㄴ. 물 100g에 B 4g을 녹였을 때 온도변화가 t였으므로
   4g을 녹였을 때의 출입하는 열량은 $4.2 \times 104 \times t$ 이다.

   B 10g을 녹였을 때의 출입하는 열량은 4g을 녹였을 때의 $\dfrac{10}{4}$ 배이다.

   따라서 출입하는 열량(J)은 $\dfrac{10}{4} \times 4.2 \times 104 \times t$ = $1092t$이다.

ㄷ. A 0.1mol을 녹였을 때 출입하는 열량이 $4.2 \times 104 \times 3.4t$이므로
   A 1mol을 녹였을 때 출입하는 열량은 $10 \times 4.2 \times 104 \times 3.4t$ 이고,
   B 0.05mol을 녹였을 때 출입하는 열량이 $4.2 \times 104 \times t$이므로 B 1mol을 녹였을 때 출입하는
   열량은 $20 \times 4.2 \times 104 \times t$이므로 고체 1몰을 각각 녹였을 때 출입하는 열량은 A가 B보다 크다.

12 21학년도 6월 5번

정답 : ㄱ, ㄷ

뷰테인의 연소 반응은 발열 반응이다.
질산 암모늄을 용해시켰을 때 용액의 온도가 낮아졌으므로 질산 암모늄의 용해반응은 흡열 반응이다.
진한 황산을 물에 용해시켰을 때 용액의 온도가 높아졌으므로
진한 황산의 용해 반응은 발열 반응이다.

13 20학년도 4월 14번

정답 : A, C

고체가 물에 용해되는 반응이 발열 반응인 경우에는 수용액의 온도가 올라가고,
흡열 반응인 경우에는 수용액의 온도가 내려간다.
따라서 고체 A~C 중 물에 용해되는 반응이 발열 반응인 것은 A,C 이다.

14 20학년도 3월 1번

정답 : (가), (다)

연소 반응과 중화 반응은 대표적인 발열 반응이며, 냉각 팩에서의 용해 반응은 흡열 반응이다.

15 22학년도 3월 3번

정답 : ⑤

ㄱ. ㉠ 반응은 연료의 연소 반응이므로 발열 반응이다.
ㄴ. 지문에서 '일어날 때 발생하는 열을 흡수하여' ㉡반응이 일어난다고 하였으므로
　　"요소가 분해되면서 암모니아가 생성되는 반응"은 흡열 반응에 해당한다.
ㄷ. 디젤 엔진에 요소수를 넣어 주면 대기 오염을 줄일 수 있다.

16 22학년도 4월 2번

정답 : ②

수산화 나트륨이 물에 녹을 때 발생하는 열량을 구하기 위해서 열량계라는 측정장치를 활용해야 한다.
해당 그림은 2번 그림과 같다.

17 22학년도 7월 1번

정답 : ①

산화 칼슘과 물이 반응해서 열이 발생한다고 하였으므로 위 반응은 발열 반응이다.

18 22학년도 10월 2번

정답 : ②

㉠ 반응으로 열이 발생하여 음식을 데울 수 있으므로 ㉠반응은 발열 반응이다.

㉡ 반응으로 열을 발생시켜 따뜻한 손난로를 만들 수 있으므로 ㉡의 반응은 발열 반응이다.

㉢ 반응으로 열을 흡수하여 냉각팩을 제작하므로 NH_4NO_3의 용해 반응은 흡열 반응이다.